實戰
Docker

使用 Windows Server 2016
Windows 10

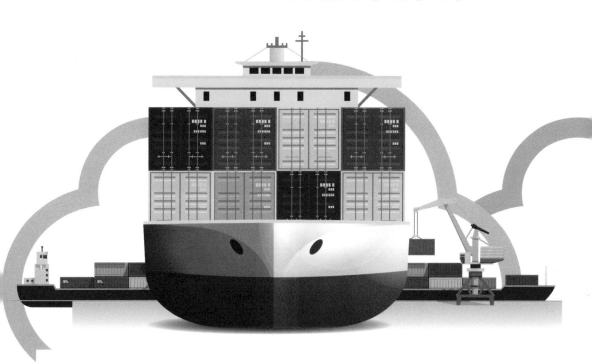

關於作者

Elton Stoneman 已經蟬聯 8 年的微軟 MVP，同時也為 Pluralsight 擔任作者達 5 年之久，目前任職於 Docker, Inc.。在加入 Docker 前，他有 15 年的顧問經歷，期間他建置過各種以 .NET 成功打造的大型解決方案，皆運行在 Windows 和 Azure 上。

在他以 Windows 為工作對象的日子裡，Elton 其實在自家閣樓還是車庫裡放了一台神秘的 Linux 伺服器，用來運作家中的核心服務，如音樂伺服器和檔案伺服器等等。當 Docker 開始進佔 Linux 世界時，Elton 很早就在其參與的跨平台專案中接觸到 Docker，並因此著迷，於是開始專注在容器這個題材上。他後來被任命為 Docker 執行官（Docker Captain），曾有一段時間，他是全球唯一兩位同時擁有微軟 MVP 和 Docker Captain 雙重身份的人物之一。

Elton 不但經營跟 Docker 有關的部落格，也在推特談論 Docker，甚至全天候為 Docker 發聲；在 Docker London、London DevOps 和 WinOps London 等場合經常可以見到他的身影。他同時也在全球各種大型會議上發表饒富趣味的演說，像是 DockerCon、NDC London、SDD、DevSum 和 NDC Oslo 等等。

如果沒有無數次熬夜、沒有大量的協助、也沒有一台上好的研磨咖啡機的話，是不可能寫出一本 300 頁技術書籍的。他人的協助是其中最要緊的，程度僅次於咖啡機（笑）。我要感謝許多人。包括我在 *Docker, Inc.* 傑出的同事們，尤其是 *Michael Friis* 和 *Brandon Royal*，他們都是 *Docker on Windows* 的先鋒，靠著他們的成就才能讓這項重要技術持續前進。另外還有 *Docker Captains*，他們是一群了不起的人，特別是 *Stefan Scherer*，我從他本人及他對社群的貢獻都獲益良多。還有我最棒的朋友們和家人，特別是 *Nikki* 和 *Jackson*。

關於審閱

Shashikant Bangera 是一位擁有 17 年 IT 資歷的 DevOps 架構師，在平台 DevOps 工具方面有著廣泛的經驗，主要是 CI、CD 和 aPaaS，曾協助客戶採行 DevOps 架構，並為各種行業建構企業用 DevOps，像是銀行業、電子商務和零售業等等，也對許多開放原始碼平台做出貢獻，例如 DevOps Publication。他曾以開放原始碼工具設計出一套自動化隨選「on-demand」環境，以及一套測試環境登錄工具，你可以在 GitHub 找到這套工具。

他曾為 Packt 審閱過兩本 Docker 專書：《*Learning Docker*》和《*Docker High Performance*》。

目錄

11 應用程式容器的除錯和儀器化 285

12 將你所知的事物容器化─ Docker 的實作指南 313

前言

Docker 是一種運行伺服器應用程式的平台，它使用一種輕巧的單元，稱為容器。你可以在 Windows Server 2016 和 Windows 10 上運行 Docker，然後以容器運行既有的應用程式，藉此大幅提升它的效率、安全性和可攜性。本書會教導你關於 Docker on Windows 所需知的一切，從基礎概念到在正式環境中部署高可用性作業，一應俱全。

本書架構

第 1 章｜ Docker on Windows 初探

介紹 Docker 這支程式，以及 Docker on Windows 的執行選項，從較舊的 Docker Toolbox，到 Windows 10 和 Windows Server 2016 專用的原生 Docker，以及寄居在 Azure 虛擬機器上運行的 Docker 等等。

第 2 章｜如何以 Docker 容器封裝並執行應用程式

著眼於 Docker 映像檔：任何連同依存條件一併封裝的應用程式，在任何運行 Docker 的主機上都可以用相同的方式運行。在此你會學到如何用 Dockerfile 為一個簡易網站建置 Docker 映像檔，然後在 Windows 上運行。

第 3 章｜開發 Docker 化的 .NET 和 .NET Core 應用程式

本章會說明如何以微軟的技術打造出可以在任何作業系統上運行的應用程式。.NET Core 應用程式可以同樣在 Windows（包括 Nano Server）和 Linux 上運行，因此十分適於封裝成可攜的 Docker 容器。

第 4 章｜從 Docker 登錄所上傳和下載映像檔

本章會探討如何發佈我們在開發環境裡建置的映像檔，並使用自動化建置方式，把 Docker Hub 和 GitHub 串聯起來，當新程式碼上傳時，就會建置出新版的容器映像檔。本章也會說明如何運作自己的私有 Docker 登錄所，以便供內部使用。

第 5 章 ｜ 採用容器優先的解決方案設計

以前一章的內容為基礎，介紹如何透過高品質的 Docker 映像檔，協助直接設計出分散式解決方案，以及如何搭配現成的和自製的映像檔。Windows 在此的概念是，你可以像運行和管理其他機器一般地運行和管理 Windows 主機，但它們可以在 Docker 容器內運行 Linux 軟體。

第 6 章 ｜ 利用 Docker Compose 來安排分散式解決方案

本章會沿用第 5 章採用容器優先的解決方案設計的分散式解決方案，用 Docker Compose 將其建置成可以部署的套件，同時引進 Docker 網路，讓容器之間可以透過主機名稱溝通。本章同時也會介紹 Docker Compose 的 YAML 檔案結構以及 Docker Compose。

第 7 章 ｜ 利用 Docker Swarm 來協調分散式解決方案

本章介紹可以用於正式環境叢集的 Docker Swarm，同時也簡介舊型的 Docker Swarm 產品以建立概念，但主要仍集中在從 1.12 版起內建於 Docker 的新版 Swarm 模式。我們會設立一個以 Windows 運行在 Azure 上的 Swarm，並探索 Routing Mesh 的運作，同時藉由部署第 6 章利用 *Docker Compose* 來安排分散式解決方案的解決方案，探討服務尋找（service discovery）和可靠性。

第 8 章 ｜ 管理和監視 Docker 化解決方案

本章談的是如何管理分散式的 Docker 解決方案。各位會學到如何設置日誌轉發，以便把容器日誌送往集中位置，以及如何使用免費和商用工具、以視覺化呈現 Swarm 的容器，同時也學到如何為運行中的服務升級。

第 9 章 ｜ 了解 Docker 的安全風險和好處

本章談到 Docker 安全性的關鍵面：包括在單一節點裡運行多個容器的風險、攻擊者突破一個容器後再奪取其他容器的可能性、以及如何因應。我們也會談到 Docker 如何改進安全性，透過內建在 Docker Hub 和 Docker Trusted Registry（DTR）中的映像檔弱點掃描，指出映像檔裡的軟體安全問題。最後還探討了 Docker Swarm 內建的節點間通訊安全性。

第 10 章 | 用 Docker 來強化持續部署的管線

本章談到了 DevOps 工作流程裡的 Docker，而且流程中的每個部分均為自動化。我們會用 Docker 建立一個完整的部署管線，用 GitLab 來控制原始碼和建置，它會在新程式碼上傳後封裝新的 Docker 映像檔並進行自動測試，最後部署到測試環境中。

第 11 章 | 應用程式容器的除錯和儀器化

本章會介紹如何在建置和運行等階段為 Docker 容器除錯，如何安排 Dockerfile，以便保留較不常變動的層面，讓容器可以更迅速地建立，同時也會學到建置映像檔的最佳做法。對於運行中的容器，我們會探討如何檢視日誌、如何檢查程序效能、以及如何連接容器進行探查。

第 12 章 | 將你所知的事物容器化 Docker 的實作指南

最後一章會探討如何把既有軟體堆疊容器化，以便用於非正式環境部署，也會從垂直面分解運行在 Docker 上的應用程式，做為進入微服務架構的第一步。

閱讀本書時要準備什麼

為了執行本書的範例，你需要以下環境：

- Docker for Windows 17.06 版或更新版
- Windows 10 或 Windows Server 2016

目標讀者

如果你不想重新改寫老舊的單一整體應用程式，但想對它進行現代化改造，或是想讓正式環境的部署過程更為流暢，甚至是想轉移到 DevOps 或雲端環境，那麼 Docker 就是你的敲門磚。本書會為你建立紮實的 Docker 基礎，讓你可以信心滿滿地面對上述這些場合。

編排慣例

在本書中，你會發現幾種用來區分不同類型資訊的文字樣式。這裡有些關於相關樣式的範例，以及它們的用意說明。凡是程式碼的文字、資料庫裡的資料表名稱、資料夾名稱、檔案名稱、副檔名、路徑名稱、虛擬的 URL、使用者的輸入、以及 Twitter handles，都會像這樣顯示：「如果你執行 docker container ls，它就會列出所有活動中的容器，但你不會看到這個容器。」

一段程式碼會這樣顯示：

```
FROM microsoft/nanoserver
COPY scripts/print-env-details.ps1 c:\\print-env.ps1
CMD ["powershell.exe", "c:\\print-env.ps1"]
```

程式碼中需要特別注意的區塊，相關的行列或項目就會以粗體字顯示：

```
FROM microsoft/nanoserver
COPY scripts/print-env-details.ps1 c:\\print-env.ps1
CMD ["powershell.exe", "c:\\print-env.ps1"]
```

任何指令列的輸入或輸出都會這樣顯示：

```
docker container run dockeronwindows/ch01-whale
```

新名詞和**重要字眼**也會以粗體字顯示。例如，你在螢幕上看到的字眼，或是在選單或對話盒裡的文字，都會像這樣：「為了下載新模組，你必須依序點選 **Files | Settings | Project Name | Project Interpreter**（**檔案 | 設定 | 專案名稱 | 專案直譯器**）。」

警告或重要訊息會這樣顯示。

門路和訣竅會這樣顯示。

範例檔案下載

本書範例檔請至 http://books.gotop.com.tw/download/ACA024300 下載。

Docker on Windows 初探

Docker 是一個應用平台。它是一種全新的應用程式運行方式，一切都發生在一個封閉的、精簡的單元裡，而這個單元就叫做**容器**（**containers**）。容器是一種非常經濟的應用程式運行方式，它們可以在數秒間啟動，而且不會對應用程式的記憶體和運算需求帶來額外負擔。對於 Docker 所支援的應用程式而言，是完全感受不到它的存在。你既可以在容器裡執行嶄新的 .NET Core 應用程式，也可以在同一部伺服器上用另一個容器來運行已有 10 年資歷的 ASP.NET 2.0 WebForms 應用程式。

容器是封閉的單元，但它們可以與其他元件彼此整合。你的 WebForms 容器還是可以取用位在另一個 .NET Core 容器裡的 REST API。你的 .NET Core 容器也可以使用其他的 SQL 伺服器資料庫，不管它是跑在容器裡、還是在一台獨立主機 SQL 伺服器執行個體裡。你甚至可以把分別執行在 Linux 和 Windows 主機上的 Docker 混搭成叢集，讓 Windows 容器毫無困難地與 Linux 容器溝通。

各種公司機構，不論大小，都正在往 Docker 這個概念發展，目的就是要利用以上的彈性和效率。根據 Docker, Inc.（就是發展 Docker 平台的幕後公司）的案例研究顯示，如果轉型到 Docker，硬體需求可望降低 50%，但仍可讓應用程式保有高可用性。即使是對已在營運的資料中心、還是雲端架構，以上的精簡額度都一樣有效。

效率還不是唯一的優點。當你將應用程式封裝並放在 Docker 上執行時，你還得到了可攜性（portability）。你不但可以在自己筆電安裝的 Docker 容器裡執行應用程式，就算是移到資料中心裡的伺服器上、或是任何雲端的**虛擬機器**（VM）上，應用程式的運行方式都一模一樣。也就是說，部署過程既簡單又毫無風險，因為部署和測試的內容是完全一致的，而你可以自由選擇任何硬體或雲端服務供應商。

另一個關鍵動機則是安全性。容器在不同的應用程式之間加上了安全的隔離效果，因此就算其中之一遭到威脅，你還是可以放心，因為攻擊者沒法繼續破壞同一台主機上的其他應用程式。對於平台來說，安全的優勢還更廣泛。Docker 會掃描封裝應用程式的內容，並針對應用程式堆疊中的安全弱點提出警告。你還可以為封裝加上數位簽章並設定 Docker，只有來自可信的封裝製作者所提供的容器才能執行。

Docker 使用開放原始碼元件打造，分成**社群版**（**Docker Community Edition, Docker CE**）和**企業版**（**Docker Enterprise Edition, Docker EE**）兩種版本。Docker CE 可以免費使用，每月都會釋出新版本。Docker EE 則需付費訂購，其功能和支援也較為廣泛，但每季才釋出一次。Docker CE 和 Docker EE 都支援 Windows，而且兩者都採用相同的底層平台，因此不管是使用 Docker CE 還是 EE 的容器來執行應用程式，做法都是一樣的。

Docker 與 Windows 容器

Docker 原本是在 Linux 上運作的，它利用了 Linux 的核心功能，但是在容器的應用程式運行上，卻設計得十分簡單而有效率。微軟看出了它的潛力，因此與 Docker 的工程團隊密切合作，把同樣的功能引進到 Windows 當中。Windows Server 2016 和 Windows 10 是最先可以運作容器的 Windows 版本。目前還只能在 Windows 上運作 Windows 容器，不過微軟也正在努力要讓 Linux 容器也能在 Windows 上運作。

不過容器和 Windows 圖形使用介面之間還無法整合。容器是為伺服器端的應用程式而設計的，也就是網站、APIs、資料庫、訊息佇列（message queue）、訊息處理器（message handlers）、以及文字控制台應用程式（console applications）之類。你無法用 Docker 來運行一個用戶端應用程式，例如一支 .NET WinForms 或是 WPF 應用程式，但你可以用 Docker 來封裝和分發應用程式，以便讓所有應用程式的建構和釋出過程都能保持一致性。

此外，容器在 Windows Server 2016 和 Windows 10 上的運作方式也不盡相同。雖說使用 Docker 時的感覺都是一樣的，但是容器依存底層的方式卻是互異的。在 Windows Server 上，負責服務應用程式的程序（process）就執行在伺服器上，亦即容器和主機間不是隔開的。在容器裡，你會看到負責服務網站的 w3wp.exe 正在運行，但這支程序其實是在 Windows Server 上運行的，如果你同時執行十組網站容器，就會在 Windows Server 的工作管理員裡看到十個 w3wp.exe 執行個體。

Windows 10 沒有像 Windows Server 2016 一樣的作業系統核心，因此為了要提供具有 Windows Server 核心的容器，Windows 10 每運作一個容器，都必須用一個非常精簡的虛擬機器來執行它。這叫做 **Hyper-V 容器**，如果你在 Windows 10 上用容器執行網頁應用程式，在主機的工作管理員裡是看不到 w3wp.exe 正在執行的，它其實是執行在 Hyper-V 容器中的專屬 Windows Server 核心裡。

此時先了解這份區別是有好處的。不管是在 Windows 10 還是 Windows Server 2016 上，使用的都是一樣的 Docker 內容和指令，因此整個過程並無差別，只不過在 Windows 10 上使用 Hyper-V 容器，多少會對效能有點影響。本章稍後會向大家說明在 Windows 上有哪些方式可以運作 Docker，你可以選擇最適合自己的方式。

Windows 授權

Windows 容器對授權的要求，與執行 Windows 的伺服器或虛擬機器不同。Windows 是以底層主機做為授權依據，而非容器。如果你在一台伺服器上執行 100 個 Windows 容器，這台伺服器仍然只需要一份授權。這比目前使用虛擬機器來隔離應用程式負載的方式要省錢得多。將虛擬機器這一層抽離、改成在伺服器的容器裡直接執行應用程式，就能省略所有虛擬機器對授權的需求。

Hyper-V 容器的授權模式則是另一回事。你可以在 Windows 10 上運作數個容器，但不得將其用於正式部署。在 Windows 伺服器上，你也可以運作數個 Hyper-V 模式容器以提升隔離程度。這在多用戶共享主機資源（multi-tenant）的場合尤其有用，因為這時你必須先設想會有霸道的負載出現，而且要減少它帶來的影響。Hyper-V 容器採個別授權，但是在高容量的環境裡，你可以改用 Datacenter 授權，這樣就可以運作多個 Hyper-V 容器，不必一一賦予授權。

微軟已經和 Docker 展開合作，在 Windows Server 2016 裡無償提供 Docker EE 版本。Windows Server 的授權費用已經將 Docker EE Basic 版本的費用涵蓋在內，讓你可以用容器運行應用程式。如果你有容器方面的問題，或是在 Docker 服務裡遇到麻煩，都可以向微軟提報，他們會把問題轉報給 Docker 的工程師處理。

領略 Docker 的關鍵概念

Docker 是十分強大的應用程式平台，但使用起來非常簡單。你可以在幾天之內就讓現有的應用程式在 Docker 上跑起來，再多花幾天甚至還能把正式環境也移過去。本書會帶領各位實作遍歷大量的 .NET Framework 和 .NET Core 應用程式範例，它們都以 Docker 運行。你會學到如何在 Docker 上建置、發行、以及運行應用程式，接著還會學到更高階的內容，像是解決方案設計、安全性、管理、儀器化（instrumentation），以及**持續整合與持續交付（continuous integration and continuous delivery (CI/CD)）**等等。

要開始學習 Docker，你應當先掌握其核心觀念：像是映像檔、登錄所（registries）、容器、以及 swarms，並從中理解 Docker 的實際運作。

Docker 服務和 Docker 指令列

Docker 是以 Windows 背景服務的方式運作的。這個服務負責管理所有執行中的容器，並對使用者提供一個 REST API，讓他們可以操作容器及其他的 Docker 資源。API 的主要用戶便是 Docker 指令列工具，筆者在本書大多數的範例程式碼中，也是使用這項工具。

Docker REST API 是公開的，當然還有其他採用相同 API 的替代管理工具，像是 Portainer（這是開放原始碼工具）、以及 Docker **Universal Control Plane (UCP)**（這是商用軟體產品）。Docker 指令列工具（command line，以下統一以 CLI 簡稱之）使用起來極為簡單；你只需輸入像是 `docker container run` 這樣的指令，就可以用容器運行一個應用程式，或是輸入 `docker container rm` 指令，就可以消除一個容器。

你也可以修改 Docker API 設定，讓它可以接受遠端操作，同時也讓 Docker CLI 可以連接到遠端的服務。這表示你從自己的筆電就可以用 Docker 指令管理在雲端運作的 Docker 主機。允許遠端操作的設定動作應該還包括啟用加密功能，這樣才能確保連線安全——而本章會教大家一個簡單的做法。

一旦 Docker 開始運作，你就可以從映像檔產生並運作容器了。

Docker 映像檔

一個 Docker 的映像檔，其實就是一個完整的應用程式封裝。它含有一個應用程式和它運行所需的所有相關成份，包括語言執行平台（language runtime）、應用程式宿主、以及底層的作業系統。從邏輯上來看，映像檔就是一個獨立檔案，而且是可以攜行（portable）的單元，你只需把它上傳（push）到 Docker 登錄所（registry），就可以和別人分享你的映像檔。任何有權使用 Docker 登錄所的人都可以自己下載（pull）映像檔，然後用容器運行自己的應用程式。它為別人運行的方式，就跟為你工作時一模一樣。

舉一個具體的例子。有一支 ASP.NET WebForms 應用程式要在 Windows 伺服器的 **Internet Information Services (IIS)** 上運行。為了在 Docker 上封裝這支應用程式，你必須建置一個映像檔，內以 Windows Server Core 為基礎，然後加入 IIS、ASP.NET，再把應用程式放進去，然後在 IIS 裡把網站設置好。這些步驟都可以用一個簡單的指令稿加以描述，而且你可以選擇要用 PowerShell 或批次檔來執行指令稿的每個步驟，這就是所謂的 **Dockerfile**。

只需執行 `docker image build` 就可以建立映像檔。執行時記得提供所需的資訊，如 Dockerfile 本身、以及任何需要封裝在映像檔裡的資源（像是網頁應用程式的相關內容等等）。執行完後產生的就是 Docker 映像檔。在這個例子裡，映像檔的邏輯規模約莫是 11 GB，不過其中 10 GB 都源自做為底層基礎的 Windows Server Core 映像檔，然後這個映像檔就可以當成另外一個基礎拿來分享，就像其他映像檔一樣（我會在**第 4 章從 *Docker* 登錄所上傳和下載映像檔**繼續探討映像層和快取等觀念）。

Docker 映像檔就像是你的應用程式在某個版本狀態時的檔案系統快照（snapshot）。映像檔是靜態的，你可以藉由登錄所來散播它。

映像檔登錄所

登錄所是一個儲存 Docker 映像檔的伺服器。登錄所分成公開或自有兩種，外界有免費的公開登錄所、也有商用的登錄所伺服器，都有鉅細靡遺的使用控制。映像檔都以獨特的名稱存放在登錄所中。任何有權使用的人登錄所都可以藉由執行 `docker image push` 指令來上傳映像檔，或是用 `docker image pull` 指令下載映像檔。

最為大家愛用的登錄所當屬 Docker 自營的公開登錄所：

- Docker Hub 是最原始的登錄所，它廣受 Linux 週遭環境的開放原始碼專案所歡迎。儲存的映像檔已超過 60 萬個，下載次數甚至高達 120 億次。

- Docker Cloud 是一個你可以儲存自建映像檔的地方，而且可以自訂要將其公開、或是僅限自用。它很適合內部產品使用，因為你可以限制對映像檔的取用。你可以設定 Docker Cloud，讓它自動按照儲存在 GitHub 的 Dockerfiles 自動建置映像檔，目前只支援 Linux 映像檔，不過對 Windows 的支援應該也為期不遠。

- 你可以從 Docker Store 取得事先封裝成 Docker 映像檔的商業版軟體。越來越多的廠商開始支援以 Docker 做為自家應用程式的平台，你可以在 Docker Store 裡找到來自微軟、甲骨文、惠普等公司的軟體。

在典型的工作流程中，你可以把建置映像檔當成持續整合管道（CI pipeline）的一部分，只要測試都過關，就可以將其上傳至登錄所。然後其他人就可以取得你的映像檔，並用容器來運行你的應用程式。

Docker 容器

容器其實不過是一個源自映像檔的應用程式執行個體。映像檔裡含有完整的應用程式堆疊，也有啟動應用程式的具體程序，因此當你運行一個容器時，Docker 會知道該做哪些事。你可以用同一個映像檔運行數個容器，而這些容器都可以用自己的方式運行（我會在下一章說明這一點）。

你只需下達 docker container run 指令、同時指定映像檔名稱和組態選項，就可以啟動應用程式。Docker 平台內建了分發功能，因此如果你在意欲運行容器的主機上還未準備好需要的映像檔，Docker 就會把映像檔先下載下來。然後就會啟動一個特定程序，你的應用程式就在容器裡運行了。

容器不需要固定配置的 CPU 或記憶體，而應用程式的相關程序只要有需要，就可以盡情使用主機的運算能力。你可以在普通的硬體主機上運行成打的容器，除非所有的應用程式都搶著同時佔用大量 CPU 資源，不然它們是可以彼此平安無事地運行的。當然你也可以在啟動容器時加上資源限制，控制它們所佔用的 CPU 和記憶體容量。

Docker 提供容器的執行平台（runtime），以及映像檔的封裝和分發等功能。在一個小型或開發用的環境裡，你只需管理位在單一 Docker 主機上的個別容器，這部主機也許就是你的筆電、或是一部測試伺服器。但是當你發展到正式環境時，就會需要高可用性（high availability）和能夠延伸規模的選項，這時就是 Docker swarm 登場的時刻。

Docker swarm

Docker 可以在單獨一台機器上運作，或是做為一組機器叢集裡的一個節點，而這些機器上全都有 Docker 在運作。這種叢集便是 **swarm**，最棒的是你不必安裝多餘的部分就可以用 swarm 模式運作。只需在一組機器上都安裝好 Docker，然後在第一台機器上執行 docker swarm init，就可以啟用 swarm 了，而其他機器只需執行 docker swarm join 就可以加入叢集了。

筆者會在第 7 章利用 *Docker Swarm* 來協調分散式解決方案裡詳談 swarm 模式，但是在你進一步了解 Docker 平台內建高可用性、延展性和恢復力之前，先了解這一點也很要緊。我希望這次的 Docker 學習之旅會逐步引領你導入正式環境，到時你就會需要這些進階特質了。

在 swarm 模式裡，Docker 所使用的內容都和單機模式時完全一樣，因此你大可在一個有 20 個節點的 swarm 裡，用 50 個容器運行你的應用程式，其功能就跟你在筆電上運作單一容器時完全一樣。在 swarm 裡，你的應用程式會執行得更順暢、也更能承受故障，而且還可以自動地進行滾動式更新（rolling updates）改版。

swarm 裡的每一個節點都會使用可信的憑證、以安全的加密方式進行一切通訊。你也可以把應用程式的密語資料（secrets）以加密的形式儲存在 swarm 裡，這樣一來資料庫連線字串和 API 密鑰就可以安全地保存起來，而 swarm 只有在必要時才把它們交給容器使用。

Docker 是一個既有的平台。雖然對於 Windows Server 2016 來說，它是全新的事物，但 Docker 進駐 Windows 也不過比它在 Linux 上推出時晚了四年而已。Docker 係以 Go 語言撰寫，這是一種跨平台的語言，只有極少部分的程式碼是針對 Windows 特別設計的。當你在 Windows 上執行 Docker 時，其實就等於擁有了一個在正式環境已有四年成功運作經歷的應用程式平台。

在 Windows 上運行 Docker

要在 Windows 10 和 Windows Server 2016 上安裝 Docker 很容易。在這些作業系統裡，你可以使用 *Docker for Windows* 的安裝程式來安裝，它會搞定所有的前置需求，同時部署最新版本的 Docker CE，並提供若干好用的選項，讓你可以透過 Docker Cloud 管理映像檔倉庫（repositories）和位在遠端的 swarm 叢集。

在正式環境裡，最好是採用 Windows Server 2016 Core 版本，這種安裝方式不具備圖形使用介面。此舉可以縮小受到攻擊的層面、同時也減少伺服器所需的 Windows 更新數量。如果你把所有的應用程式都移往 Docker，你就用不到其他的 Windows 功能；只要以 Windows 服務的方式運行 Docker EE 就夠了。

筆者會帶領各位一一檢視這兩種安裝選項，同時介紹第三種選項：使用 Azure 的虛擬主機，如果你想嘗試 Docker，但手邊沒有 Windows 10 或 Windows Server 2016 可以利用時，這個選項就很有用。

> 在 https://dockr.ly/play-with-docker 有一個非常好玩的 Docker 線上遊樂園。它對 Windows 的支援還在 beta 版，但這裡是一個絕佳的 Docker 實驗場所，完全不用任何投資（只要瀏覽一下就可以開始試玩了）。

Docker for Windows

從 Docker Store 可以取得 Docker for Windows（https://dockr.ly/docker-for-windows）。你可以在 Stable channel（穩定版）和 Edge channel（嚐鮮版）二者中擇一試用。二者都提供 Docker CE 的版本，Edge channel 每月釋出一次，而且你可以從中提前體驗實驗性的功能。Stable channel 的釋出週期則比照 EE 版，每季釋出一次。

> 如果各位想要試驗最新版的功能，請在開發環境中使用 Edge channel。至於測試和正式環境，請改用 Docker EE 版本，此時務必留意不要用到開發環境才有的新功能，因為 EE 版此時還未導入新功能。

請下載和執行安裝程式（installer）。安裝程式會自己
驗證你的環境能否執行 Docker、同時也會設定支援
Docker 所需的一切 Windows 功能。當 Docker 運作時，
你應該會在 Windows 的圖示通知區域看到一個鯨魚圖
示，這時你可以點開它看看有哪些選項：

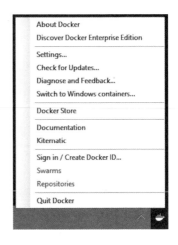

請記得點選 **Switch to Windows containers**，然後才開始試用。Docker for Windows 可
以運行 Linux 容器，做法是在你的機器上先啟動一個 Linux 虛擬機器，然後在這個虛
擬機器裡運行 Docker。在測試 Linux 應用程式及觀察它在容器中的運作時，這是很好
的辦法，不過本書要談的是 Windows 容器，所以只管先切換過去，以後 Docker 會一
直記得這個設定。

一旦 Docker for Windows 跑起來，你就可以打開命令提示字元或是 PowerShell 會話
視窗，開始使用容器了。首先，請執行 docker version 確認樣樣事情都執行無誤[1]。大
家應該都會看到類似如下的字樣：

```
> docker version

Client:
 Version: 17.06.0-ce
 API version: 1.30
 Go version: go1.8.3
 Git commit: 02c1d87
 Built: Fri Jun 23 21:30:30 2017
 OS/Arch: windows/amd64

Server:
 Version: 17.06.0-ce
 API version: 1.30 (minimum version 1.24)
 Go version: go1.8.3
 Git commit: 02c1d87
 Built: Fri Jun 23 22:19:00 2017
```

譯註 1　這一點很重要，譯者自己試裝的 Windows server 2016，內建的 Docker 就只有 17.03 版，到下一章馬
　　　　上就無法支援某些功能；如果你也跟譯者遇到一樣的問題，請升級你的 Docker (https://docs.docker.
　　　　com/install/windows/docker-ee/#update-docker-ee)。

```
OS/Arch: windows/amd64
Experimental: true
```

 輸出的文字清楚指出了指令列用戶端和 Docker 服務的版本。兩者的作業系統欄位都應該顯示 *Windows*；如果不是的話，代表你還停在 Linux 模式，記得馬上切換到 Windows 容器。

現在可以運行一個簡單的容器試試看：

```
docker container run dockeronwindows/ch01-whale
```

這會用到一個來自 Docker Cloud 的公開映像檔，同時也是本書所用到的眾多範例映像檔之一，因為這是你初次用到它，Docker 會先把它下載下來。由於此時你還不曾下載過任何映像檔，所以下載會花點時間，因為你要下載的其實是一個微軟的 Nano Server 映像檔，我的映像檔就是以它為基礎製作的。當容器開始運作後，它會顯示若干 ASCII 圖文，然後結束運行。如果你再次下令運行它，就會發現這次啟動要快得多，因為在本地端已經有一個映像檔擔任快取了。

設定到此結束。Docker for Windows 內也包括了 Docker Compose tool（Docker 編寫工具），以下篇幅我都會用到它，現在各位已經準備齊全，可以邊讀邊比對範例程式碼了。

將 Docker 安裝成 Windows 服務

你可以在 Windows 10 和 Windows Server 2016 上使用 Docker for Windows，對於開發和測試環境來說都是很好的做法。但對於正式環境而言，因為你使用的是沒有圖形介面的伺服器版本，不妨改用 PowerShell 的模組來安裝 Docker。

在剛安裝好的 Windows Server 2016 core 版本裡，請使用 sconfig 工具安裝最新的 Windows 更新，然後執行以下的 PowerShell 指令：

```
Install-Module -Name DockerMsftProvider -Repository PSGallery –Force
Install-Package -Name docker -ProviderName DockerMsftProvider
```

這些指令會為伺服器設定必要的 Windows 功能並安裝 Docker，然後將其設定為 Windows 服務的形式執行。根據 Windows 已經安裝的更新數量，你可能需要重啟伺服器：

```
Restart-Computer -Force
```

一旦伺服器上線，一樣用 docker version 指令檢查 Docker 是否正常運作、然後試著也用本章的範例映像檔運行一個容器：

```
docker container run dockeronwindows/ch01-whale
```

我準備的環境裡有一部分就使用這種組態，也就是用一個輕簡的虛擬機器執行 Windows Server 2016 Core，而這套伺服器裡除了 Docker 什麼都不裝。你可以透過遠端桌面連進伺服器然後操作裡面的 Docker，抑或是把 Docker 服務設定成允許遠端連線。後者是較高段的做法，但是這種遠端操作方式會更為安全。

你應該把 Docker 服務設定成只讓用戶端以 TLS 進行安全通訊。除非用戶端能提出正確的 TLS 憑證供服務進行驗證，不然就不准遠端連線。只需在虛擬機器中執行以下的 PowerShell 指令，同時輸入虛擬機器的外部 IP 位址，就可以完成安全設定：

```
$ipAddress = '<vm-ip-address>'

mkdir -p C:\certs\client

docker container run --rm `
 --env SERVER_NAME=$(hostname) `
 --env IP_ADDRESSES=127.0.0.1,$vm-ip-address `
 --volume 'C:\ProgramData\docker:C:\ProgramData\docker' `
 --volume 'C:\certs\client:C:\Users\ContainerAdministrator\.docker' `
 stefanscherer/dockertls-windows

Restart-Service docker
```

如果你覺得以上指令讀起來一頭霧水，別著急。接下來的數個章節裡，各位會陸續學到所有這些 Docker 的執行選項。我使用的 Docker 映像檔是由 Stefan Scherer 所提供的，他既是一位 Microsoft MVP，同時也是 Docker Captain（執行官）。映像檔裡已植入了指令稿，它會用 TLS 憑證來設定安全的 Docker 服務。各位可以到 Stefan 的部落格 https://stefanscherer.github.io 閱覽詳情。

當設定指令執行完畢，Docker 服務就會只接受安全的遠端連線，同時也會製作用戶端連線時藉以識別的憑證。你可以從虛擬機器裡的 C:\certs\client 把這些憑證複製到執行 Docker 用戶端的機器上。

在用戶端的機器上，你可以修改環境變數，將 Docker 用戶端指向遠端的 Docker 服務。以下指令會設定一個通往虛擬機器的遠端連線（假設你在用戶端也使用跟此處相同的路徑來放置憑證檔案）：

```
$ipAddress = '<vm-ip-address>'

$env:DOCKER_HOST='tcp://$($ipAddress):2376'
$env:DOCKER_TLS_VERIFY='1'
$env:DOCKER_CERT_PATH='C:\certs\client'
```

你可以透過這種方式安全地連接到任何遠端的 Docker 服務。如果你手邊沒有 Windows 10 或是 Windows Server 2016 可資測試，不妨利用雲端業者的服務建立一個虛擬機器，然後就可以使用一樣的指令連接到 Docker 服務。

在 Azure VM 上運行的 Docker

微軟把 Azure 上的 Docker 運作設計得簡單好用，甚至提供了預先就已裝好 Docker 的虛擬機器映像檔，而且全都設定妥當，甚至連給 Docker 用的基礎 Windows 映像檔都已下載到虛擬機器內，這樣就可以迅速運行容器。

為了測試和實驗起見，我都會使用 Azure 上的 DevTest lab（DevTest 實驗室）來練習。這是一個非常方便的功能，對於非正式環境尤其好用。依照預設值，任何在 DevTest lab 裡建立的虛擬機器，一到夜間就會關閉，這樣你就不會因為忘記關閉一個只用了幾小時的虛擬機器，結果就收到一筆天文數字的 Azure 帳單。

你可以透過 Azure Portal 來建立 DevTest lab，然後利用微軟的虛擬機器映像檔 **Windows Server 2016 Datacenter - with Containers** 來建立虛擬機器。如果不用 Azure Portal，也可以改用 az 指令列來管理 DevTest lab。我自己還製作了一個內有 az 指令的 Docker 映像檔，讓你可以在 Windows 容器裡運行它：

```
docker run -it dockeronwindows/ch01-az
```

這種方式會運行一個互動式的 Docker 容器，容器裡已內建了 az 指令，而且可以使用。請執行 az login，然後你就得開啟瀏覽器跟 Azure CLI 認證。然後在容器裡執行以下指令，在 Azure 上建立虛擬機器：

```
az lab vm create `
  --lab-name docker-on-win --resource-group docker-on-winRG236992 `
  --name dow-vm-01 `
  --image 'Windows Server 2016 Datacenter - with Containers' `
  --image-type gallery --size Standard_DS2 `
```

```
--admin-username 'elton' --admin-password 'S3crett20!7'
```

這台虛擬機器安裝的是完整的 Windows Server 2016，也有圖形介面，所以再來你就可以用 RDP 連接它，再開啟一個 PowerShell cmdlet，然後馬上就可以開始使用 Docker。這裡也跟前面兩種做法一樣，用 docker version 就可以檢查 Docker 是否正常運作，並以本章的範例映像檔運行一個容器：

```
docker container run dockeronwindows/ch01-whale
```

如果你選擇使用 Azure 的虛擬機器，也可以依照前一小節的步驟來保護 Docker API，供遠端安全連線。然後你就可以從自己的筆電用 Docker 指令列來管理位在雲端的容器。

如何用這本書學習 Docker

本書所列的每一段程式碼，都可以在筆者的 GitHub 倉庫 https://github.com/sixeyed/docker-on-windows 裡找到對應的完整程式碼範例。原始碼樹（source tree）都按照每章一個資料夾做安排，而且每一章裡的每個程式碼範例都自成一個資料夾。以本章來說，我就引用過兩個範例來建立 Docker 映像檔，分別可以在 ch01\ch01-whale 和 ch01\ch01-az 底下找到。

> 本書所列程式碼可能因頁面寬度關係經過濃縮，但 GitHub 倉庫裡的程式碼都是完整的。

我自己在學習一門新技術時，總是喜歡逐行在程式碼範例裡按圖索驥，但如果你想把展示用的應用程式版本用在工作當中，每一個範例在 Docker Cloud 上也都有公開的 Docker 映像檔可以對應。只要你在範例裡看到 docker container run 指令時，就代表對應的映像檔已經放在 Docker Cloud 上了，只要你願意，可以放心地直接使用我提供的映像檔版本，不必從頭自己製作。所有映像檔都集中在 dockeronwindows organization 裡，例如本章的 dockeronwindows/ch01-whale 也是根據 GitHub 倉庫的相關 Dockerfile 建置的。

我自己的開發環境是 Windows Server 2016，當中使用 Docker for Windows。我的測試環境則是 Windows Server 2016 Core，其中安裝的 Docker 是 Windows 服務型態。所有的範例程式碼我都在 Windows 10 上驗證過。

筆者使用的 Docker 是 17.06 版，在撰書當時這還是最新的版本。部分書中展示的功能都需要 17.06 版以上才支援，像是 multi-stage builds 和 secrets 等等。不過 Docker 總是保有回溯相容功能的，所以就算你使用的 Docker 是 17.06 之後的新版本，那麼範例裡的 Dockerfiles 和映像檔應該也還是適用。

筆者撰書時的目標，是希望本書成為 Docker on Windows 的決定性指南，因此我從容器的一切須知事項，到如何以容器運行現代化的 .NET 應用程式，還有容器的安全意涵，乃至於正式環境中的 CI/CD 與管理等等，無所不談。本書結尾則有一份指南，引導各位如何將 Docker 引進到自己的專案當中。

如果各位想要與筆者討論本書，或是你自己的 Docker 探索之旅，可以在推特上直接聯絡 @EltonStoneman。

總結

筆者在本章介紹了 Docker，這是一種可以透過輕型運算單元運行各種新舊應用程式的應用平台，這平台就稱為**容器**。企業機構之所以會走向 Docker，主要就是為了效率、安全性和可攜性。我說明了以下內容：

- Docker 如何在 Windows 上運作、以及容器如何計算授權
- Docker 的關鍵概念：映像檔、登錄所、容器、以及 swarms 叢集
- 各種 Docker 的運作選項，如 Windows 10、Windows Server 2016 和 Azure

如果你打算使用本書的範例程式碼，那麼就該趁早準備一個可以使用的 Docker 環境。在**第 2 章如何以** *Docker* **容器封裝並執行應用程式**裡，我會繼續把各種更為複雜的應用程式封裝成 Docker 映像檔，並展示如何透過 Docker volumes 來管理容器中的狀態。

2

如何以 Docker 容器封裝
並執行應用程式

Docker 可以將基礎服務的邏輯觀點縮減為三種核心元件：主機、容器和映像檔。主機負責運作容器，而後者其實是一個封閉的應用程式執行個體。容器始於映像檔，而映像檔則是封裝好的應用程式。Docker 容器映像檔的概念十分簡單，它其實就是一個單一個體，內含一個完整的、自給自足的應用程式。映像檔格式十分有效率，而映像檔與執行階段（runtime）之間的整合是十分巧妙的，因此要有效地運用 Docker，首要之務便是要掌握映像檔。

你已在**第 1 章** *Docker on Windows* 初探裡見識到若干映像檔，同時也運行了一些基本的容器來檢查你安裝的 Docker 是否可以正常運作，但是大家都還沒仔細觀察過映像檔，也不知道 Docker 如何運用映像檔。本章可以幫助你瞭解 Docker 的映像檔：包括學習映像檔的架構、以及 Docker 如何運用它們，還有如何將你自己的應用程式封裝成 Docker 映像檔。

首先要搞清楚的是映像檔和容器之間的差異，當你用同一個映像檔運行各種不同類型的容器時，就可以很容易地辨別出來。

本章可以幫助您學到：

- 從映像檔運行容器
- 利用 Dockerfiles 建置映像檔
- 把自己的應用程式封裝成 Docker 映像檔
- 操作映像檔和容器裡的資料
- 將傳統的 ASP.NET 網頁應用程式封裝成 Docker 映像檔

從映像檔運行一個容器

docker container run 這個指令會用映像檔建立一個容器，同時啟動容器裡的應用程式。它其實相當於執行了前後兩個不同的指令，亦即 docker container create 和 docker container start，從這裡可以看出來，其實容器是有不同狀態的。你可以建立一個容器但不啟動它，也可以暫停、完全停止、以及重新啟動運行中的容器。容器可以處於各種狀態，而你可以透過不同的方式來使用它們。

使用任務型容器只做一件事

請參考 dockeronwindows/ch02-powershell-env 這個映像檔，它其實是一個應用程式的封裝案例，其目的就是要用容器運行該應用程式，而且只執行一件工作。映像檔係以微軟的 Nano Server 為基礎，並設置成啟動時只會執行一個簡單的 PowerShell 指令檔，接著在螢幕上印出關於現有環境的資訊。讓我們來看看，如果從該映像檔直接運行容器，會發生什麼事：

```
> docker container run dockeronwindows/ch02-powershell-env
Name                          Value
----                          -----
ALLUSERSPROFILE               C:\ProgramData
APPDATA
C:\Users\ContainerAdministrator\AppData\Roaming
CommonProgramFiles            C:\Program Files\Common Files
CommonProgramFiles(x86)       C:\Program Files (x86)\Common Files
CommonProgramW6432            C:\Program Files\Common Files
COMPUTERNAME                  361CB712CB4B
...
```

在沒有加上任何選項的情況下，容器執行了內建在映像檔裡的一支 PowerShell 指令檔，該指令檔印出了若干關於作業系統環境的基本資訊。這種容器我稱之為任務型容器，因為容器只會執行一件工作，然後就結束退出。如果你執行 docker container ls 這個指令，它會列出所有存活的（active）容器，但不包含剛剛結束的這一個。如果你改用 docker container ls --all，這才會看到所有各種狀態的容器，而剛剛執行過的這一個容器，則是處於退出的（Exited）狀態：

```
> docker container ls --all
CONTAINER ID    IMAGE                                     COMMAND
CREATED          STATUS PORTS NAMES
361cb712cb4b    dockeronwindows/ch02-powershell-env    "powershell.exe
c:..."   30 seconds ago    Exited
```

任務型容器對於重複性的自動化作業最為有用，例如要執行一個指令稿，以便完成設置環境、備份資料、或是蒐集日誌檔之類的工作。你的容器映像檔內已經將要執行的指令稿封裝在內，連同執行指令稿所需的特定版本引擎都包含在內，這樣任何人只要在有安裝 Docker 的地方，就能在不必安裝特定版本引擎的情況下執行這支指令稿。

這種特質尤其有利於 PowerShell，因為有時指令稿會特別仰賴某些 PowerShell 的模組。雖說這些模組都是可以公開取得的，但你的指令稿也許需要的是特定版本的模組。若採用以上封裝方式，當你分享指令稿給他人時，別人毋須事先額外設法安裝各種正確版本的模組，因為你的映像檔裡已經替他們準備好了。因此只要有 Docker，就能執行指令稿的工作。

前面說過映像檔是一個自給自足的單元，但你也可以將其做為範本來使用。一個映像檔可以設定成只做一件事，但同一個映像檔也可以用不同的方式啟動成容器，以便執行不同的工作。

連接到一個互動型容器

所謂互動型容器，亦即容器與 Docker 指令列之間有一個開啟的連線存在，這樣一來你才可以操作容器，就像是遠端連線到某台機器一般。你可以用同樣的 Nano Server 映像檔來啟動這種互動型容器，只需加上代表互動的選項、以及要在容器啟動時執行的指令即可：

```
> docker container run --interactive --tty dockeronwindows/ch02-powershell-
env `
    powershell

Windows PowerShell
Copyright (C) 2016 Microsoft Corporation. All rights reserved.

PS C:\> Write-Output 'This is an interactive container'
This is an interactive container
PS C:\> exit
```

瞧，--interactive 這個選項就會運行一個互動型容器，而旗標 --tty 則會把一個虛擬的終端機連線（dummy terminal connection）附掛到容器上。緊隨在容器映像檔名稱之後的 powershell 敘述，就是容器啟動時要執行的指令。一旦指名了這般的執行指令，你就等於把原本映像檔中設好要在啟動容器時執行的指令給取代掉了。在本例中，筆者其實是執行了一個 PowerShell 會談（session），容器就是執行它而非預設的指令，原本顯示環境資訊的指令稿也因而不會執行。

只要互動型容器中的指令還在執行，容器本身就也會持續執行。當你還在操作容器中的 PowerShell 時，試著在運行容器的主機上以另一個視窗執行 docker container ls，它就會顯示容器還在執行當中。如果你在容器中鍵入 exit，與 PowerShell 的會談便會結束，由於容器中沒有其他程序還在執行、於是容器也就此結束。

當你正在建置自己的容器映像檔時，互動型容器尤為有用，因為你可以事先一步步地推敲每個動作，並確認樣樣都如你所願般進行。此外互動型容器也是絕佳的研究用工具。隨著本書的進展，你會發覺 Docker 其實可以在一個虛擬的網路上運行複雜的分散式系統，而且每個元件都運行在自己的容器裡。如果你要檢查系統中的某些部分，只需在同一個虛擬網路中啟動一個互動型容器，就能檢查個別的元件了，構成系統的元件完全不需對外公開。

在背景型容器中讓程序持續運行

最後一種容器類型，可能也是正式環境中最常用的一種，亦即所謂的背景型容器，它會把一個持續執行的程序留在背景執行。這種容器的行為就像是一個 Windows 服務。以 Docker 的術語來說，就是所謂的 **detached container**（**脫勾容器**），而 Docker 服務會讓它在背景運行。不過在容器裡，程序是在前端執行的。這個程序可以是一個網頁伺服器程式、或只是一個正在執行訊息佇列（message queue）調閱工作的控制台（console）應用程式，但只要程序還在執行，Docker 就會保持該容器運作。

我可以用同一個映像檔再啟用一個背景型容器，只需加上 detach 選項，還有一個可以執行好一陣子的指令就行了：

```
> docker container run --detach dockeronwindows/ch02-powershell-env `
    powershell Test-Connection 'localhost' -Count 100

ce7b2604f681871a8dcd2ffd8898257fad26b24edec7135e76aedd47cdcdc427
```

在這個例子裡，當容器啟動後，控制權便回到終端機前；而一長串的隨機字串便是代表這個新容器的 ID（識別代碼）。你可以試著執行 docker container ls，看到容器確實還在運行，而 docker container logs 指令則會顯示容器的控制台輸出。至於哪些特定容器裡正在執行什麼指令，都可以從容器名稱或是容器的 ID 判別：

```
> docker container logs ce7

Source          Destination  IPV4Address  IPV6Address
------          -----------  -----------  -----------
CE7B2604F681    localhost
CE7B2604F681    localhost
```

--detach 旗標會讓容器脫勾執行，這樣一來容器便會移轉到背景，而本例中在容器內執行的指令，其實不過是對本機重複執行 ping 一百次[1]。過了一會兒，PowerShell 指令執行完了，容器中也沒有其他程序還在執行，於是容器就此結束。請記住這點：若你想要讓容器持續在背景運行，Docker 啟動容器時執行的程序，一定是要能夠持續執行的。

現在大家已經領教過容器是如何從映像檔衍生出來的，而且方式還不只一種，所以你不僅可以完全按照映像檔建置時的模樣來使用它，也可以將其做為範本，再加上自訂的內建預設啟動模式。接下來我就要說明如何打造映像檔。

建置 Docker 映像檔

Docker 映像檔是一層層地堆疊出來的。最底層自然是作業系統，不論是像 Windows Server Core 般的完整作業系統、或是像微軟 Nano Server 般精簡過的作業系統都可以。再往上就是當你建置映像檔時，在基礎作業系統上的每一次變更，都對應到一個層面，不論是安裝軟體、複製檔案進入、以及執行指令等等皆是如此。從邏輯的觀點來看，Docker 將映像檔視為一個單獨的個體，但若是站在實體觀點，每一層其實都對應存放在 Docker 快取區（cache）裡的一個獨立檔案，這樣一來，如果各個映像檔之間有多種共通的功能，其實就可以透過共用快取區裡的層面檔案來達到精省的目的。

映像檔可以透過一個內有 Dockerfile 語言的文字檔來建置——其中指定了要從哪一個基礎作業系統映像檔開始、以及所有要層層堆疊的步驟。語言本身十分簡單易懂，你只需掌握其中少數幾種指令，就能建置出營業用等級的映像檔。我會先從本章一直用來示範的基本 PowerShell 映像檔開始說明。

譯註 1　Powershell 裡的 test-connection 指令，功能與 ping 相同。

了解 Dockerfile

說穿了，Dockerfile 就是建立映像檔所需的原始碼。PowerShell 映像檔所需的完整原始碼只有三行：

```
FROM microsoft/nanoserver
COPY scripts/print-env-details.ps1 c:\\print-env.ps1
CMD ["powershell.exe", "c:\\print-env.ps1"]
```

就算各位以前從沒見過 Dockerfile，也能很容易地猜出會發生什麼事。依照慣例，Dockerfile 裡的指示語句（instruction，亦即 FROM、COPY 和 CMD 等等）[2] 都會以大寫字母表示，而引數（arguments）都採小寫，但這些都只是慣例而非必要。此外，另一個慣例則是這種文字檔案存檔時都會命名為 Dockerfile，但這也不是非如此不可（在 Windows 裡，檔案沒有副檔名看來確實有點古怪，不過別忘了 Docker 是源自於 Linux 的產品，所以見怪不怪了）。

且讓我們逐行瞧瞧 Dockerfile 裡的指示語句：

- FROM microsoft/nanoserver 表示要把一個名為 microsoft/nanoserver 的映像檔拿來做為這個新製映像檔的起點

- COPY scripts/print-env-details.ps1 c:\\print-env.ps1 會把一支 PowerShell 指令稿從本地端電腦搬進映像檔裡的特定位置

- CMD ["powershell.exe", "c:\\print-env.ps1"] 則指定了容器開始運行時要執行的起始指令，在本例中要執行的指令就是 PowerShell 指令稿本身

這裡有幾個顯而易見的疑問。基礎映像檔由何處而來？ Docker 中內建的映像檔來源是映像檔登錄所，也就是儲存容器映像檔的地方。預設的登錄所是一個公開的服務，稱為 **Docker Hub**。微軟已將 Nano Server 的映像檔放在 Docker Hub 上任人取用，而映像檔名稱就叫做 microsoft/nanoserver。當你首度使用這個映像檔時，Docker 會把它下載到本地端機器，然後放到快取裡，以備將來使用。

那 PowerShell 指令稿又是從哪搬來的？其實當你建置映像檔時，含有 Dockerfile 的目錄就會被當成建置的背景環境（context）。當你用這個 Dockerfile 建置映像檔時，Docker 就會預想在這個背景環境目錄下找到一個叫做 scripts 的目錄，裡面會有一個名叫 print-env-details.ps1 的檔案。如果它沒找到檔案，建置就會失敗。

譯註 2　RUN 和 CMD 看起來很像，都會呼叫可執行的指令或是指令稿，但是其差異在於，RUN 會在建立映像檔時把執行效果寫到映像檔裡，CMD 則是在以映像檔啟用容器時才會執行，效果就像開機後自動執行的指令稿一樣。

Dockerfiles 會使用倒斜線（就是 \）做為逸出字元（escape
character），以便將長度超過一行的指示語句延伸到下一行。
但這正好和 Windows 傳統的檔案路徑字元相衝突，所以當
你要寫出 c:\print.ps1 字樣時，就得改成 c:\\print.ps1、或
是按照 Linux 風格寫成 c:/print.ps1。另一個處理這種麻煩的
好辦法，是在 Dockerfile 開頭處加上處理用命令（processor
directive），本章稍後我會介紹如何撰寫這種命令。

那你又如何知道已經有 PowerShell 可以用了？其實 PowerShell 原本就是 Nano Server
基礎映像檔的一部分，所以你大可放心地使用它。如果基礎映像檔裡還缺任何軟體，
你都可以用額外的 Dockerfile 指示語句把軟體裝進去。你可以添加任何 Windows 功
能，將檔案複製或下載到映像檔裡，解開 ZIP 壓縮檔、或是做任何你需要進行的
動作。

這是一個極為簡單的 Dockerfile，但即使如此，其中還是有兩道指示語句是可有可無
的。只有 FROM 指示語句是不可或缺的，因此如果你想完全複製一個跟微軟的 Nano
Server 映像檔一模一樣的映像檔，那你用的 Dockerfile 裡只要留著 FROM 敘述就可
以了。

用 Dockerfile 建置映像檔

現在你有一個 Dockerfile 了，接著就是用 docker 指令列將其建置成映像檔。image
build 指令就跟大多數的 Docker 指令一樣簡單直接，而且需要的選項極少，只需沿用
慣例即可建置出一個映像檔，請開啟指令列畫面，切換到 Dockerfile 所在的目錄。然
後執行 docker image build、並為映像檔賦予一個標籤（tag），因為這是辨識映像檔的
名稱：

```
docker image build --tag dockeronwindows/ch02-powershell-env .
```

每個映像檔都要透過 --tag 選項取得自己的標籤，這是映像檔獨一無二的識別名稱，
靠它才能在你自己的本地端映像檔快取區或是映像檔登錄所辨識和使用它。標籤是你
運行容器時參照映像檔的依據。完整的標籤會指定要使用哪一個登錄所、映像檔倉庫
（repository）名稱、哪部分代表應用程式和標示（suffix）、哪部分又代表映像檔的
版本。

當你自行建置映像檔時，標籤要取什麼名字都無所謂，但按照慣例，映像檔倉庫要以你在登錄所的帳號名稱來命名，尾隨的則是應用程式名稱：{user}/{app}。當然你也可以用標籤來識別應用程式的版本或是變化，例如 sixeyed/hadoop-dot-net:latest 和 sixeyed/hadoop-dot-net:2.7.2 之類的標籤名稱，這兩個都是我在 Docker Hub 裡用過的映像檔標籤。

位在 image build 指令最末端的句點符號（.）會告訴 Docker，建置這個映像檔所需的背景環境何在，. 的意思是目前所在的現行目錄。Docker 會把目錄樹之下的一切內容都複製到一個建置專用的臨時目錄裡，所以凡是 Dockerfile 裡會參照到的任何檔案，在背景環境裡都必須準備好。當背景環境的資訊都搬到臨時目錄後，Docker 就會動手執行 Dockerfile 裡的指示語句了。

檢視 Docker 是如何建立映像檔的

如果各位能了解 Docker 映像檔的架構，就會有助於建立更有效率的映像檔。執行 image build 指令時會產生很多輸出，而輸出的資訊會詳細地告訴你，Docker 在建置的每一個步驟中做了什麼事。Dockerfile 中的每一道指示語句都會被視為一個獨立執行的步驟，以便堆出新一層的映像檔，而最後的映像檔就是由這一層層的堆疊合組而成。以下就是我建置映像檔時的輸出訊息：

```
> docker image build --tag dockeronwindows/ch02-powershell-env .

Sending build context to Docker daemon 3.584kB
Step 1/3 : FROM microsoft/nanoserver
 ---> d9bccb9d4cac
Step 2/3 : COPY scripts/print-env-details.ps1 c:\\print-env.ps1
 ---> a44026142eaa
Removing intermediate container 9901221bbf99
Step 3/3 : CMD powershell.exe c:\print-env.ps1
 ---> Running in 56af93a47ab1
 ---> 253feb55a9c0
Removing intermediate container 56af93a47ab1
Successfully built 253feb55a9c0
Successfully tagged dockeronwindows/ch02-powershell-env:latest
```

以下是對執行步驟的說明：

- **步驟 1**：因為 FROM 所參照的映像檔已經位於我的本地端快取當中，所以 Docker 不會再下載一次。輸出的訊息就是微軟的 Nano Server 映像檔 ID（就是 **d9b** 開頭的那串文字）。

- **步驟 2**：然後 Docker 會從基礎映像檔建立一個臨時的中繼容器，然後從建置的背景環境把指令稿檔案複製到臨時中繼容器裡。接著再把這個容器臨時中繼容器儲存成新一層的映像檔（以 a44 開頭的 ID 代表），並拿掉臨時中繼容器（由 990 開頭的 ID 代表）。

- **步驟 3**：最後 Docker 會設定從最終映像檔運行容器時要執行的指令。它會從**步驟 2** 的映像檔再建立另一個臨時容器，並在裡面設定起始指令，最後把臨時容器再次存成新一層的映像檔（由 253 開頭的 ID 代表），最後把第二個中繼容器刪掉（由 56a 開頭的 ID 代表）。

最後這一層就會以映像檔名稱做為標籤，但所有的中繼層也都會進到本地端快取區裡。這種分層建構的手法，代表 Docker 在建置映像檔和運行容器時都十分有效率。一個未經壓縮的 Windows Nano Server 映像檔大小約莫 900 MB，但是如果你根據 Nano Server 運行多個容器時，它們都會共用同一層基礎映像檔，這樣就不會平白冒出好幾個 900 MB 大的映像檔分身。

本章稍後各位會學到更多關於映像檔分層和儲存的觀念，但是我們先來看一些封裝了 .NET 和 .NET Core 應用、較複雜的 Dockerfile。

封裝你自己的應用程式

建置映像檔的目的，就是要把你自己的應用程式封裝成一個可以攜帶的、自給自足的單元。映像檔應該越小越好，這樣當你要運行應用程式時才易於移動，而且其中的作業系統功能也應該越精簡越好，這樣它啟動才會快，容易被攻擊的面向也會縮小。

Docker 並不會對映像檔的大小施加限制。你的長期目標也許就是要建置出一個最精簡的映像檔，以便在 Linux 或是 Nano Server 上運行一套輕巧的 .NET Core 應用程式。但你可以先把現有的 ASP.NET 應用程式封裝成完全運作在 Windows Server Core 上的 Docker 映像檔。Docker 也不會對你封裝應用程式的方式施加限制，所以你可以選擇不同的手法。

在建置的同時編譯應用程式

要把你自己的應用程式封裝成 Docker 映像檔，常見的手法有兩種。第一種是採用內含應用程式平台和建置工具（tooling）的基礎映像檔，這樣你就可以透過 Dockerfile 把程式原始碼搬到映像檔裡，然後把編譯應用程式的動作當成映像檔建置過程的一部分來進行。

這是極受歡迎的公開映像檔製作手法，因為這代表每個人都可以再利用這種映像檔來建置自己的映像檔，但本地端毋須自行安裝應用平台。這也表示應用程式所需的建置工具已經附在映像檔中，這樣就可以替容器裡運行的應用程式進行除錯和故障排除。

以下便是一個簡單 .NET Core 應用程式的範例。這是映像檔 dockeronwindows/ch02-dotnet-helloworld 所使用的 Dockerfile：

```
FROM microsoft/dotnet:1.1-sdk-nanoserver

WORKDIR /src
COPY src/ .

RUN dotnet restore; dotnet build
CMD ["dotnet", "run"]
```

很顯然地，Dockerfile 以取自 Docker Hub 的微軟 .NET Core 映像檔做為基礎映像檔。這是一個特殊訂製過的映像檔，以 Nano Server 為基礎、並安裝了 .NET Core 1.1 SDK。建置時還從背景環境搬入了應用程式原始碼，然後在建置容器的過程中編譯了應用程式。

這個 Dockerfile 裡引用了兩道新登場的陌生指示語句：

- WORKDIR 指定了當下的工作目錄。如果這個目錄還不存在，Docker 會在中繼容器中建立它，然後將其指定為現行工作目錄。它不但會是執行 Dockerfile 中後續指示語句的工作目錄，同時也是從映像檔運行容器的工作目錄。

- RUN 會在中繼容器裡執行一個指令，並在指令完成後將容器狀態儲存下來，並建立成新一層的映像檔。

建置這個映像檔時，你看到的是 dotnet 指令的輸出訊息，也就是建置映像檔時以 RUN 指示語句所編譯的應用程式：

```
> docker image build --tag dockeronwindows/ch02-dotnet-helloworld .
Sending build context to Docker daemon 367.1kB
Step 1/5 : FROM microsoft/dotnet:1.1-sdk-nanoserver
 ---> 80950bc5c558
Step 2/5 : WORKDIR /src
 ---> 00352af1c40a
Removing intermediate container 1167582ec3ae
Step 3/5 : COPY src/ .
 ---> abd047ca95d7
Removing intermediate container 09d543e402c5
Step 4/5 : RUN dotnet restore; dotnet build
 ---> Running in 4ec42bb93ca1
```

```
Restoring packages for C:\src\HelloWorld.NetCore.csproj...
Generating MSBuild file
C:\src\obj\HelloWorld.NetCore.csproj.nuget.g.props.
Writing lock file to disk. Path: C:\src\obj\project.assets.json
Restore completed in 10.36 sec for C:\src\HelloWorld.NetCore.csproj.
...
```

大家可以在 Docker Cloud 看到很多以這種手法封裝的應用程式，建置平台橫跨 .NET Core、Go 和 Node.js 等等，你可以輕易地將建置工具加到基礎映像檔當中。這樣一來，就等於你可以到 Docker Cloud 上設置一個自動化的建置，當你把變更過的程式碼上傳到 GitHub 時，Docker 的伺服器就會幫你從 Dockerfile 建置自己的映像檔。在伺服器端完全不需事先安裝 .NET Core、Go 或是 Node.js，因為這些建置時需要依存的元件，都早已存在基礎映像檔裡了。

但這個選項也意味著最終產出的映像檔會比正式環境應用程式該有的尺寸大上許多。平台建置工具會佔據的磁碟空間也許會比應用程式本身還大得多，而你得到的應用程式成果（所有佔據映像檔內空間的建置工具），也許在正式環境中運行容器時永遠也用不到。而另一個做法，就是先把應用程式建置好，然後只把編譯好的二進位執行檔封裝到容器映像檔裡。

在建置前事先編譯應用程式

事先準備應用程式的動作，可以巧妙地嵌到現有的建置管線裡。只要你進行建置用的伺服器上已先備好一切必須的應用程式平台，而且也裝了建置工具，但在你最後完成的容器映像檔裡，只會包含運行應用程式所需的最起碼要件。改用這種手法後，這個 .NET Core 應用程式所需的 Dockerfile 就會簡化許多：

```
FROM microsoft/dotnet:1.1-runtime-nanoserver

WORKDIR /dotnetapp
COPY ./src/bin/Debug/netcoreapp1.1/publish .

CMD ["dotnet", "HelloWorld.NetCore.dll"]
```

這個 Dockerfile 使用了不一樣的 FROM 映像檔，它只包含 .NET Core 1.1 的執行平台（runtime），而且沒有加入任何建置工具（這樣它就能運行編譯好的應用程式，但無法從原始碼進行編譯出應用程式）。要建置這種映像檔，你必須事先把應用程式準備好，因此你必須把 docker image build 指令都先打包到一個建置用指令稿裡，而且指令稿裡還要有編譯程式二進位執行檔所需的 dotnet publish 指令。

以下便是一個簡單的建置指令稿，它會先編譯好應用程式，再建置 Docker 映像檔，
如下所示：

```
dotnet restore src; dotnet publish src

docker image build --file Dockerfile.slim --tag dockeronwindows/ch02-
dotnet-helloworld:slim .
```

 當你把 Dockerfile 中的指示語句存檔時，就算檔名不是
Dockerfile，該檔案還是可以拿來建置映像檔，只需在指令中加
上 --file 並指名參照的檔名即可，就像這樣：image build --file
Dockerfile.slim。

我把應用程式對平台建置工具的需求從映像檔本身轉換到建置映像檔的主機上，因
此最終映像檔便輕巧了許多：這一版只有 1.15 GB，而含有建置工具的前一版則胖到
1.68 GB。只需用指令把映像檔陳列出來，再利用映像檔的倉庫名稱來篩選，就可以
看出前後兩者的大小差異了：

```
> docker image ls --filter reference=dockeronwindows/ch02-dotnet-helloworld

REPOSITORY                                TAG      IMAGE ID       CREATED
SIZE
dockeronwindows/ch02-dotnet-helloworld    latest   ebdf7accda4b   6 minutes
ago 1.68GB
dockeronwindows/ch02-dotnet-helloworld    slim     63aebf93b60e   13 minutes
ago 1.15GB
```

新版的映像檔限制也較多。這一版沒把原始碼和 .NET Core SDK 封裝進來，因此你無
法進入正在運行的容器並檢查應用程式原始碼、或是在容器中更改程式碼後重新編譯
應用程式。

對於企業用環境或是商業應用程式來說，你也許已經有一台配備齊全的建置專用伺服
器，而封裝建置好的應用程式這碼事，也是由一個更廣泛的工作流程來控制的：

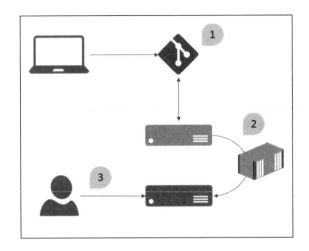

在這個管線裡，開發者把他們更改過的程式碼上傳至中央原始碼倉庫 **(1)**。然後負責建置的伺服器會據以編譯應用程式，並執行單元測試，如果通過測試，就會再建置容器映像檔，並配置到準正式（staging）環境 **(2)**。接著我們會對這個準正式環境進行整合測試（integration tests）及點對點測試（end-to-end tests），如果都過關了，那麼最後這個版本的容器映像檔就是可以讓測試人員驗證的最佳候選釋出版本 **(3)**。

最後你會在正式環境中以這個映像檔運行容器，完成新版本的配置，而且可以肯定的是，整個應用程式堆疊絕對和通過所有測試的二進位檔案集合完全一致。

這種方式的缺點是，你得把應用程式的 SDK 裝到每一台建置用的代理端（build agents），而代理端彼此之間 SDK 版本及相關內容都要呼應開發者使用的環境。在 Windows 專案裡，通常你都可以看到裝有 Visual Studio 的 CI 伺服器，這就是要確保伺服器和開發者使用相同建置工具之故。也因此重大的建置伺服器尤其需要多花工夫照顧。

 這也意味著，除非你自己的機器上裝有 .NET Core 1.1 SDK，不然就沒法自己建置這個瘦身過的 Docker 映像檔。

你可以採用多段式建置法來兼容兩種映像檔建置手法的優點，你的 Dockerfile 會先定義一個編譯應用程式的步驟，再用另一個步驟把編譯好的應用程式封裝到最終映像檔中。多段式 Dockerfiles 是可攜的，任何人都可以用它建置出映像檔，但卻不必準備眾多建置工具，而且最終映像檔裡只會含有最基本的應用程式。

利用多段式建置法來編譯

在多段式建置法中，你的 Dockerfile 裡會有一行以上的 FROM 指示語句，而每一個 FROM 指示語句都代表建置過程中的一個新階段。當你建置映像檔時，Docker 會逐一執行所有指示語句，而後面的階段可以取得前面階段產生的輸出，但只有最終階段會產出完成的映像檔。

我可以把前兩個 Dockerfile 合併寫成一個多段式 Dockerfile，同樣把 .NET Core 控制台應用程式封裝在一個最小映像檔裡：

```
# build stage
FROM microsoft/dotnet:1.1-sdk-nanoserver AS builder
WORKDIR /src
COPY src/ .
RUN dotnet restore; dotnet publish

# final image stage
FROM microsoft/dotnet:1.1-runtime-nanoserver
WORKDIR /dotnetapp
COPY --from=builder /src/bin/Debug/netcoreapp1.1/publish .
CMD ["dotnet", "HelloWorld.NetCore.dll"]
```

這裡有幾個新鮮面孔出現。首先，第一階段採用了已安裝 .NET Core SDK 的較大基礎映像檔。在第一個 FROM 指示語句裡，我用 AS 選項把這個階段命名為 builder。該階段的後半則是繼續把原始碼搬進去，然後發行應用程式。當 builder 階段結束，發行的應用程式其實是儲存在一個中繼容器裡。

第二階段採用的則是只含有 .NET Core 執行平台的映像檔，它不包含 SDK。在這個階段裡，我其實是利用 COPY 指示語句的 --from=builder，複製了前一階段發行的輸出。這樣一來，任何人就算自己的機器上未嘗安裝 .NET Core，也可以從原始碼編譯這個應用程式。

Windows 應用程式的的多段式 Dockerfile 是完全可攜的。若要編譯應用程式並建置映像檔，唯一的要求就只有一台裝有 Docker 的 Windows 機器，還有原始碼的副本。開頭的 builder 階段裡已經包含了 SDK 和所有的編譯器工具，但最終產生的映像檔裡卻只會有運行應用程式所需的最起碼內容。

這種手法不只適用於 .NET Core。同樣的多段式 Dockerfile 也可以用來封裝 .NET Framework 應用程式，只要在第一階段使用內含 MSBuild 的映像檔即可，因為你是靠它來編譯應用程式的。本書隨後還會有許多類似的例子。

現在無論採用哪一種手法，只需再多學幾個 Dockerfile 指示語句，你就能建置出更複雜的應用程式映像檔，並與其他系統互相整合了。

使用主要的 Dockerfile 指示語句

Dockerfile 的語法十分簡單。各位已經學到了 FROM、COPY、RUN 和 CMD，光靠這些就已經可以封裝一個基本應用程式並以容器運行它。現實世界中的映像檔還需要一些額外的動作，所以你還要再學會三個關鍵的指示語句。

這裡有一個簡易靜態網站的 Dockerfile，它使用了 **Internet Information Services (IIS)**，並提供一個 HTML 頁面做為網站預設內容，以下是基本的細節：

```
# escape=`
FROM microsoft/iis
SHELL ["powershell"]

ARG ENV_NAME=DEV

EXPOSE 80

COPY template.html C:\template.html

RUN (Get-Content -Raw -Path C:\template.html) `
 -replace '{hostname}', [Environment]::MachineName `
 -replace '{environment}',
[Environment]::GetEnvironmentVariable('ENV_NAME') `
 | Set-Content -Path C:\inetpub\wwwroot\index.html
```

這個 Dockerfile 的開頭就不太一樣，因為它加入了逸出指示語句（escape directive）。這是為了告訴 Docker，要它把倒引號字元 ` 當成逸出字元使用，這樣就可以把過長的指令分拆成好幾行，但無需使用預設的反斜線字元 \ 來擔任逸出字元。透過這條逸出命令，我就可以在檔案路徑中放心地使用反斜線了，因為現在改由倒引號字元來分拆冗長的 PowerShell 指令，對於用慣 Windows 的人來說感覺會比較習慣。

基礎映像檔是 microsoft/iis，這是一個已經事先設置好 IIS 的微軟 Windows Server Core 映像檔。此外我還從 Docker 建置背景環境把一個 HTML 範本檔案搬到映像檔裡的根目錄底下。然後我執行了一道 PowerShell 指令，藉以更新範本檔案的內容，然後再把它儲存到 IIS 的預設網站位置裡。

在 Dockerfile 裡，我引用了兩道新的指示語句：

- ARG 指定一個建置映像檔時要用到的引數（build argument），並賦予一個預設值
- EXPOSE 則會為映像檔指定一個通訊埠，這樣一來從這個映像檔運行的容器就可以在此接收主機傳入的流量

這個靜態網站只有一個首頁，首頁內容會告訴你送出瀏覽回應的伺服器名稱、並在頁面標題裡顯示環境名稱。HTML 範本檔案裡具有各種借位字符（placeholders），用來植入主機名稱及環境名稱。RUN 指令會執行一個 PowerShell 指令稿，先讀入檔案內容、再用真正的主機名稱和預設環境值代入借位字符，然後把改好的內容寫到網站預設頁面裡。

容器是在獨立封閉空間中運作的，因此只有當映像檔明確開放了可以使用的通訊埠，容器主機才能藉此將網路流量送進容器。這就是 EXPOSE 指示語句的用途，因為你就是靠它來開放應用程式要傾聽的通訊埠。當你從這個映像檔運行容器時，80 號通訊埠就會開放，於是 Docker 就可以讓容器提供網站流量。

我可以用平常的方式建置這個映像檔，並利用 Dockerfile 裡的 ARG 指示語句，在建置時用 --build-arg 選項來覆寫預設值：

```
docker image build --build-arg ENV_NAME=TEST --tag dockeronwindows/ch02-
static-website .
```

Docker 處理新指示語句的方式一如往常——它會從堆疊中先前的映像檔建立一個新的中繼容器，並執行指示語句，接著從容器析出新一層的映像檔。建置完後，我便有了一個新映像檔，只需運行它就能啟動一個陽春的靜態網頁伺服器：

```
> docker container run --detach --publish 80 dockeronwindows/ch02-static-
website

3472a4f0efdb7f4215d49c44dcbfc81eae0426c1fc56ad75be86f63a5abf9b0e
```

這是一個在背景運行的脫勾容器，而 --publish 選項則會把容器的 80 號通訊埠開放給主機通訊用。開放的通訊埠意謂著進入主機的流量都會被 Docker 轉向給容器。但當我登入主機時（其實就是我的開發用機器）——我還是需要透過容器的 IP 位址才能使用應用程式提供的服務。要知道容器的 IP 位址，只需輸入 docker container inspect 指令即可。inspect 指令會傳回相當豐富的資料，但我可以加上一個格式字串，以確保只會傳回我想要知道的屬性，這樣我就知道了容器的 IP 位址：

```
> docker container inspect --format '{{
.NetworkSettings.Networks.nat.IPAddress}}' 3472
172.26.204.5
```

這是一個由 Docker 指派的虛擬 IP 位址，我可以從主機上用這個位址與容器通訊。只需直接瀏覽該 IP 位址，就能看到運行在容器裡的 IIS 回覆，而且會顯示 IIS 的主機名稱（其實就是容器的 ID），在網頁頁面的標題列還會顯示環境名稱：

環境名稱其實不過是一行文字敘述而已，但是該文字內容 TEST 其實是來自於先前傳遞給 docker image build 指令的引數（--build-arg ENV_NAME=TEST）——它蓋過了 Dockerfile 中以 ARG 指示語句賦予的預設值 ARG ENV_NAME=DEV。依照原意，頁面中的主機名稱應該顯示容器的 ID，但這裡的作法似乎出現了一點問題。

在首頁裡，主機名稱是以 **F5D2** 開頭，但事實上我的容器 ID 開頭卻是 3472。要了解問題何在，我們要再回頭檢視一下映像檔建置過程中的臨時容器。

了解臨時容器和映像檔狀態

我的網站容器識別 ID 開頭是 3472，這才應該是容器裡的應用程式所見到的網站主機名稱，但是首頁顯示的卻顯然不是如此。這是怎麼回事？要知道 Docker 每執行一道建置的指示語句時，其實動作都是發生在一個臨時的中繼容器裡的。

負責產生 HTML 內容的 RUN 指示語句是在臨時容器中完成的，所以這裡的 PowerShell 指令稿所撈到、拿來代入 HTML 中主機名稱的，其實是臨時容器的識別 ID。Docker 隨後會把這個中繼容器清掉，但是過程中寫入的 HTML 檔案卻就此留在了最終映像檔中。

這是一個十分重要的觀念：當你建置 Docker 映像檔時，指示語句都是在臨時容器中執行的。臨時容器雖會被清除，但是它們寫入資料時的狀態卻會留在最終映像檔內，而且會出現在隨後任何一個用這個映像檔運行的容器中。如果使用這個網站映像檔運行多個容器，那它們的首頁全都會顯示來自同一個 HTML 檔案的網頁主機名稱，因為該檔案就留在映像檔裡，而所有的容器都引用了它的內容。

當然你也可以在啟用容器時才把狀態寫到個別的容器裡，因為它不是映像檔的一部分，當然也不會被其他容器所共用。接下來我會告訴大家如何在 Docker 中操作資料，最後以一個真實生活中的 Dockerfile 範例來做為本章結尾。

在 Docker 映像檔和容器裡操作資料

在 Docker 容器裡運行的應用程式，只會見到一個單一的檔案系統，而容器可以像尋常的作業系統般正常地讀寫這個檔案系統。容器所見的雖然是一個單一檔案系統磁碟，但實際上它所看到的是一個虛擬的檔案系統，而位居其下的資料其實分居在許多不同的實體位置當中。

容器可以在自己的 C 磁碟機中取用的檔案，其實可能位在映像層、或是在容器自己的儲存層、甚至可能是在一個對應到主機內特定位置的卷冊裡。Docker 會把這些位置全都合併成一個單一的虛擬檔案系統。

各層之中的資料和虛擬的 C 磁碟機

虛擬檔案系統是 Docker 將一組實體映像層結合，並將其視為單一邏輯容器映像檔的結果。映像層會以唯讀的方式掛載（mounted）成容器檔案系統的一部分，因此其內容是不能變更的，這也是它們可以安全地為許多容器所共用的方式。

在所有的唯讀層上，每個容器都擁有自己的可寫入層，因此每個容器都能夠修改自己的資料，但不會影響到其他的容器：

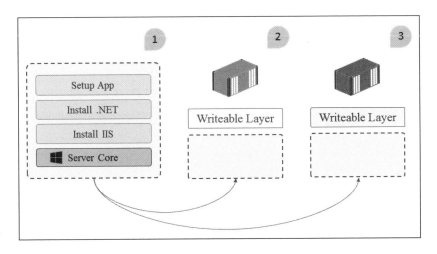

上圖顯示了兩個來自同一個映像檔的容器。映像檔 (1) 實際上由許多層堆疊而成——每一層都來自 Dockerfile 中的一道指示語句。兩個容器 (2 和 3) 在運行時都使用了來自映像檔的相同底層，但各自擁有自己的可寫入層。

Docker 呈現給容器的是一個單一的檔案系統。對於容器來說，分層的概念和唯讀的基本層都是隱諱的，而容器讀寫資料時卻像是面對完整的原生檔案系統一般，而且只有一個磁碟機。如果你在建置 Docker 映像檔時也新建了一個檔案（位於映像層），隨後又在容器中編輯了這個檔案，Docker 實際上是在容器的可寫入層裡先複製一份這個變更過的檔案，然後把原本的唯讀檔案「藏」起來。這樣一來，容器編輯的其實是檔案的副本，但原本映像檔中的檔案其實是保持不變的。

各位不妨先建立幾個簡單的映像檔，並在各層中放入資料，就可以理解上述的概念。
映像檔 dockeronwindows/ch02-fs-1 的 Dockerfile 採用了 Nano Server 做為基礎映像檔，
並建立一個目錄，然後在目錄下寫入一個檔案：

```
# escape=`
FROM microsoft/nanoserver

RUN md c:\data `
    echo 'from layer 1' > c:\data\file1.txt
```

映像檔 dockeronwindows/ch02-fs-2 的 Dockerfile 則是以前一個剛出爐的映像檔為基
礎，再在其中的資料目錄下加入第二個檔案：

```
# escape=`
FROM dockeronwindows/ch02-fs-1

RUN echo 'from image 2' > c:\data\file2.txt
```

基礎映像檔沒什麼特別的——任何映像檔都可以拿來給 FROM 指
示語句建置新映像檔用。來源可以是 Docker Hub 上的官方映像
檔、或是從 Docker Store 取得的商用映像檔，也可能是自己親
手打造的本地端映像檔，甚至是一個層層堆疊的映像檔。

我先建立這兩個映像檔，然後以 dockeronwindows/ch02-fs-2 運行一個互動型容器，這
樣我就可以在容器中觀察 C 磁碟機裡的檔案。以下指令會啟用一個容器，並特別賦予
它 c1 這容器名稱來代替識別 ID，這樣隨後參照它時就省得還要使用一長串的隨機容
器 ID：

```
docker container run -it --name c1 dockeronwindows/ch02-fs-2 powershell
```

Docker 指令裡有很多選項是同時有長短兩種格式的。長格式必
定以兩個破折號做開頭，例如 --interactive。短格式則只使用一
個破折號再加上一個字母，例如 -i。短式標籤還可以合併，所
以 -it 就相當於兩個選項 -i -t，也就是 --interactive --tty 的
意思。你可以用 docker --help 來瀏覽指令和各種參數。

這裡的 ls 指令其實是一個 PowerShell 指令的別名，原本叫做 Get-ChildItem，我用它來列出容器內的目錄內容[3]：

```
> ls C:\data

    Directory: C:\data


Mode      LastWriteTime       Length    Name
----      -------------       ------    ----
-a----    6/22/2017 7:35 AM   17        file1.txt
-a----    6/22/2017 7:35 AM   17        file2.txt
```

兩個檔案都在容器中的 C:\data 目錄裡——第一個檔案其實位在源於 ch02-fs-1 映像檔的這一層，而第二個檔案則位在 ch02-fs-2 映像檔的這一層。PowerShell 指令的執行檔則來自最底層的 Nano Server 基礎映像檔，但容器把這幾層全都一視同仁，也就是一個 C 磁碟機檔案系統。

我替現有的檔案之一加入了一些文字，同時又在 c1 容器裡新增了一個檔案：

```
PS C:\> echo ' * ADDITIONAL * ' >> c:\data\file2.txt
PS C:\> echo 'New!' > c:\data\file3.txt
PS C:\> ls c:\data

    Directory: C:\data


Mode      LastWriteTime       Length    Name
----      -------------       ------    ----
-a----    6/22/2017 7:35 AM   17        file1.txt
-a----    6/22/2017 7:47 AM   53        file2.txt
-a----    6/22/2017 7:47 AM   14        file3.txt
```

從檔案清單中各位可以看到，來自映像層的 file2.txt 內容已經改動過了，而且也多了一個新檔案 file3.txt。現在我要退出這個容器，再用同一個映像檔另啟一個新容器：

```
PS C:\> exit
PS> docker container run -it --name c2 dockeronwindows/ch02-fs-2 powershell
```

你能推想出新容器中 C:\data 目錄裡的變化了嗎？來瞧瞧你猜中沒：

```
> ls C:\data

Directory: C:\data
```

譯註 3　因為互動型容器啟動了一個 PowerShell 做為操作介面，所以作者下達的是 PowerShell 指令。其實 Get-ChildItem 的別名一共有三個：ls、dir、gci 都是。

```
Mode       LastWriteTime       Length    Name
----       -------------       ------    ----
-a----     6/22/2017 7:35 AM   17        file1.txt
-a----     6/22/2017 7:35 AM   17        file2.txt
```

各位已經知道映像層是唯讀的,而且每個容器都有自己的可寫入層,所以結果是顯而易見的。新容器 c2 裡存在所有來自映像檔的原始檔案,但就是沒有反映出前一個容器 c1 裡發生的變化──因為上述的變化是存在於容器 c1 的可寫入層裡。每個容器的檔案系統都是彼此獨立的,所以一個容器不會知道另一個容器裡發生的變化。

如果你想在容器之間、或是在容器和底層主機之間共用資料,你就得改用 Docker 卷冊(Docker volumes)。

在容器間用卷冊來分享資料

在映像檔裡,卷冊是用指示語句 VOLUME 來定義的,同時還要指定對應的目錄路徑。一旦你在運行的容器中定義了卷冊,卷冊其實就是對應到主機上的一個實體位置,而且和容器之間是一對一的關係。就算是用同一個映像檔衍生出來的多個容器,它們各自的卷冊還是會對應到主機上不同的位置。

在 Windows 映像檔裡,卷冊的目錄必須是空的,因為你不能先在 Dockerfile 裡的指定目錄下新建檔案,然後又將這個目錄公開成為卷冊。此外卷冊在主機實體對應到的磁碟位置,必須和映像檔裡的磁碟位置一致。由於 Windows 基礎映像檔裡只有一個 C 磁碟機,所以卷冊也必須建立在 C 磁碟機裡[4]。

映像檔 dockeronwindows/ch02-volumes 的 Dockerfile 會建立一個內有兩個卷冊的映像檔:

```
# escape=`
FROM microsoft/nanoserver

VOLUME C:\app\config
VOLUME C:\app\logs

ENTRYPOINT powershell
```

當我從這個映像檔運行容器時,Docker 就會從三個來源建立起一個虛擬檔案系統。映像層是唯讀的,容器層則是可寫入的,而卷冊則可以是唯讀或是可寫入的:

譯註4　讀者按照以下範例自行測試時,就會發現容器裡定義的卷冊,其實會對應到 Docker 主機的 C:\ProgramData\Docker\Volumes 之下,每個卷冊在此都有自己的對應目錄。

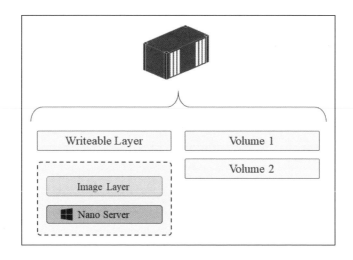

因為卷冊是和容器分離的,所以就算來源容器不在運行中,卷冊也可以分享給其他容器取用。我可以從這個映像檔運行一個任務型容器,然後用指令在卷冊中建立一個新檔案:

```
docker container run --name source dockeronwindows/ch02-volumes "echo
'start' > c:\app\logs\log-1.txt"
```

於是 Docker 啟動了一個容器,並寫入一個檔案,然後便退出結束運行。容器和它的卷冊並未被清除,因此我還是可以從另一個容器連接到同一組卷冊,做法是加上 --volumes-from 選項,同時指定前一個容器的名稱做為卷冊來源:

```
docker container run -it --volumes-from source dockeronwindows/ch02-volumes
```

這是一個互動型容器,當我在容器內列出 C:\app 目錄的內容時,就會看到兩個子目錄 logs 和 config,這些都是來自前一個容器的卷冊:

```
> ls C:\app

   Directory: C:\app

Mode        LastWriteTime      Length  Name
----        -------------      ------  ----
d----l      6/22/2017 8:11 AM          config
d----l      6/22/2017 8:11 AM          logs
```

共享的卷冊是開放讀寫的，所以我可以看到前一個容器建立的檔案，並在檔案裡添加內容：

```
PS C:\> cat C:\app\logs\log-1.txt
start

PS C:\> echo 'more' >> C:\app\logs\log-1.txt

PS C:\> cat C:\app\logs\log-1.txt
start
more
```

能夠在容器間分享資料，是一個很有用的概念——你可以運行一個任務型容器，讓它替一個長期運行的背景型容器進行資料或日誌檔的備份。卷冊預設的取用方式是可寫入的，但這一點要格外留意，因為你可能會編輯到某些資料，結果不慎影響到還在來源容器中運行的應用程式。

Docker 允許你從另一個容器改以唯讀模式掛載卷冊，做法是在 --volumes-from 選項指名的容器名稱後面加上 :ro 旗標。如果你只是要從卷冊讀取資料而不進行變動，這種操作方式比較安全。我會運行一個新容器，然後用唯讀模式和原本的容器共用同一組卷冊：

```
> docker container run -it --volumes-from source:ro dockeronwindows/ch02-
volumes

PS C:\> cat C:\app\logs\log-1.txt
start
more

PS C:\> echo 'more' >> C:\app\logs\log-1.txt
out-file : Access to the path 'C:\app\logs\log-1.txt' is denied.
At line:1 char:1
+ echo 'more' >> C:\app\logs\log-1.txt
+ ~~~~~~~~~~~~~~~~~~~~~~~~~~~~~~~~~~~~
 + CategoryInfo : OpenError: (:) [Out-File], UnauthorizedAccessException
 + FullyQualifiedErrorId :
FileOpenFailure,Microsoft.PowerShell.Commands.OutFileCommand
```

在新容器中，我沒法寫入日誌檔。然而我還是可以看到原始容器的日誌檔內容，以及第二個容器在日誌檔中新增的那一行文字。

在容器和主機間用卷冊來分享資料

容器卷冊都是儲存在主機上的，因此你當然也可以直接從運行 Docker 的主機上操作
這些卷冊——但卷冊都會深植在 Docker 程式資料目錄下的某處巢狀目錄當中。docker
container inspect 這道指令會告訴你容器卷冊的實體位置，以及眾多其他資訊——我
先前就用過它來取得容器的 IP 位址。

我會在 container inspect 指令裡指明要使用 JSON 格式，同時只析出位在 Mounts 欄
位裡的卷冊資訊。這道指令會把 Docker 的輸出以管線導向給另一道 PowerShell 指令
（cmdlet），以便用較易讀的格式顯示 JSON 內容：

```
> docker container inspect --format '{{ json .Mounts }}' source |
ConvertFrom-Json

Type : volume
Name : 3514e9620e667028b7e3ca8bc42f3615ea94108e2c08875d50c102c9da7cbc06
Source : C:\ProgramData\Docker\volumes\3514e96...\_data
Destination : c:\app\config
Driver : local
RW : True

Type : volume
Name : a342dc516e19fe2b84d7514067d48c17e5324bbda5f3e97962b1ad8fa4043247
Source : C:\ProgramData\Docker\volumes\a342dc5...\_data
Destination : c:\app\logs
Driver : local
RW : True
```

我把輸出文字做了節略，但是在原始檔案裡你仍舊可以看到卷冊資料儲存在主機上的
完整路徑。我可以從主機上的卷冊來源目錄直接取用容器裡的檔案。當我在自己的
Windows 機器上執行這道指令時，就會看到先前在容器卷冊裡建立的檔案：

```
> ls C:\ProgramData\Docker\volumes\a342dc5...\_data

Directory: C:\ProgramData\Docker\volumes\a342dc5...\_data

Mode    LastWriteTime         Length  Name
----    -------------         ------  ----
-a----  22/06/2017 08:13 28           log-1.txt
```

以這種方式從主機取用檔案並無不可，但是要輸入以卷冊 ID 做為名稱的巢狀目錄位
置就很惱人。相反地，你也可以在建立容器時改從主機特定位置（而非從另一個容
器）把卷冊掛載進來。

從主機目錄掛載卷冊

你可以利用 --volume 選項明確指出，要從已知的主機位置對應一個容器內目錄。容器中的目標位置可以是先前在 Dockerfile 中用 VOLUME 指令建立的目錄，或是容器內的檔案系統中任何一個目錄。來源則是主機檔案系統裡的位置。

現在我要在我自己的 Windows 機器上的 C 磁碟機目錄裡，替我的應用程式建立一個虛構的組態檔：

```
PS> mkdir C:\app-config | Out-Null
PS> echo 'VERSION=17.06' > C:\app-config\version.txt
```

然後我會運行一個容器，並從主機對應一個卷冊，同時讀取這個其實位於主機上的組態檔：

```
> docker container run `
  --volume C:\app-config:C:\app\config `
  dockeronwindows/ch02-volumes `
  cat C:\app\config\version.txt
VERSION=17.06
```

--volume 選項會指定掛載點，其格式為 {source}:{target}。來源是主機上的位置，它必須事先存在。目標則是容器內的位置，可以不必事先存在──但如果已經建立，內容必須為空。

> Windows 和 Linux 容器處理卷冊掛載的方式並不一樣。在 Linux 裡，目標資料夾不必為空，而且 Docker 會把來源的內容和目標的內容整合。Linux 上的 Docker 還允許你掛載單一檔案位置，但是在 Windows 上你只能掛載整個目錄。

對於要在容器中運行有狀態的（stateful）應用程式（例如資料庫）來說，卷冊掛載的概念是很好用的。你可以在一個容器中運行 SQL Server，但把資料庫檔案存放在主機中的某個位置上（例如伺服器的 RAID 陣列）。當你更新過資料庫的 schema 後，可以把舊的容器拿掉，再從更新過的 Docker 映像檔啟動一個新容器。這個新容器可以沿用同樣的卷冊掛載，如此一來，來自舊容器的資料就可以延續狀態不受影響。

利用卷冊來儲存組態設定與狀態資訊

當你要以容器來運行應用程式時,應用程式的狀態是十分重要的考量因素。容器可以長時間持續運行,但沒有久到永不停歇的地步。相較於傳統的運算模型,容器最大的優勢之一便是你可以輕易地進行替換,而且替換僅需數秒鐘。當你要部署一個新功能、或是有一個安全弱點要修補時,只需另外建置一個升級過的映像檔,把舊容器停掉,最後以新映像檔另啟一個替換的新容器就行了。

靠著卷冊,你可以把資料和應用程式容器分開來,藉此控制升級的過程。在此我會用一個簡單的網頁應用程式來示範,該程式會把頁面點閱次數紀錄在一個文字檔裡,每當你瀏覽該頁面,網站就會把次數往上累加。

映像檔 dockeronwindows/ch02-hitcount-website 的 Dockerfile 採用了多段式建置,首先用 microsoft/dotnet 映像檔來編譯應用程式,然後用 microsoft/aspnetcore 做為基礎映像檔來封裝最終的應用程式:

```
# escape=`
FROM microsoft/dotnet:1.1.2-sdk-nanoserver AS builder
WORKDIR C:\src
COPY src .
RUN dotnet restore; dotnet publish

# app image
FROM microsoft/aspnetcore:1.1.2-nanoserver
WORKDIR C:\dotnetapp
RUN New-Item -Type Directory -Path .\app-state

CMD ["dotnet", "HitCountWebApp.dll"]
COPY --from=builder C:\src\bin\Debug\netcoreapp1.1\publish .
```

在 Dockerfile 裡,我先建立了一個空目錄 C:\dotnetapp\app-state,這就是應用程式會存放計次文字檔的地方。我把頭版應用程式建置成映像檔,並加上了 v1 標籤命名:

```
docker image build --tag dockeronwindows/ch02-hitcount-website:v1 .
```

現在我會在主機端也建立一個目錄,用來儲存容器狀態,然後運行一個容器,同時把剛建好的主機目錄掛載成應用程式狀態目錄:

```
mkdir C:\app-state

docker container run -d -P `
 -v C:\app-state:C:\dotnetapp\app-state `
```

```
--name appv1
dockeronwindows/ch02-hitcount-website:v1
```

我可以先從 docker container inspect 得知這個容器的 IP 位址，然後據以瀏覽網站。
當我更新頁面數次之後，就會看到閱覽次數上升了：

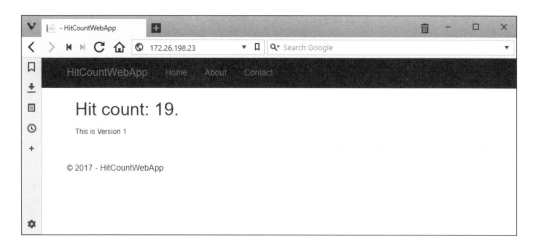

現在要配置升級版本的應用程式了，我可以先將新版封裝成新映像檔、並以 v2 標
籤字樣命名。映像檔完成後，就可以把舊容器停掉、另啟新容器，但掛載的卷冊卻
不變：

```
PS> docker container stop appv1
appv1

PS> docker container run -d -P `
 -v C:\app-state:C:\dotnetapp\app-state `
 --name appv2
dockeronwindows/ch02-hitcount-website:v2

f6433a09e9479d76db3cd0bc76f9f817acfc6c52375c5e33dbc1d4c9780feb6d
```

卷冊裡含有先前的應用程式狀態資訊，所以即使是新版應用程式，也能夠繼續沿用前
一版紀錄的狀態（即頁面點閱次數）。新容器有一個新的 IP 位址。所以當我首度瀏覽
改版後頁面時，確實使用介面多了一個漂亮的圖示，但是點閱次數並未歸零重計，而
是沿續第一版的次數繼續累加：

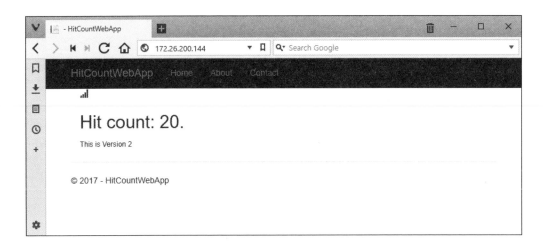

各個版本之間的應用程式狀態可能會有結構性的變更,這是你自己要顧到的部分。像是 Git 伺服器、GitLab 等開放原始碼的 Docker 映像檔,就是一個很好的例子——狀態是儲存在位於卷冊的資料庫裡,當你升級到新版本,必要時應用程式會檢查資料庫,並執行升級指令稿。

另一個運用卷冊的場合則是應用程式的組態資訊。你可以發行一個內有預設組態的應用程式,並建置成映像檔,但其中有特製的卷冊,可以讓使用者以自己的資料值覆蓋基礎組態。

下一章裡各位會看到這些技巧的絕佳運用示範。

將傳統的 ASP.NET 網頁封裝成 Docker 映像檔

微軟將 Windows Server Core 的基礎映像檔公佈在 Docker Hub 上,該版本具備 Windows Server 2016 的大部分完整伺服器功能,獨缺圖形使用者介面。以基礎映像檔而言,這個映像檔還嫌過大——在 Docker Hub 上壓縮過後還高達 5 GB,相較於 Nano Server 映像檔的 380 MB、以及 2 MB 的小巧 Alpine Linux 映像檔來說都太大了。但是這意味著你幾乎可以把任何現存的 Windows 應用程式都給 Docker 化(Dockerize),而這是開始將系統移轉至 Docker 的絕佳方式。

還記得 NerdDinner [5] 吧？這是一個開放原始碼的 ASP.NET MVC 展示用應用程式，原本由 Scott Hanselman 和 Scott Guthrie 所撰寫——還有其他微軟的開發者。你還是可以從 CodePlex 取得網站的原始程式碼，但是該處程式碼從 2013 年後便不曾再更新，所以這是一個很理想的實驗對象，可以拿來驗證老舊的 ASP.NET 應用程式也可以轉移到 Docker 上，而這是進行現代化改寫的第一步。

替 NerdDinner 撰寫一個 Dockerfile

我會遵循多段式建置手法來改寫 NerdDinner，因此 dockeronwindows/ch-02-nerd-dinner 映像檔的 Dockerfile 會先從建置編譯的階段開始：

```
# escape=`
FROM sixeyed/msbuild:netfx-4.5.2-webdeploy-10.0.14393.1198 AS builder

WORKDIR C:\src\NerdDinner
COPY src\NerdDinner\packages.config .
RUN nuget restore packages.config -PackagesDirectory ..\packages

COPY src C:\src
RUN msbuild .\NerdDinner\NerdDinner.csproj /p:OutputPath=c:\out\NerdDinner `

            /p:DeployOnBuild=true `
/p:VSToolsPath=C:\MSBuild.Microsoft.VisualStudio.Web.targets.14.0.0.3\tools
\VSToolsPath
```

這個階段採用了 sixeyed/msbuild 做為基礎映像檔，以便用於應用程式編譯，這個映像檔是我自己在 Docker Cloud 維護的。映像檔中安裝有 MSBuild、NuGet 及其他封裝相關 Visual Studio 網頁專案所需的相依元件，但是不用 Visual Studio。建置階段分成兩個部分：

- 首先把 NuGet 的 packages.config 檔案搬到映像檔裡，然後執行 nuget restore
- 接著把其餘的原始碼樹都搬進去，並執行 msbuild

這些分離的部分代表 Docker 會使用多層的映像檔，第一層含有全部還原的 NuGet 封裝，第二層則含有編譯好的網頁應用程式。這意味著我可以善用 Docker 的分層快取（layer caching）。除非我更改自己的 NuGet references，不然封裝必然會從快取層載

譯註 5　網站介紹請參閱 http://nerddinnerbook.s3.amazonaws.com/Intro.htm，它其實是一本著書《Professional ASP.NET MVC 1.0》裡以 ASP.NET 撰寫網站的示範。它演示的功能讓你可以搜尋或安排各種用餐活動，就如網站名稱「書呆子的晚餐」一樣。

入、而 Docker 不會運行還原的部分,因為這個動作代價高昂。MSBuild 步驟則是每次只要任一原始碼檔案變更時,都會再執行一次。

如果我在移轉至 Docker 前手邊就有一份 NerdDinner 的配置指南(其實沒有),它看起來應該是這樣的:

- 在一台乾淨的伺服器上安裝 Windows
- 執行所有的 Windows 更新
- 安裝 IIS
- 安裝 .NET
- 設置 ASP.NET
- 把所有的網頁應用程式搬進 C 磁碟
- 在 IIS 裡建立一個 application pool
- 在 IIS 裡用 application pool 建立網站
- 刪除預設的網站

基本上這就是 Dockerfile 的第二階段,但我要簡化這些步驟。我可以改用 microsoft/aspnet 做為 FROM 指示語句參照的映像檔,因為它內含一套乾淨新安裝的 Windows、以及 IIS 和 ASP.NET。這等於已經替我省下了前五個步驟。因此 dockeronwindows/ch-02-nerddinner 的 Dockerfile 裡,剩下的內容會像這樣:

```
FROM microsoft/aspnet:windowsservercore-10.0.14393.1198
SHELL ["powershell", "-Command", "$ErrorActionPreference = 'Stop';"]

WORKDIR C:\nerd-dinner

RUN Remove-Website -Name 'Default Web Site'; `
    New-Website -Name 'nerd-dinner' -Port 80 -PhysicalPath 'c:\nerd-dinner'
-ApplicationPool '.NET v4.5'

RUN & c:\windows\system32\inetsrv\appcmd.exe unlock config
/section:system.webServer/handlers

COPY --from=builder C:\out\NerdDinner\_PublishedWebsites\NerdDinner
C:\nerd-dinner
```

利用 escape 設定指示語句和 SHELL 命令,我就可以放心地使用正常的 Windows 檔案路徑寫法,毋須特別用雙重反斜線,也可以用 PowerShell 風格的倒引號把過長的指令分隔成數行。在 IIS 裡移除預設網站並建立新網站,對於 PowerShell 來說是小事一樁，Dockerfile 也清楚地指出應用程式會使用的通訊埠、以及網頁內容所在的路徑（就是 `New-Website -Name 'nerd-dinner' -Port 80 -PhysicalPath 'c:\nerd-dinner'-ApplicationPool '.NET v4.5'` 這一段）。

我使用了內建的 .NET 4.5 application pool，這是原本部署過程的簡化版本。在虛擬機器上的 IIS 裡，通常大家都會為每一個網站分配一個專門的 application pool，以便達到程序彼此分離的效果。但是在一個已經容器化的應用程式裡，原本就只會運行一個網站——因為另一個網站根本就存在於另一個容器裡，我們毋須再為隔離多費腦筋，更好的是每個容器都可以獨自享用預設的 application pool，再也不用煩惱應用程式間彼此干擾的問題。

最後的 `COPY` 指示語句則是把發行的網頁應用程式從建置階段搬到應用程式映像檔裡。這是 Dockerfile 中會再次利用 Docker 快取的最後一行指示語句。當我處理應用程式封裝時，原始碼是最常變動的部分。Dockerfile 的架構讓我在變更程式碼後並執行 `docker image build` 時，只會執行第一階段中含有 MSBuild 的指示語句、以及第二階段的含有 copy 的指示語句，因此建置速度會飛快。

這就是要弄出一個可以運作的 Docker 化 ASP.NET 網站所需的一切了，但是以 NerdDinner 的案例而言，還需要多加一條指示語句，證明你在容器化老舊的應用程式時，也能料理其中惱人又難以意料的諸多細節。在 NerdDinner 應用程式的 `Web.config` 組態設定檔裡，有一個 `system.webServer` 段落，內有若干自訂的組態設定，而根據預設值，這個段落是被 IIS 鎖住的。我需要把段落解開，也就是第二個 `RUN` 指示語句裡用 `appcmd` 所做的事。

現在我可以建置映像檔，並使用 Windows 容器運行老舊的 ASP.NET 應用程式了：

```
docker container run -d -P dockeronwindows/ch02-nerd-dinner
```

一樣用 `docker container inspect` 取得容器的 IP 位址，然後試著瀏覽 NerdDinner 首頁看看：

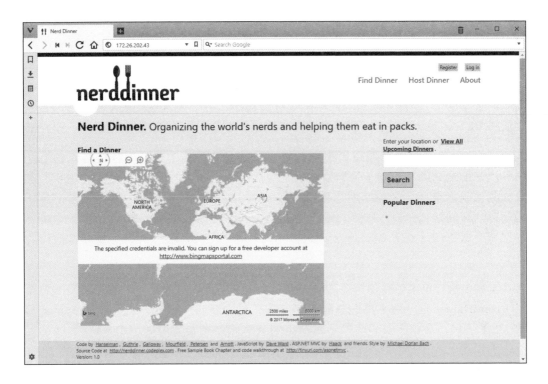

這時應用程式還不算是功能齊備（我不過是讓最基本的部分跑起來而已）。網頁中的 Bing Maps 物件尚未顯示出真正的地圖，因為我還沒把 API 金鑰放進去。API 金鑰在每個環境中都會變動（每個開發用環境、測試用環境和正式環境的金鑰都會不一樣）。你可以在 Docker 裡透過環境變數來管理環境組態，而在**第 3 章開發 Docker 化的 .NET 和 .NET Core 應用程式**的 Dockerfile 裡，我也會運用這個技巧。

如果你四處瀏覽這個特製的 NerdDinner 版本，並試著登錄一名用戶、或是搜尋一份餐點，就會看到一個黃色的受損頁面，通知你資料庫不存在無法使用。在它原本的格式中，NerdDinner 是以 SQL Server 的 LocalDB 做為輕量型資料庫，並將資料庫檔案存放在應用程式目錄裡。當然我也可以把 LocalDB 的執行平台安裝到容器映像檔裡，但那樣一來就不符合 Docker 的「一個容器對應一個功能」的宗旨了。相反地，我要為資料庫另建一個分離的映像檔，以便讓它自己在自己的容器中獨立運行。

下一章還是會以 NerdDinner 為例反覆說明，加上環境變數，並以分離元件的方式讓 SQL Server 以自己的容器運行，同時向各位展示，如何透過 Docker 平台，著手將傳統的 ASP.NET 應用程式進行現代化改裝。

總結

在本章裡，我帶大家詳細檢視了 Docker 映像檔與容器。映像檔其實是封裝好的應用程式，而容器則是從映像檔運行而來的應用程式執行個體。你可以利用容器執行單純的「射後不理」[6]作業，或是以互動方式進行操作，甚至是讓容器在背景執行。一旦你使用 Docker 的經驗越多，就會發現這三種操作方式都很常用到。

Duckerfile 是建置映像檔的資訊來源，它是一個簡單的文字檔，內有少量的指示語句，以便指定基礎映像檔、複製檔案、及執行指令。你可以透過 Docker 的指令列工具來建置映像檔，它能輕易地在持續整合（CI）建置中加入步驟。當開發者上傳通過所有測試的程式碼後，建置的輸出結果就是一個有版本的 Docker 映像檔，你可以拿它來部署到任何支援 Docker 的主機上，而且很肯定它的執行方式一定始終保持一致。

我在本章中也介紹了若干簡單的 Dockerfiles，並以一個真實生活中的應用為範例做結尾。NerdDinner 是一個老舊的 ASP.NET MVC 應用程式，原本是建置在 Windows 和 IIS 上運行的。透過多段式建置，我把這個老舊的應用程式封裝成 Docker 映像檔，並以容器運行。這證明 Docker 的新式運算模型不僅適用於採用 .NET Core 和 Nano Server 的現代化專案——也可以把既有的應用程式轉移到 Docker 上，好展開現代化的第一步。

在下一章裡，我會用 Docker 將 NerdDinner 的架構現代化，將網站功能打散為分離的元件，並使用 Docker 將它們再兜回來。

譯註 6　fire-and-forget，一種現代軍武術語，泛指發射後會自行導引毋須指揮的武器。

3

開發 Docker 化的 .NET
和 .NET Core 應用程式

Docker 是一個可以封裝、散播和執行應用程式的平台。一旦你把應用程式封裝成 Docker 映像檔，它們就全都具備相同的外貌——你可以透過統一的方式部署、管理、防護、以及升級它們。所有 Docker 化的應用程式都只有一個運行需求：就是在相容的作業系統上運行的 Docker 引擎。應用程式都在隔離的環境中運行，所以就算是在同一台機器上，你也能同時容納多個不同的應用程式平台，甚至是不同版本的平台，彼此完全不會干擾。

在 .NET 的世界裡，這代表你能在單獨一部 Windows 機器上運行多種工作——可以是 ASP.NET 的網站、或是一支運作在 .NET 控制台應用程式或是 .NET Windows 服務上的 **Windows Communication Foundation（WCF）** 應用程式。在前一章裡各位已經看到，就算是老舊的 .NET 應用程式，即使不修改程式碼也可以順利地 Docker 化，但是對於在容器裡運行的應用程式應遵循的行為，Docker 還是有一些簡單的要求，這樣才能確保 Docker 平台完全發揮優勢。

本章將告訴你該如何建置應用程式，才能徹底地運用 Docker 平台，包括：

- Docker 和你的應用程式間的整合點
- 利用環境變數設定你的應用程式
- 監視應用程式的健康狀態
- 利用來自不同容器的元件運行分散式解決方案

以上會有助於你開發出合乎 Docker 預期行為的 .NET 和 .NET Core 應用程式，這樣才能在 Docker 中徹底管控它們。

建置行為良好的 Docker 成員

對於有意進駐的應用程式，Docker 平台的要求並不多。你不會受制於特定的程式語言或框架（framework），也不需要透過特定的程式庫才能讓應用程式與容器溝通，甚至也不需要特別安排應用程式架構。

為了能儘量地支援最多種類的應用程式，Docker 採用控制台（console）做為應用程式與容器執行平台的溝通管道。應用程式的日誌與錯誤訊息都會以控制台輸出和錯誤串流來處理。Docker 管理的儲存空間則是如同正常的作業系統磁碟一般呈現，而Docker 的網路堆疊則是完全透明的。應用程式就像是在自己獨佔的機器上運行一樣，透過正常的 TCP/IP 網路和其他機器連結。

要成為一個守規矩的 Docker 成員，應用程式必須對自己所運行的系統不預設過多的條件，而且只使用所有作業系統都支援的基本機制：如檔案系統、環境變數、網路、以及 console 控制台等等。最要緊的是，應用程式應該只做一件事。大家應該都已見識到，當 Docker 運行容器時，它會啟動 Dockerfile 或指令列裡指定的程序，隨後密切地監視這支程序。當程序結束，容器也隨即退出，因此理想狀態下你建置的應用程式應該只執行一個程序，這樣 Docker 才能監視最重要的程序。

不過，以上這些都只是建議，而非強制要求。當容器運行時，就算啟動指令稿（bootstrap script）裡帶動了多支程序，Docker 還是樂於從命——不過它只能監視最後一個啟動的程序。你的應用程式可以把日誌記錄寫到本地檔案，而非控制台輸出，這樣 Docker 也會遵行運作，但是這樣當你用 Docker 檢視容器日誌時，就無法看到任何輸出了。

在 .NET 裡，只要寫成控制台應用程式（console application），以上要求都可以輕易達到，同時也可以簡化應用程式與主機間的整合，這也是何以所有的 .NET Core 應用程式（包括網站和網頁 API），都要以控制台應用程式運行的誘因之一。對於傳統的 .NET 應用程式來說，當然你未必能把它們改造成完美的 Docker 成員，但你還是可以將其擴充，以便善用平台。

在 Docker 裡運作 IIS 的應用程式

完整的 .NET Framework 應用程式可以輕易地封裝成 Docker 映像檔，不過還是有些限制要加以注意。微軟在 Docker Hub 上提供了 Nano Server 和 Windows Server Core 這兩種基礎映像檔。但是完整的 .NET Framework 沒法在 Nano Server 上運行，因此若要用 Docker 收容你現有的 .NET 應用程式，就必須使用 Windows Server Core 的基礎映像檔。

在 Windows Server Core 上運作，意謂著你的應用程式映像檔會膨脹到 10 GB 左右的大小，其中大部分內容都是基礎映像檔本身。現在你擁有完整的 Windows Server 作業系統，再加上所有啟用 Windows Server 功能所需的完整套件，例如 DNS 跟 DHCP 之類——即使你只想讓它擔任單一應用程式的角色。使用 Windows Server Core 來運行容器並無不適，但你得注意這個動作背後的意涵：

- 這種基礎映像檔中安裝了大量軟體，因此它的層面極廣，亦即它可能需要更頻繁的安全和功能性修補

- 除了應用程式的程序外，作業系統還運行了自身大量的程序，因為許多 Windows 的核心部分都是以 Windows 服務方式在背景運行的

- Windows 也有自己的應用程式平台，其中還包括高價值的應用程式寄居（hosting）及管理用功能組，這些物件在本質上就難以和 Docker 的做法整合

你可以找出任一個 ASP.NET 網頁應用程式，並在幾小時內將其 docker 化。它會衍生出一個碩大無朋的 Docker 映像檔，跟一個建構在輕量型現代化堆疊上的應用程式相比，前者顯然要花更多時間才能散播和啟動。但你畢竟還是打造出一個單一套件，可以用來部署、設定整個應用程式，而且立即可用。這可是改善品質並縮短部署時間的一大進步，也是老舊應用程式進行現代化計畫的第一步。

要把一支 ASP.NET 應用程式更密切地整合到 Docker 裡，你可以修改 IIS 日誌寫入的方式，並指定 Docker 要如何檢查容器是否健康——但不需修改任何應用程式碼。如果你的現代化計畫容許修改程式碼，那麼僅需用最少幅度的修改，你就可以改用容器的環境變數來設定應用程式組態。

把 IIS 設定改為 Docker 慣用的日誌紀錄方式

IIS 會把日誌寫到文字檔案裡，其中紀錄了 HTTP 請求和回覆。你可以精確地定義要把哪些內容寫到日誌中，但是預設的安裝方式只會把有用的事物紀錄下來，例如 HTTP 請求的途徑、回覆的狀態碼、以及 IIS 花了多長時間回覆等等。如果能把這些日誌內容呈現給 Docker 當然最好，但是 IIS 會自行管理日誌檔案，並把日誌紀錄暫存起來（buffering），然後才寫到磁碟當中，而且也會循環使用日誌檔案以節省磁碟空間。

日誌管理是應用程式平台的基礎部分，這也是何以 IIS 要自己管理日誌以便紀錄網頁應用程式的一舉一動，但是 Docker 也有它自己的日誌系統。Docker 的日誌紀錄遠比 IIS 使用的文字檔案系統更為強大而且是容易植入的，但它只能從容器的控制台輸出串流讀取日誌紀錄。但由於 IIS 是以 Windows 服務在背景執行的，它不具備控制台輸出，你沒法讓 IIS 把日誌寫到容器控制台裡，因此必須另闢蹊徑。

有兩種做法可以解決。第一種是建立一個 HTTP 模組，並植入到 IIS 平台中，模組裡有一個事件處理器（event handler），能接收 IIS 的日誌。然後這個處理器會把所有的訊息發給一個佇列（queue）或是 Windows 管線裡，如此你就不必更改 IIS 寫日誌的方式；只不過是添加了一個日誌管道罷了。然後你就可以把網頁應用程式和 Docker 控制台應用程式封裝在一起，而這支控制台應用程式會聆聽 IIS 發出的日誌紀錄，同時將其轉發給控制台。控制台應用程式會是容器啟動時的進入點（entry point），這樣每筆 IIS 日誌紀錄都會轉給控制台，以便讓 Docker 讀取。

這個 HTTP 模組的做法很堅韌、也適於調整，但如果我們才剛踏上 Docker 容器化的第一步，這種做法會讓整件事變得更加複雜。另一個較簡單的辦法是重新設定 IIS，把它的日誌紀錄都寫到一個單獨的文字檔裡，而在容器起始指令中則會執行一支 PowerShell 指令稿來監視這個文字檔，同時把文字檔中每一筆日誌紀錄都如實複寫（echo）到 Docker 控制台。只要容器還在運行，所有的 IIS 日誌紀錄就都會複寫到 Docker 控制台，這樣 Docker 就可以處理。

要在 Docker 映像檔中設定這些項目，你得先設定 IIS，命它把來自任何網站的所有日誌紀錄都寫到一個單獨檔案裡，而且檔案必須任其成長、不做循環使用。這些都只需在 Dockerfile 裡使用 `Set-WebConfigurationProperty` 這個 PowerShell 指令（cmdlet）就可以做到，同時也要修改應用程式主機層面的中央日誌內容。我在 dockeronwindows/ch03-iis-log-watcher 映像檔的 Dockerfile 裡是這樣使用這個指令的：

```
RUN Set-WebConfigurationProperty -p 'MACHINE/WEBROOT/APPHOST' -fi
'system.applicationHost/log' -n 'centralLogFileMode' -v 'CentralW3C'; `
    Set-WebConfigurationProperty -p 'MACHINE/WEBROOT/APPHOST' -fi
'system.applicationHost/log/centralW3CLogFile' -n 'truncateSize' -v
4294967295; `
    Set-WebConfigurationProperty -p 'MACHINE/WEBROOT/APPHOST' -fi
'system.applicationHost/log/centralW3CLogFile' -n 'period' -v 'MaxSize'; `
    Set-WebConfigurationProperty -p 'MACHINE/WEBROOT/APPHOST' -fi
'system.applicationHost/log/centralW3CLogFile' -n 'directory' -v
'C:\iislog'
```

這會把 IIS 改設成把所有的日誌紀錄都寫到 C:\iislog 下的一個檔案裡，同時也指定檔案重複使用的容量上限為 4 GB。這是相當可觀的日誌空間；但別忘了容器原本就不打算長久運行的，所以我們應該不至於在單一容器中真的生出一堆多到 gigabytes 等級的日誌紀錄來。IIS 仍然會使用子目錄格式來分別紀錄日誌檔，所以實際上的日誌檔案路徑會像 C:\iislog\W3SVC\u_extend1.log 這樣。現在我們知道日誌檔的位置，可以讓 PowerShell 把日誌紀錄複寫到控制台去了。

我用一個 CMD 指示語句來達到目的，這樣一來 Docker 最後一個執行到、而且會監視的指令，就是我用來複寫日誌紀錄的 PowerShell 指令。當新紀錄寫到控制台時，Docker 就會對其加以處理。PowerShell 很容易就能做到監看檔案的動作，但有一點複雜的是，這個檔案必須要在 PowerShell 開始監看它之前就存在才行。所以在 Dockerfile 裡我寫了好幾個啟動指令：

```
CMD Start-Service W3SVC; `
    Invoke-WebRequest http://localhost -UseBasicParsing | Out-Null; `
    netsh http flush logbuffer | Out-Null; `
    Get-Content -path 'c:\iislog\W3SVC\u_extend1.log' -Tail 1 -Wait
```

這個 CMD 指示共分成四個部分：

- 先啟動 IIS Windows 服務（W3SVC）

- 對本地主機發出一個 HTTP 的 GET 請求，這會發起一個 IIS 的工作程序，並將第一筆記錄寫進日誌

- 清空（flush）HTTP 的日誌暫存區（log buffer），這樣紀錄才會真正寫入到磁碟上的日誌檔案中，檔案才算是存在，可供 PowerShell 監看

- 以 tail 模式讀取日誌檔內容的最末一行，這樣任何新寫入日誌檔的行數就都會顯示在 Docker 控制台

我可以如常一般用這個映像檔運行容器：

```
docker container run -d -P --name log-watcher dockeronwindows/ch03-iis-
log-watcher
```

當我瀏覽容器的 IP 位址、製造出一些網站流量時（或是透過 Invoke-WebRequest 這個 PowerShell 指令做到），我就可以利用 docker container logs 看到 Get-Content 指令把 IIS 的日誌紀錄轉發給 Docker 了：

```
> docker container logs log-watcher
2017-06-22 10:38:54 W3SVC1 ::1 GET / - 80 - ::1
Mozilla/5.0+(Windows+NT;+Windows+NT+10.0;+en-
US)+WindowsPowerShell/5.1.14393.1066 - 200 0 0 251
2017-06-22 10:39:21 W3SVC1 172.26.207.181 GET / - 80 - 172.26.192.1
Mozilla/5.0+(Windows+NT+10.0;+WOW64)+AppleWebKit/537.36+(KHTML,+like+Gecko)
+Chrome/59.0.3071.90+Safari/537.36+Vivaldi/1.91.867.38 - 200 0 0 0
2017-06-22 10:39:21 W3SVC1 172.26.207.181 GET /iisstart.png - 80 -
172.26.192.1
Mozilla/5.0+(Windows+NT+10.0;+WOW64)+AppleWebKit/537.36+(KHTML,+like+Gecko)
+Chrome/59.0.3071.90+Safari/537.36+Vivaldi/1.91.867.38
http://172.26.207.181/ 200 0 0 119
```

IIS 在把日誌記錄寫到磁碟前，總是會先把它們暫存在記憶體中，以便用分批寫入（micro-batches）的方式提升效能。清空（flush）通常是每分鐘進行一次、或者是暫存資料已達 64 KB 時也會發生。如果你要強迫容器裡的 IIS 清空日誌暫存並真正寫入，就要像我在 Dockerfile 裡那樣使用 netsh 指令：docker container exec log-watcher netsh http flush logbuffer。你會看到一個 Ok 的輸出，代表新的紀錄已確實可以從 docker container logs 中看到了。

我在映像檔裡替 IIS 加入了一些組態，也加上了一條新指令，這樣所有的 IIS 日誌紀錄就都會複製到 Docker 控制台了。這種手法也適用於任何以 IIS 運行的應用程式，因此我可以把 ASP.NET 應用程式和靜態網站的 HTTP 日誌都複寫出來，但完全不用動到應用程式或網站內容。因為控制台輸出就是 Docker 據以紀錄的來源，所以我們只靠這個簡單的擴充方法，就把日誌紀錄從現有的應用程式整合到新平台中。

推派環境變數

現代的應用程式越來越常利用環境變數來調整組態設定，因為事實上這種方式所有的平台都支援，從實體機器到無伺服器運算功能（serverless functions）都是如此。所有的平台都以相同的方式使用環境變數，也就是鍵與值成對（key-value pair）的儲存方式，所以只要透過環境變數進行組態設定，你的應用程式可攜性便會大幅提升。

ASP.NET 應用程式的 Web.config 已經具備了豐富的組態框架，但只需對程式碼小做修改，你就可以把關鍵的設定值取出，並將其移給環境變數管理。這樣一來你就可以替自己的應用程式建置單一的 Docker 映像檔，但只需在容器中設置環境變數以改變組態，就可以拿到不同的環境中運行。

Docker 允許你在 Dockerfile 中指定環境變數，同時為變數指定起始預設值。ENV 就是專門設置環境變數的指示語句，而且每一個 ENV 語句裡都可以指定一個或多個變數，以下範例來自 dockeronwindows/ch03-iis-environment-variables 的 Dockerfile：

```
ENV A01_KEY A01 value
ENV A02_KEY="A02 value" `
    A03_KEY="A03 value"
```

透過 ENV 加入到 Dockerfile 裡的設定值，會成為映像檔的一部分，因此後續從該映像檔衍生出的容器，都會有一樣的設定值。當你運行容器時，還可以利用 --env 或 -e 等參數替容器加入新的環境變數、或是藉此取代映像檔中既有的變數值。以下你就可以看出環境變數如何搭配一個簡單的 Nano Server 容器：

```
> docker container run `
  --env ENV_01='Hello' --env ENV_02='World' `
  microsoft/nanoserver `
  powershell 'Write-Output $env:ENV_01 $env:ENV_02' [1]
Hello
World
```

但如果是 IIS 上的應用程式，Docker 運用環境變數方式就有點複雜。當 IIS 啟動時，它會從系統讀取所有的環境變數，並將其置入快取暫存區備用。而當 Docker 運行一個內有環境變數的容器時，它是把變數寫在程序層面的，但這發生在 IIS 自行將變數原始值置入快取之後，因此 IIS 無從得知變數已經更新，而 IIS 上的應用程式也就看不到新的變數值。例外的是，如果是機器層面的環境變數，IIS 是不會用這種方式放

譯註 1　如果你用一般的命令提示字元執行 docker client，在這裡測試時必須把所有單引號都換成雙引號才能正常執行。但是用 PowerShell 就沒有這種困擾。

入快取的,所以我們不妨把 Docker 設定的變數值推派(promoting)到機器層面的環境變數群當中,這樣 IIS 應用程式就可以讀取到它們。

你可以用複製的方式把環境變數從程序層面推派到機器層面。以下的 PowerShell 指令稿會一一遍閱所有程序層面的變數,只要機器層面沒有一樣的變數,這個變數就會被複製到機器層面:

```
foreach($key in
[System.Environment]::GetEnvironmentVariables('Process').Keys) {
    if ([System.Environment]::GetEnvironmentVariable($key, 'Machine') -eq
$null) {
        $value = [System.Environment]::GetEnvironmentVariable($key,
'Process')
        [System.Environment]::SetEnvironmentVariable($key, $value,
'Machine')
    }
}
```

當然我可以把以上整段的指令稿段落都搬到 Dockerfile 的 CMD 指示語句裡,但如果我真的這樣做並把輸出複寫到日誌,指令就會長達 10 行,這樣在 Dockerfile 裡會不好管理。相反地,我把環境變數的相關指令和日誌複寫指令都先放到另一個指令稿檔案裡,並將其當成 ENTRYPOINT:

```
COPY bootstrap.ps1 C:\
ENTRYPOINT ["powershell", "C:\bootstrap.ps1"]
```

ENTRYPOINT 和 CMD 這兩個指示語句都會告訴 Docker 如何運行容器化的應用程式。你可以同時用它們來指定預設的進入點(default entry point),並允許映像檔的使用者在啟動容器時覆寫指令。

映像檔中的應用程式是一個簡單的 ASP.NET Web Forms 頁面,它只有在頁面列出環境變數這個動作。我可以如常地以這個容器運行它:

```
docker container run -d -P --name iis-env dockeronwindows/ch03-iis-
environment-variables
```

當容器啟動時,我就可以取得它的 IP 位址,並開啟瀏覽器閱覽 ASP.NET Web Forms 的頁面:

```
$ip = docker inspect --format '{{ .NetworkSettings.Networks.nat.IPAddress
}}' iis-env
start http://$ip
```

然後就會得出以下的輸出,頁面中有來自映像檔的預設環境變數:

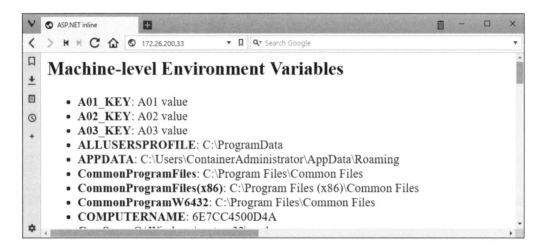

你可以用不同的環境變數來運行同一個映像檔,例如覆蓋映像檔中的某個環境變數、或是另增一個新的環境變數:

```
docker run -d -P --name iis-env2 `
 -e A01_KEY='NEW VALUE!' `
 -e B01_KEY='NEW KEY!' `
dockeronwindows/ch03-iis-environment-variables ²
```

譯註 2　如果你用一般的命令提示字元執行 docker client,在這裡測試時必須把所有單引號都換成雙引號才能
　　　　正常執行。但是用 PowerShell 就沒有這種困擾。

再次瀏覽容器的 IP 位址，各位應該注意到 ASP.NET 已經把新的變數值寫出來了：

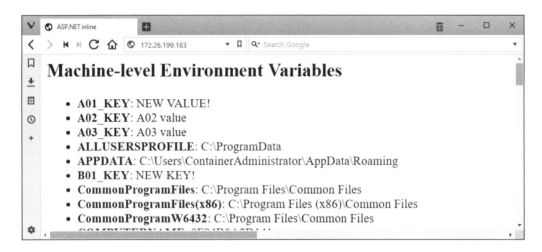

現在我已把對於 Docker 環境變數管理的支援加到 IIS 映像檔裡了，因此 ASP.NET 應用程式就可以利用 `System.Environment` 這個類別（class）來讀取組態設定值。此外我在同一個映像檔裡也保留了 IIS 的日誌複寫功能，所以現在這是一個奉公守法的 Docker 成員──你可以透過 Docker 來設定應用程式，同時檢查其日誌了。

最後一個要改善的，就是要讓 Docker 知道如何監視容器中運行的應用程式，這樣 Docker 才能判斷應用程式是否健康，也知道在它不健康時應採取何種因應措施。

建置會監視應用程式的 Docker 映像檔

一旦我替 NerdDinner 的 Dockerfile 加入了上述的新功能（即日誌管理與環境變數），並從加強版的 Dockerfile 製做出的映像檔運行容器，我就能透過 `docker container logs` 指令看到網頁請求和回覆的日誌紀錄，因為這個容器會把所有 Docker 攔截到 IIS 日誌紀錄都轉發出來，而且我也能利用環境變數來指定資料庫的使用者身份。這樣一來，就像面對 Docker 上運行的任何容器化應用程式般，我可以用相同的方式運行與管理老舊的 ASP.NET 應用程式。但我還可以再加上一個 Docker 設定，以便讓它為我監視容器狀態，進而掌控任何意料外的故障狀況。

Docker 有能力監視應用程式的健康狀態，而不僅僅是檢查其程序是否仍在執行而已，做法就是在 Dockerfile 裡加上 `HEALTHCHECK` 指示語句。你只需藉由 `HEALTHCHECK`，就可以指揮 Docker 如何測試出應用程式健康與否。其語法和 `RUN` 以及 `CMD` 等指示語句相仿

——只需把一個 shell 指令傳遞給語句令其執行，如果應用程式健康無恙，該指令就應該回覆一個數值為 0 的回傳碼，反之則應傳回 1。只要容器還在運行，Docker 就會定期執行健康檢測，並在容器健康狀態有變化時發出狀態異動事件通知。

有一個簡單的方式可以定義一個網頁應用程式是否**健康**，就是它是否仍具備正常地回覆 HTTP 請求的能力。至於要發出何種請求，就要看你檢查的詳細程度而定——從理想上說，這個請求應該能執行應用程式的關鍵功能部分，藉此確認它是否正常動作。不過同樣要注意的是，這個請求應該能迅速完成，並且只會微幅增加演算負荷，這樣一來，在頻繁進行健康檢測時才不至於影響到真正的用戶請求。

任何網頁應用程式都可以使用同樣的簡易健康檢測方式，就是 PowerShell 指令 Invoke-WebRequest，它可以取得首頁，並檢查 HTTP 的回覆代碼是否為 200，因為這個代碼就代表回覆已正常收到：

```
try {
    $response = iwr http://localhost/ -UseBasicParsing
    if ($response.StatusCode -eq 200) {
        return 0
    } else {
        return 1
    }
catch { return 1 }
```

至於更複雜的網頁應用程式，不妨特別加入一個健康檢測用的新端點（endpoint）。只需替應用程式中負責執行核心邏輯的 APIs 和網站加上一個診斷用的端點，然後令其回傳一個布林值（Boolean result），藉以指出該應用程式是否依然健康即可。然後你就可以在 Docker 的健康檢測語句中呼叫這個端點，並檢查回覆的內容和狀態代碼，以便確認應用程式是否正常運作。

Dockerfile 裡的 HEALTHCHECK 指示語句非常簡潔。你可以自訂檢查的間隔時間、以及檢查要連續失敗幾次才會認定容器不健康等等，但如果時間和次數你都只想沿用預設值的話，那就只需在 HEALTHCHECK CMD 後面加上測試指令稿即可。下例來自 dockeronwindows/ch03-iis-healthcheck 映像檔的 Dockerfile，它利用 PowerShell 對診斷的 URL 發出一個 GET 請求，然後檢查回覆的狀態代碼：

```
HEALTHCHECK --interval=5s `
 CMD powershell -command `
 try { `
  $response = iwr http://localhost/diagnostics -UseBasicParsing; `
  if ($response.StatusCode -eq 200) { return 0} `
```

```
    else {return 1}; `
} catch { return 1 }
```

以上我已指定了健康檢測的間隔時間，所以 Docker 會在容器內每隔 5 秒執行指令
（如果這裡未指定，那預設的間隔時間會是 30 秒）。健康檢測執行起來很輕鬆，因為
它是從容器內對自己執行的，因此你可以像這樣放心地縮短檢測的間隔時間，並立即
發覺任何可能的問題。

這個 Docker 映像檔裡的應用程式是一個 ASP.NET 的 Web API 應用程式，它已內建一
個診斷用端點，還有一個控制器（controller）讓你切換（toggle）應用程式的健康狀
態。Dockerfile 裡已包含了健康檢測的指示語句，所以當我們從這個映像檔運行容器
時，就可以看出 Docker 是怎麼利用它檢測的：

```
docker container run -d -P --name healthcheck dockeronwindows/ch03-iis-
healthcheck
```

如果你在啟動容器後執行 docker container ls 指令，就會在狀態欄（status field）
看到一個略為不一樣的輸出，例如 Up 3 seconds (health: starting)（意即已啟動
3 秒鐘，健康檢測中）。Docker 會每隔 5 秒對這個容器執行健康檢測，所以輸入以
上指令時檢查還未完成。只要稍等一等，這個狀態代碼就會變成像是 Up 46 seconds
(healthy)（意即已啟動 46 秒鐘，健康狀態正常）。

這個容器會一直保持健康，直到我故意對控制器發出一個呼叫並切換健康狀態為止。
切換動作是透過 POST 請求來達成的，它會修改 API 設定，變成對所有後進的請求都
一律回以 HTTP 狀態代碼 500 [3]：

```
$ip = docker inspect -f '{{ .NetworkSettings.Networks.nat.IPAddress }}'
healthcheck
iwr "http://$ip/toggle/unhealthy" -Method Post
```

現在不管從 Docker 平台收到什麼 GET 請求，應用程式一律回以代碼 500，當然健康檢
測也就失敗了。這時 Docker 會繼續試著進行檢測，如果連續失敗 3 次，它就會認定
容器是不健康的。這時容器清單的狀態欄就會變成 Up 3 minutes (unhealthy)（意即已
啟動 3 分鐘，健康異常）。由於此處 Docker 不會對單一不健康的容器自動採取任何動
作，所以容器基本上還是繼續運行，你也還是可以操作這個 API。

譯註 3　HTTP 500 意為 Internal Server Error，這是故意製造的錯誤訊息以便測試監視功能。

一旦你開始在叢集式的 Docker 環境中運行容器，健康檢測就變得十分重要（我會在**第 7 章利用 *Docker Swarm* 來協調分散式解決方案**裡介紹），因此在所有的 Dockerfiles 裡都加上健康檢測功能，是個很好的習慣。將應用程式封裝成便於 Docker 平台進行健康檢測的形式，是非常有用的功能；這意味著只要應用程式正在運行，你就可以進行檢測。

現在你已取得了所有可以將 ASP.NET 應用程式容器化的工具，而且也能確保它會是一個安分守己的 Docker 成員，不但融入平台，也可以像其他容器般接受監視和管理。不過，執行在 Windows Server Core 上的完整 .NET Framework 應用程式，由於它需要為數眾多的 Windows 背景服務，因此是沒法滿足只運行單一程序這個要求的。不過我們還是應該將其建置成容器映像檔，以便只運行單一邏輯功能，但與其他相依元件分離開來。

分離相依性

在前一章裡，筆者把老舊的 NerdDinner 應用程式予以 Docker 化，並讓它在沒有資料庫的情況下運行。原本的應用程式其實是預期自己會在同一台使用 SQL Server LocalDB 的主機上，讓資料庫與應用程式平行運作。LocalDB 是用 MSI 封裝檔安裝的，因此筆者只需下載 MSI 檔，再在 Dockerfile 裡用 RUN 指令執行它，就可以輕易地把它加到 Docker 映像檔裡。但這意謂著如果用該映像檔容器啟動容器，它就會兼具兩個功能——其一是網頁應用程式，其二則是資料庫。

讓一個容器裡平行運作兩種功能並不是個好辦法；萬一你要升級網站、但不想更動資料庫時怎麼辦？或者當你需要維護資料庫、又不想影響網站時又當如何？要是你還想擴充網站呢？把兩個功能綁在一起，不但部署的風險會上升，舉凡測試的負擔、管理的複雜性都會跟著增加，而唯一會下降的，只有營運的彈性。

相反地，筆者打算把資料庫另外封裝到一個新的 Docker 映像檔裡，再從它衍生出另一個容器——讓網站容器只透過 Docker 的網路層來取用資料庫容器。SQL Server 是有授權才能合法使用的產品，但是它還另有免費的變種產品 SQL Server Express 可以用，微軟在 Docker Hub 上提供了它的映像檔，並附帶正式授權。我可以用它來做為我自製的映像檔基礎，建置出一個預先設定好的資料庫執行個體，而且其架構（schema）都已部署妥當，可供網頁應用程式連線操作。

建置 SQL Server 資料庫的 Docker 映像檔

設置資料庫用的映像檔跟其他 Docker 映像檔並無太大區別；筆者一樣會把設定的作業包裝在 Dockerfile 裡。廣義來說，準備一個新資料庫需要依序執行以下步驟：

- 安裝 SQL Server
- 設定 SQL Server
- 執行 DDL 指令稿以建立資料庫架構
- 執行 DML 指令稿以置入靜態資料

如果是採用 Visual Studio 的 SQL 資料庫專案類型和 Dacpac 部署模型這種典型的建置過程，以上方式再合適不過。專案發佈後的輸出便是一個 .dacpac 檔案，內有資料庫架構和任何要執行的自訂 SQL 指令稿。藉由 SqlPackage 工具，我們就可以把 Dacpac 檔案部署到一個 SQL Server 執行個體中——如果資料庫不存在、部署時就會建立一個新的，如果資料庫已經存在，部署時就會升級原本的資料庫，讓資料庫符合 Dacpac 定義的架構。

這種方式極適於自訂 SQL Server 的 Docker 映像檔。我可以再次使出多段式建置法來撰寫 Dockerfile，這樣一來，就不必在最終映像檔中安裝 Visual Studio，才能把原始碼封裝成資料庫。以下便是 dockeronwindows/ch03-nerd-dinner-db 映像檔的 Dockerfile 前半階段：

```
# escape=`
FROM sixeyed/msbuild:netfx-4.5.2-ssdt AS builder

WORKDIR C:\src\NerdDinner.Database
COPY src\NerdDinner.Database .

RUN msbuild NerdDinner.Database.sqlproj `
/p:SQLDBExtensionsRefPath="C:\Microsoft.Data.Tools.Msbuild.10.0.61026\lib\net40" `
/p:SqlServerRedistPath="C:\Microsoft.Data.Tools.Msbuild.10.0.61026\lib\net40"
```

builder 這個階段只會把 SQL 專案的原始碼搬進映像檔、並執行 MSBuild 以便製做出 Dacpac。這裡我會從 Docker Cloud 借用公開映像檔 sixeyed/msbuild 的變體，因為它具備編譯 SQL 專案所需的 NuGet 封裝。

以下則是 Dockerfile 的後半階段,它會把 NerdDinner 的 Dacpac 封裝成可在 SQL Server Express 中運行的樣貌:

```
FROM microsoft/mssql-server-windows-express

ENV ACCEPT_EULA="Y" `
    DATA_PATH="C:\data" `
    sa_password="N3rdD!Nne720^6"

VOLUME ${DATA_PATH}
WORKDIR C:\init

COPY Initialize-Database.ps1 .
CMD ./Initialize-Database.ps1 -sa_password $env:sa_password -data_path `
$env:data_path -Verbose

COPY --from=builder
C:\src\NerdDinner.Database\bin\Debug\NerdDinner.Database.dacpac .
```

除了你到目前為止看過的之外,這裡沒出現什麼新的指示語句。各位可以發現這裡沒有 RUN 指令,所以我在建置這個映像檔並不會真正地設置資料庫架構;我只是把 Dacpac 檔案封裝在映像檔裡,這樣當我從映像檔啟動資料庫容器時,我就有建立或升級資料庫所需的一切要件了。

在 CMD 裡,我執行了一支 PowerShell 指令稿,它會設定資料庫。其實像這樣把所有啟動的細節藏在個別的指令稿裡,通常不是個好主意,因為這樣你就沒法在只用 Dockerfile 運行容器時看出正在發生的事。但是在本例中,起始的過程有好幾個頗為繁瑣的功能[4],如果不用指令稿包覆而是直接整段貼在 Dockerfile 裡,Dockerfile 就會變得太過臃腫。

在引用基礎的 SQL Server Express 映像檔時,我定義了幾個環境變數,首先是 ACCEPT_EULA,這樣使用者運行容器時就會自動在同意授權的畫面回答「是」,其次的環境變數是 sa_password,它定義的是管理員密碼。我在引用原本的映像檔時加以延伸,替這些環境變數都指定了預設值。我會以同樣的方式運用這些變數,以便容許使用者在運行容器時可以自行指定管理員密碼。剩下的起始指令稿內容則都是在處理如何將資料庫狀態儲存在 Docker 卷冊裡的問題。

譯註 4　請自行參閱範例的 Initialize-Database.ps1 內容就會知道。

管理 SQL Server 容器的資料庫檔案

資料庫的容器與其他的 Docker 容器並無太大差異，只不過它更重視狀態。你需要確認資料庫檔案存放在容器以外的場所，這樣當你抽換資料庫容器時，才不至於失去任何資料。這一點可以靠卷冊輕易地做到，就像上一章所述，不過其中還是有些訣竅。

如果你自行建置 SQL Server 映像檔的同時也部署了資料庫，那麼你的資料庫就會位在映像檔中的某個已知位置。當然你可以用這個映像檔運行容器，完全不需掛載卷冊也照樣可以運作，問題是這樣一來，資料都存放在容器的可寫入層。如果你在升級資料庫時抽換了容器——所有曾寫入的資料就都沒了。

相反地，你也可以採用主機掛載卷冊的方式運行容器，把主機的某個目錄對應到預期中的 SQL Server 資料目錄，於是資料檔案便置身於容器之外，亦即主機上某個已知的位置。這樣一來，你就能確保資料檔案是放在主機的 RAID 陣列裡。不過這也意謂著你無法用這種方式在 Dockerfile 裡部署資料庫，因為資料目錄裡一定會有源自映像檔的資料檔案，但你不能把卷冊掛載到一個裡面已經有資料的目錄。

微軟提供的 SQL Server 映像檔是這樣處理的，它先讓你在運行容器時掛載資料庫和交易日誌等檔案，這樣一來你就可以在主機上已有資料庫檔案的前提下操作。在這種情況下，你可以直接用映像檔掛載資料夾後運行 SQL Server 容器（當然容器運行指令必須配合引數，告訴 Docker 去哪掛載資料庫）。這個方法不算有彈性——因為你得先在別處的 SQL Server 執行個體上把資料庫建好，才能在運行容器時有東西可以掛載。這並不適於自動化的釋出程序。

以我自製的的映像檔為例，我想換個方式。映像檔裡已包含了 Dacpac 檔，所以它已擁有部署資料庫所需的一切要素。當容器啟動時，我讓它先檢查資料目錄，若資料目錄下空無一物，我就會部署 Dacpac 以便建立新資料庫。但若是容器啟動時資料庫已經存在，就讓它先掛載資料庫檔案，然後一樣用 Dacpac 的內容來升級資料庫。

這種方式讓你可以用同一個映像檔來替新環境運行一個最新版的資料庫容器，或是升級現有的資料庫，但不至於失去既有的資料。而且不論你是否從主機直接掛載資料庫目錄，它都可以運作，因此你儘可以讓使用者自己去決定如何管理容器的儲存方式，而我的映像檔不論哪一種狀況都可以支援。

這些都是靠 Initialize-Database.ps1 這支 PowerShell 指令稿完成的，我在 Dockerfile 裡將它設為容器的進入點。同時我使用變數 data_path 把資料目錄傳遞給 Dockerfile 裡的 PowerShell 指令稿，指令稿會檢查 NerdDinner 的資料庫主檔（mdf）和日誌檔（ldf）是否都已存在目錄中：

```
$mdfPath = "$data_path\NerdDinner_Primary.mdf"
$ldfPath = "$data_path\NerdDinner_Primary.ldf"

# attach data files if they exist:
if ((Test-Path $mdfPath) -eq $true) {
 $sqlcmd = "IF DB_ID('NerdDinner') IS NULL BEGIN CREATE DATABASE NerdDinner `
ON (FILENAME = N'$mdfPath')"
 if ((Test-Path $ldfPath) -eq $true) {
   $sqlcmd = "$sqlcmd, (FILENAME = N'$ldfPath')"
 }
 $sqlcmd = "$sqlcmd FOR ATTACH; END"
 Invoke-Sqlcmd -Query $sqlcmd -ServerInstance ".\SQLEXPRESS"
}
```

> 這個指令稿看似複雜，但其實它不過是要建立一段 CREATE DATABASE...FOR ATTACH 敘述罷了，同時只要 MDF 資料檔案和 LDF 日誌檔，它就會把這兩個檔案的路徑拿來沿用。隨後它才會呼叫這段拼湊出來的 SQL 敘述，藉以從外部卷冊掛載資料庫檔案，成為 SQL Server 容器裡的新建資料庫。

以上動作涵蓋的是使用者以卷冊掛載方式運行容器的場合，此時主機目錄裡已經有前一版容器留下的資料庫檔案。這些檔案會掛載到容器裡，於是新容器就有資料庫可用。接著，指令稿會再用 SqlPackage 工具，從 Dacpac 製做出部署的指令稿。由於 SqlPackage 工具已經存在 SQL Server Express 的基礎映像檔中，我也知道其路徑，因此可以放心地使用它：

```
$SqlPackagePath = 'C:\Program Files (x86)\Microsoft SQL
Server\130\DAC\bin\SqlPackage.exe'
& $SqlPackagePath `
 /sf:NerdDinner.Database.dacpac `
 /a:Script /op:deploy.sql /p:CommentOutSetVarDeclarations=true `
 /tsn:.\SQLEXPRESS /tdn:NerdDinner /tu:sa /tp:$sa_password
```

當容器啟動時，若是資料庫目錄中空無一物，也就是容器裡不會有 NerdDinner 資料庫的存在，這樣 SqlPackage 就會產生一個不一樣的指令稿，內有一連串的 CREATE 敘述，藉以部署新資料庫。如果資料庫目錄裡確實有檔案，那麼原有的資料庫就會掛載進來。這時 SqlPackage 產生的指令稿內就會變成一連串的 ALTER 和 CREATE 敘述，以便讓資料庫符合 Dacpac 定義的架構。

這個步驟中所產生的 deploy.sql 指令稿，要不就是建立新的架構（schema），要不就是把變動的部分套用到原有的架構上，以便升級既有的資料庫。不論資料庫檔案是否已存在，最後新容器裡的資料庫都一定符合新架構。

最後，PowerShell 指令稿會沿用傳入的資料庫名稱、檔案前綴（prefixes）和資料路徑等變數，執行上述的 SQL script：

```
$SqlCmdVars = "DatabaseName=NerdDinner", "DefaultFilePrefix=NerdDinner",
"DefaultDataPath=$data_path", "DefaultLogPath=$data_path"

Invoke-Sqlcmd -InputFile deploy.sql -Variable $SqlCmdVars -Verbose
```

一旦 SQL 指令稿執行完後，容器裡的資料庫就具備了 Dacpac 塑造好的架構，而這架構完全是按照 Dockerfile 前半階段（builder）的 SQL 專案建置出來的。由於資料庫檔案都在預期的位置、名稱也完全依照規劃，因此我們如果用同一個映像檔產生另一個容器來取代舊容器，新容器還是可以順利地找到既有的資料庫，並將其掛載起來。

在容器裡運行資料庫

現在我擁有一個映像檔，可以用來進行新的部署和升級了。開發人員可以在不掛載卷冊的情況下使用它進行新功能開發，這樣每次他們啟動容器時都會得到一個新鮮乾淨的資料庫。但是當容器需要把已有資料庫檔案的卷冊掛載進來時，相同的映像檔一樣也可以用在這種需要保有既有資料庫的場合。

這就是你如何在 Docker 裡運行 NerdDinner 資料庫的方式，藉由預定的管理員密碼、資料庫檔案所在的主機目錄和容器命名，我就可以從其他容器取用這個資料庫容器：

```
mkdir -p C:\databases\nd

docker container run -d -p 1433:1433 `
 --name nerd-dinner-db `
 -v C:\databases\nd:C:\data `
 dockeronwindows/ch03-nerd-dinner-db
```

當你首度運行這個容器時，Dacpac 會建立資料庫，把相關的資料和日誌檔放到掛載的主機目錄下。你可以利用 ls 指令在主機端檢查這些檔案是否如實建立，而 docker container logs 的輸出訊息也會一一顯示過程中產生的 SQL 指令稿如何執行並建立資源：

```
> docker container logs nerd-dinner-db
VERBOSE: Starting SQL Server
VERBOSE: Changing SA login credentials
VERBOSE: No data files - will create new database
Generating publish script for database 'NerdDinner' on server
'.\SQLEXPRESS'.
Successfully generated script to file C:\init\deploy.sql.
VERBOSE: Changed database context to 'master'.
VERBOSE: Creating NerdDinner...
VERBOSE: Changed database context to 'NerdDinner'.
VERBOSE: Creating [dbo].[Dinners]...
...
```

啟用容器時的 run 指令也會公開 SQL Server 的 1433 號通訊埠，這樣你就可以從遠端連入容器裡運行的資料庫——不論是透過 .NET 連線或是 **SQL Server Management Studio (SSMS)** 都一樣。如果主機上已有其他的 SQL Server 執行個體正在運作，你也可以改把容器的 1433 號通訊埠對映到主機的其他閒置通訊埠，以避免衝突。

要用 SSMS、Visual Studio 或是 Visual Studio Code 連入容器中運行的 SQL Server 執行個體，只需使用容器的 IP 位址、選好 SQL Server 的認證方式，並使用 sa 身份登入即可：

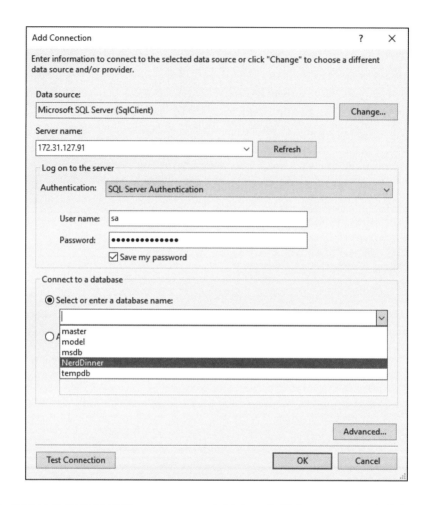

於是你就可以像使用尋常的 SQL Server 資料庫一般操作 Docker 化的資料庫了，不管是查詢資料庫或是插入資料都全無差別。從 Docker 所在的主機連入資料庫時，你可以把容器的 IP 位址當成資料庫主機名稱，但如果是通訊埠開放的情況下，你就可以從主機以外的來源取用容器化的資料庫，這時就需以 Docker 所在的主機名稱做為資料庫主機名稱。Docker 會把任何進入主機 1433 號通訊埠的流量轉給容器裡運行的 SQL Server。

從應用程式容器連接資料庫容器

Docker 平台內建自己的 DNS server，容器彼此間就利用它來尋找服務來源。我在啟動 NerdDinner 資料庫容器時順便指定了一個名稱，這樣位在同一個 Docker 網路上的任何其他容器就可以藉由名稱取用該容器——就像網頁伺服器透過 DNS 主機名稱取用遠端資料庫伺服器一樣：

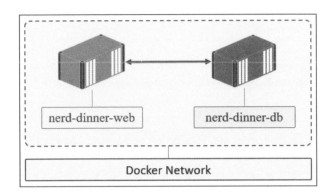

這種做法使得應用程式組態比傳統的分散式解決方案更為簡化。因為每個環境的配置看起來都一樣——不論是在開發環境、品管驗證還是正式環境，網頁容器和資料庫連線時使用的主機名稱永遠都會是 nerd-dinner-db，因為它其實存在於容器中。但是它可以和網頁容器位於同一個 Docker 主機，也可以放在 swarm 叢集的另一台機器上，應用程式是不知道其中區別的。

 Docker 裡的服務尋找功能並不限於容器本身。容器也可以透過主機名稱取用同一網路上其他主機的服務。你可以用容器運行網頁應用程式，但連接的 SQL Server 則是位於一台實體機器上，資料庫並不一定也要是容器的形式。

每個環境中只有一部分組態會略有差異，就是 SQL Server 的登入身份。在 NerdDinner 的資料庫映像檔裡，我使用了一個環境變數，並指定一個預設值給它，藉以設置管理員密碼，而我在網頁應用程式的容器中也運用了類似的方式。資料庫的連線字串（connection string）位在 Web.config 檔案中，其中包括了預期連線的主機名稱和使用者 ID，但在密碼的部分則是以借位字符（placeholder）來代替：

```
Data Source=nerd-dinner-db,1433;Initial Catalog=NerdDinner;User
Id=sa;Password={SA_PASSWORD}
```

在 NerdDinner 的應用程式映像檔裡，我替密碼加上了環境變數，並且在資料庫映像檔裡也採用了類似的方式——先在 Docker 啟動容器的進入點做了一點預先處理（preprocessing），以便設定應用程式。Web.config 在映像檔裡的位置已經確知，所以啟動的指令稿只需更新其中的連線字串即可。PowerShell 可以輕易地達成任務：

```
$connectionString="Data Source=nerd-dinner-db,1433;Initial
Catalog=NerdDinner;User Id=sa;Password=$($env:sa_password)"

$file = 'C:\nerd-dinner\Web.config'
[xml]$config = Get-Content $file;
$db1Node = $config.configuration.connectionStrings.add | where {$_.name -eq
'DefaultConnection'}
$db1Node.connectionString = $connectionString
$config.Save($file)
```

> 這是一個保護登入身份的簡單做法，筆者只是要藉此說明，即使不修改原始程式碼，我們也能讓應用程式更貼近 Docker 的風格。環境變數並非最佳的密碼管理方式，不過到**第 9 章**了解 *Docker* 的安全風險和好處時，我們會再詳談 Docker 的安全性。

我把這部分都加到一個名為 bootstrap.ps1 的指令稿裡[5]，它包含了所有本章先前所描述的，要讓 NerdDinner 成為良好 Docker 成員的邏輯——包括推派環境變數，還有複寫 IIS 的日誌。這個指令稿同時也是 Dockerfile 裡的啟動指令，同時還加上了 HEALTHCHECK 指示語句，以便讓 Docker 為我監視網頁應用程式。

dockeronwindows/ch03-nerd-dinner-web 的 Dockerfile 裡還有一條重要的指示語句，這是目前 Windows 容器所需要的，有它才能配合 Docker 的服務尋找功能：

```
RUN Set-ItemProperty -Path
'HKLM:\SYSTEM\CurrentControlSet\Services\Dnscache\Parameters' `
    -Name ServerPriorityTimeLimit -Value 0 -Type DWord
```

這道指令會寫入一筆登錄檔鍵值，以便關閉 Windows 的 DNS 快取。Windows 十分仰賴 DNS 的快取紀錄，但這樣一來 Docker 就無法及時地取得更新資訊。如果容器被更換過，它就會切換到新 IP 位址，因此我們希望容器始終使用 Docker 的 DNS 伺服器，以便取得最新的資訊，而非來自快取的二手資訊。

譯註 5　bootstrap.ps1 位在範例的 ch03\ch03-nerd-dinner-web 底下。

本章截至目前為止，筆者都還未對 NerdDinner 的基本程式碼做任何功能上的更動，只有更改 Web.config 裡的資料庫連線字串，以便改用 SQL Server 資料庫容器的新連線資訊。現在當我運行網頁應用程式的容器時，它就可以用名稱連接到資料庫容器，並使用以 Docker 運行的 SQL Server Express 資料庫：

```
docker container run -d -P dockeronwindows/ch03-nerd-dinner-web
```

> 你可以明確指定容器產生時要加入哪個 Docker 網路，不過在 Windows 上，所有的容器預設都會加入系統建立的 nat 網路。由於資料庫容器和網頁容器都位在 nat 網路上，因此它們只需藉由容器名稱就可以互相溝通。

一旦容器啟動，我就可以用容器的 IP 位址開啟網站，並點選 **Register** 連結，然後建立新帳號：

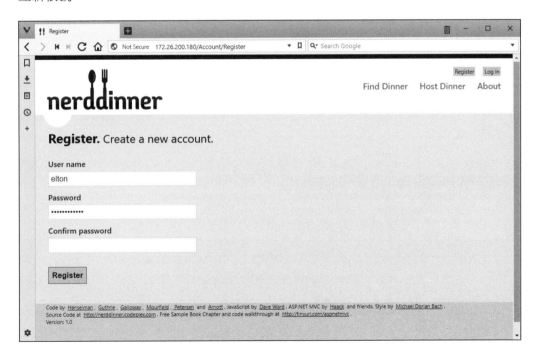

登錄頁面會查詢 ASP.NET 的會員資料庫，而該資料庫現在是由 SQL Server 容器所運行，所以只要頁面可以正常操作，就代表網頁應用程式與資料庫的連結運作是正常的。我可以在 SSMS 裡驗證這一點，只需查詢使用者資料庫、觀察新一筆的使用者資料列即可得知：

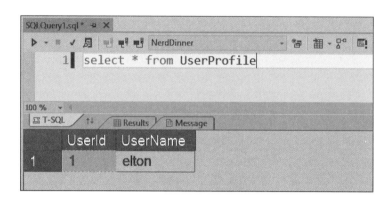

現在我已將 LocalDB 資料庫和網頁應用程式分開來了，而且兩者都在自己專屬的輕型 Docker 容器裡運作。在我的開發用筆電上，每個容器在待機時佔用的主機 CPU 資源還不到 1%，而資料庫只佔用了 600 MB 的記憶體、網頁伺服器使用的記憶體則連 300 MB 都不到。容器的資源使用非常精省，因此就算是把各功能單元拆開來放在個別容器裡運行，也不會消耗多少資源，但你卻從此得以享受到能夠個別進行擴充、部署及升級的好處。

分解單一整體的應用程式

仰賴 SQL Server 資料庫的傳統 .NET 網頁應用程式，只需少許的動作就可以轉移到 Docker，甚至無需改寫任何應用程式原始碼。NerdDinner 轉移進行至此，我已經有了一個應用程式的 Docker 映像檔、以及一個資料庫的 Docker 映像檔，我可以放心地用它們一再進行部署和維護。而且還有額外的好處。

把 Visual Studio 專案中的資料庫定義包裝起來是個全新的出發點，但這也提升了資料庫指令稿的品質保證，同時把資料庫架構轉化成程式碼的形式，這樣一來就能將其納入原始碼版本管理，並與系統其他部分一併列管。Dacpacs、PowerShell 指令稿、再加上 Dockerfiles，為 IT 的各個團隊提供了一致的共同立足點。從此開發、營運和資料庫管理團隊就可以在一致的標的物上協作，而且彼此的描述語言是一致的。

Docker 是轉換到 DevOps 的催生者，但是無論採行 DevOps 與否，Docker 都可以做為快速可靠地釋出的基礎。為了讓它完全發揮，你應該好好地考慮把單一整體的（monolithic）應用程式分解更小的部件，這樣才便於經常地釋出高價值的元件，而不需要對整個龐大的應用程式進行回歸測試（regression test）。

從既有的應用程式中分離出核心元件，將有助於你把現代化的輕量型技術引進到系統當中，但用不著進行曠日廢時的大幅改寫。這就是適用於既有解決方案的微服務（microservices）風格架構，而你已經學到了有哪些是值得抽離出來獨自運行的服務。

從單一整體中抽出高價值的部分

Docker 平台是老舊應用程式現代化的絕佳機會，你可以藉此把功能從單一整體中抽離出來，並使用個別的容器來運行它們。如果你能分離某個功能的邏輯部分，甚至還有機會把它轉移到 .NET Core，這樣就可以把應用程式包裝成更迷你的 .NET Core 映像檔。

微軟的 .NET Core 藍圖會容納越來越多完整 .NET Framework 的功能，但是要把老舊 .NET 應用程式中的部分轉換成 .NET Core，仍可能是個大工程。不過你並不是非要走到這一步不可。把單一整體加以分解的價值，在於可以個別地開發、部署及維護它們——但就算是元件使用完整 .NET Framework，你還是一樣可以享受到這些好處。

舊式應用程式的優勢在於，你瞭解並能掌握全部的功能集。你能從自己的系統中辨認出高價值的功能，接著將它們抽離出來，成為獨立的元件。凡是對於業務有高價值、而且經常需要更動的，就是適合進行分解的對象，這樣一來所有的新功能需求都可以迅速地建置和部署，毋須修改及測試整個應用程式。

同樣地，凡是對於 IT 有價值、但經常保持不變，也是適合進行分解的對象——這些是彼此關係千頭萬緒的複雜元件，但不會隨著業務經常變動。把這類功能抽離成獨立元件，意謂著你不需要測試這些複雜的元件，也能為主要應用程式進行部署升級，因為這些部分根本不會變動。像這樣把單一整體分解開來，你就可以得到一系列元件的集合，每一個都有自己的交付步調。

在 NerdDinner 裡有好幾個適合抽離出來、自成一門服務的部分。本章其餘的章節就要專門來介紹其中一個，就是首頁。首頁是負責編製 HTML，以便顯示應用程式初始頁面的功能。一個可以在正式環境中迅速安全地部署首頁變更的過程，就能讓業務部門先體會到新的外觀和感受，同時評估新版本帶來的影響，並決定是否要繼續下去。

目前我們實驗的應用程式已經拆出了兩個容器。接下來我要再把首頁部分分離出來自成一個組件，也就是第三個容器。

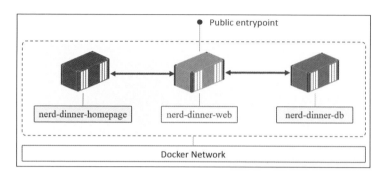

我不會更改應用程式的路徑；使用者還是會先面對 NerdDinner 的應用程式，然後應用程式容器會自己呼叫首頁服務的容器，以便取得顯示的內容。在這種方式下，新容器就沒必要對外公開。這個變動只有一個技術上的需求——應用程式的主體要能和新的服務元件溝通。

你可以任意選擇應用程式在容器中的通訊方式—— Docker 的網路功能支援所有的 TCP/IP 和 UDP 協定。你可以把整個過程改成非同步式的（asynchronous），改用另一個容器來運行訊息佇列（message queue），再把訊息處理器放在另一個容器裡聆聽，但本章不會做這麼多變更，只會略作修改。

把 UI 元件寄居在 ASP.NET Core 應用程式裡

ASP.NET Core 是一個現代化的應用程式堆疊，它兼具 ASP.NET MVC 和 web API 的優點，而且它的執行平台既小巧、效能也好。ASP.NET Core 的網站運行起來就像是控制台應用程式，它們會把日誌寫到控制台的輸出串流當中，也採用環境變數來設定組態。這樣的架構再適合 Docker 不過。

要把 NerdDinner 的首頁抽離出來成為新的獨立服務，最簡單的辦法就是用 ASP.NET Core 把它重寫成單一頁面的網站，然後從現有的應用程式把輸出導向給改寫過的版本。以下便是筆者以現代風格重寫的首頁，運行在本機的 ASP.NET Core 上：

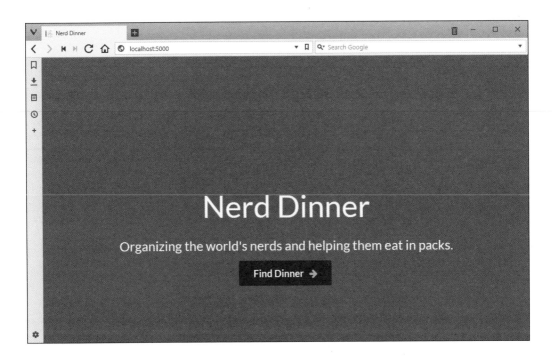

要把首頁應用程式封裝成 Docker 映像檔，我仍會沿用先前替主應用程式及資料庫建置映像檔時採行的多段式建置法。等到**第 10 章用 *Docker* 來強化持續部署的管線**時，各位就會學到如何以 Docker 來強化 CI/CD 的建置管線，並把整個自動化部署的過程串接起來。

dockeronwindows/ch03-nerd-dinner-homepage 映像檔的 Dockerfile 採用的樣式，跟我處理完整 ASP.NET 應用程式時一致，都是把 package restore 和編譯的步驟分開來：

```
# escape=`
FROM microsoft/dotnet:1.1.2-sdk-nanoserver AS builder

WORKDIR C:\src\NerdDinnerHomepage
COPY src\NerdDinnerHomepage\NerdDinnerHomepage.csproj .
RUN dotnet restore
COPY src\NerdDinnerHomepage .
RUN dotnet publish
```

Dockerfile 的後半段為環境變數 NERD_DINNER_URL 指定了預設值。應用程式將其做為首頁連結。Dockerfile 的其餘部分就是將發行的應用程式搬進映像檔，並設置進入點：

```
FROM microsoft/aspnetcore:1.1.2-nanoserver

ENV NERD_DINNER_URL="/home/find"
CMD ["dotnet", "NerdDinnerHomepage.dll"]

WORKDIR C:\dotnetapp
COPY --from=builder
C:\src\NerdDinnerHomepage\bin\Debug\netcoreapp1.1\publish .
```

現在我可以在獨立的容器裡運行首頁元件了，但它還未與 NerdDinner 的主程式連結起來。我必須把原本的應用程式原始碼小小改寫一下，才能把新建的首頁服務整合進來。

讓應用程式容器彼此連接

從主要的應用程式容器呼叫新改寫的首頁服務，基本上就跟連接資料庫沒什麼兩樣──我會用一個已知的名稱來運行首頁容器，然後就可以藉由這個名稱和 Docker 內建的服務尋找功能來取用該容器中的服務。

只要簡單地修改一下 NerdDinner 主程式裡的 `HomeController` 類別，就可以把回應從新的首頁服務轉介過來，而不必再靠主程式本體自行編製頁面[6]：

```
static HomeController()
{
    var homepageUrl = Environment.GetEnvironmentVariable("HOMEPAGE_URL",
EnvironmentVariableTarget.Machine);
    var request = WebRequest.Create(homepageUrl);
    using (var response = request.GetResponse())
    using (var responseStream = new
StreamReader(response.GetResponseStream()))
    {
        _NewHomePageHtml = responseStream.ReadToEnd();
    }
}

public string Index()
{
    return _NewHomePageHtml;
}
```

在這段重寫過的程式碼裡，我會利用環境變數來取得首頁服務的 URL。就跟處理資料庫連線時一樣，環境變數可以先在 Dockerfile 裡指定預設值。對於分散式應用程

譯註6　修改的就是 public string 那一塊。原本的 `HomeController` 位在範例的 ch03-nerd-dinner-web\src\ NerdDinner\Controllers\HomeController.cs 裡。

式來說，因為我們沒法事先確認元件在何處運作，因此這種方法並不理想——但對於 Docker 化的應用程式而言，我能控制容器的名稱，因此大可放心地這樣做，因為當我配置服務時，其名稱一定會如我所願。

我把 dockeronwindows/ch03-nerd-dinner-web:v2 這個更新過的映像檔另加上了標籤。現在若要啟動整個解決方案，我得運行三個容器：

```
docker container run -d -p 1433:1433 --name nerd-dinner-db `
 -v C:\databases\nd:C:\data dockeronwindows/ch03-nerd-dinner-db

docker container run -d -P --name nerd-dinner-homepage
dockeronwindows/ch03-nerd-dinner-homepage

docker container run -d -P dockeronwindows/ch03-nerd-dinner-web:v2
```

當容器啟動後，我試著進入 NerdDinner 容器的服務，然後就可以看到新元件構成的首頁：

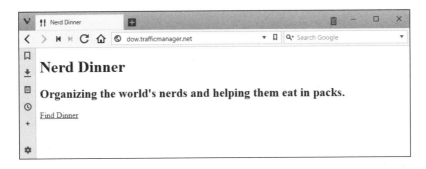

Find Dinner 這個連結會把我引到原本的網頁應用程式，現在我只需抽換容器，就可以把原本的首頁取代掉、並釋出新版使用者介面（UI）——再也不必擔心如何釋出和測試應用程式的其餘部分了。

那新版的使用者介面發生了什麼事？在以上的簡單例子裡，整合進來的改版首頁並未完全改用新版 ASP.NET Core 的風格，因為主程式只從這裡讀取 HTML 以便顯示頁面而已，但沒有引用 CSS 檔案或其他元素。比較好的辦法是在容器裡運行一個代理（proxy），並以它做為其他容器的進入點，這樣每個容器中的所有功能就都能被取用。

現在我的解決方案已經分散到三個容器上了，也顯著地改變了整個應用程式的彈性。在建置時，我只需專注在提供最高價值的功能上，而毋須分心去測試那些未曾變動的元件。我可以安心地迅速部署它們，因為我很肯定送出的新版映像檔就跟測試的內容一模一樣。而在執行期間，我還可以根據需求擴展元件的規模。

我的確還有一個非功能面的需求——就是要確認所有擁有預期中名稱的容器，會以正確的順序啟動，而且都是在同一個 Docker 網路上運作，這樣整個解決方案才能一體運行。Docker 確實支援這個觀點，在**第 6 章利用 *Docker Compose* 來安排分散式解決方案裡**，會有專文說明這一點。

總結

本章中筆者涵蓋了三個主題：

- 把老舊的 .NET Framework 應用程式容器化，並與平台的組態、日誌及監視等功能整合，令其成為良好的 Docker 成員

- 透過 SQL Server Express 和 Dacpac 部署模型，將資料庫的工作負載容器化，同時建置一個有版本的 Docker 映像檔，既可以用於新建資料庫，又能用來升級既有的資料庫

- 把功能從單一整體的應用程式中抽離出來，成為分離的容器，並使用 ASP.NET Core 和 Windows Nano Server 將其封裝成一個快速、輕巧的服務，讓主程式可以繼續運作

現在諸君已經學到如何運用 Docker Hub 上由微軟提供的多款映像檔，也知道如何利用 Windows Server Core 來運行完整的 .NET 應用程式、SQL Server Express 資料庫、以及 Nano Server 口味的 .NET Core 映像檔了。

在以下的章節中，我還會回到 NerdDinner 這個例子裡，並繼續將各種功能從中抽離成專門服務，進行現代化改裝。但在繼續進行之前，下一章我們要先來了解一下 Docker Hub 及其他儲存映像檔的登錄場所。

從 Docker 登錄所上傳和下載映像檔

發行應用程式也是 Docker 平台整體的一部分。Docker 服務能夠從某個集中位置下載映像檔，以便衍生運行容器，此外也可以把自己建置的映像檔上傳到集中位置。這些分享映像檔的儲存場所被稱為**登錄所（registries）**，本章會仔細說明映像檔登錄所的運作方式，以及有哪些類型的登錄所可以利用。

最主要的登錄所當然就是 Docker Hub，這是一個免費的線上服務，而且也是 Docker 服務預設的映像檔營運場所。對於想要建置內有開放原始碼軟體的映像檔、並意欲將其分享出來以便自由發行的社群而言，Docker Hub 是絕佳的場所。Docker Hub 已經極為成功。在本書付梓前，Hub 上已經儲有 600,000 個以上的映像檔、累計下載次數超過 120 億次。

一個公開的登錄所也許並不適合用在你自己的應用程式上。替代方式是改用 Docker Cloud，這是一個可以收容私人映像檔的商用版替代方案（有點像是 GitHub 可以同時收錄你的公開與私人原始碼倉庫那樣），當然還有其他的商業版登錄所可以使用。你也可以在自己的環境內，利用免費取得的開放原始碼登錄所專用套件，成立一個登錄用主機。

在本章中，筆者會告訴各位如何使用這些登錄所，也會談到更多有關標記（tagging）映像檔的細節——這是你藉以替 Docker 映像檔建立版本、以及從不同登錄所操作映像檔的方式。

了解登錄所與倉庫

你可以用 docker image pull 指令從登錄所下載映像檔。當你執行這道指令時，Docker 服務會連上登錄所並進行認證——必要的話——然後下載映像檔。這個過程會把映像檔的每一層都下載回來，並將其存放在本地端機器的映像檔快取區內。容器可以只靠本地快取區內的映像檔就能運行，所以如果映像檔不是自家製作的，使用前必得先從下載開始。

當你剛接觸 Docker on Windows 時，最早使用的指令之一是非常簡單的，就像*第 2 章如何以 Docker 容器封裝並執行應用程式*的範例一樣：

```
> docker container run dockeronwindows/ch02-powershell-env

Name                Value
----                -----
ALLUSERSPROFILE     C:\ProgramData
APPDATA             C:\Users\ContainerAdministrator\AppData\Roaming
...
```

即使你的本地端快取還沒有所需的映像檔，這道指令也能運作，因為本例中 Docker 會從預設的登錄所 Docker Cloud 下載所需的映像檔。只要你嘗試從一個本地端不存在的映像檔運行容器，Docker 就會自動先去下載映像檔，然後才建立容器。

在這個例子裡，筆者並未給 Docker 大量的資訊——不過只指定了映像檔名稱 dockeronwindows/ch02-powershell-env 而已。這種程度的資訊就已足夠讓 Docker 從登錄所找到正確的映像檔了，因為 Docker 會把一些從缺的資訊細節自行用預設值補上。倉庫（repository）的名稱就是 dockeronwindows/ch02-powershell-env；一個倉庫就是一個儲存的單位，裡面可以有多個版本的 Docker 映像檔。

檢查映像檔倉庫名稱

倉庫的命名是有固定格式的：{registry-domain}/{account-id}/{repository-name}:{tag}。所有部分都不可或缺，但 Docker 會將其中部分資料以預設值代入。所以指令中指名的映像檔名稱 dockeronwindows/ch02-powershell-env 其實是簡稱，完整的倉庫名稱應該是 docker.io/dockeronwindows/ch02-powershell-env:latest。

- `registry-domain` 是來源映像檔所在的登錄所網域名稱或 IP 位址。Docker Hub、Docker Cloud 和 Docker Store 都是預設使用的登錄所,所以你指名映像檔時可以省略登錄所的網域名稱。如果你沒有指名,Docker 就會以 `docker.io` 為預設的登錄所。

- `account-id` 是登錄所中擁有該映像檔的帳號或機構名稱。在 Docker Hub 裡一定要有一個帳號名稱——像筆者的帳號 ID 就是 `sixeyed`,而專為本書所設的映像檔,所屬的機構帳號 ID 則是 `dockeronwindows`。但在其他登錄所裡,帳號 ID 可能並非絕對需要。

- `repository-name:` 是你要賦予映像檔的名稱,藉以做為唯一識別,將它所代表的應用程式與你的登錄所帳號擁有的其他倉庫區分開來。

- `tag:` 是你用來在倉庫裡區分映像檔變體的方式。

你可以利用標籤(tag)來為應用程式區分版本,或是做為變種的分辨資訊。如果你在建置或下載映像檔時沒有加上標籤,Docker 便會假設你要的是預設標籤 latest。當你剛接觸 Docker 時,你會使用 Docker Hub 和 latest 標籤等由 Docker 提供的預設值,目的是為了簡化學習起點,不要一下吸收太多複雜資訊。一旦你熟悉了 Docker,就會習於用標籤來明確區分不同版本的應用程式映像檔。

微軟的 .NET Core 基礎映像檔便是個好例子,它位於 Docker Hub 的 `microsoft/dotnet` 倉庫內。.NET Core 是一個跨平台的應用程式堆疊,它既可在 Windows 上運作、在 Linux 上也不成問題。你可以在 Linux 版的 Docker 主機上運行純 Linux 的容器,在 Windows 版的 Docker 主機上則改運行純 Windows 的容器,因此在這裡微軟是以作業系統來做為標籤名稱的。

筆者撰寫本書時,微軟在 `microsoft/dotnet` 倉庫裡已有好幾打的 .NET Core 映像檔版本,各自都有不同的標籤。以下便是其中幾種:

- `1.1.2-runtime-jessie` 是一個以 Debian 為基礎的 Linux 映像檔,其中裝有 .NET Core 1.1 的執行平台(runtime)

- `1.1.2-runtime-nanoserver` 則是一個以 Nano Server 為基礎的 Windows 映像檔,裡面也裝有 .NET Core 1.1 的執行平台

- `1.1.2-sdk-jessie` 是一個以 Debian 為基礎的 Linux 映像檔,其中同時裝有 .NET Core 1.1 的執行平台和 SDK

- `1.1.2-sdk-nanoserver` 是一個以 Nano Server 為基礎的 Windows 映像檔,一樣裝有 .NET Core 1.1 的執行平台和 SDK

從標籤你就可以清楚看出每個映像檔裡含有哪些要素，但是它們本質上都是類似的——都是位在 microsoft/dotnet 下的變種。

> Docker 也支援所謂的多重架構映像檔（multi-arch images），亦即一個倉庫名稱會涵蓋許多種變體。映像檔會根據基礎是 Linux 或 Windows，或是依處理器是 Intel 或 **Advanced RISC Machines (ARM)** 架構來做為變體依據。它們所處的上層倉庫名稱全都一樣，當你執行 docker image pull 時，Docker 會根據你的主機作業系統和 CPU 架構來下載合用的映像檔。

建置映像檔，為其標記並賦予版本

你在初次建置映像檔時便加上了標籤，但你也可以用 docker image tag 指令再替映像檔特地加上標籤。這在替已臻成熟的應用程式加註版本時非常好用，這樣使用者就可以自行決定版本劃分層級。如果你使用這道指令，就可以建置帶有五重標籤的映像檔，並依由高到低的層級為應用程式版本編號：

```
docker image build -t myapp .
docker image tag myapp:latest myapp:5
docker image tag myapp:latest myapp:5.1
docker image tag myapp:latest myapp:5.1.6
docker image tag myapp:latest myapp:bc90e9
```

一開始的 docker image build 指令並未指定標籤，因此新建成的映像檔預設標籤就會是 myapp:latest。後續對同一個映像檔每執行一次 docker image tag 指令，就會在標籤後面附上一段新標籤。標籤動作並不會複製映像檔，因此沒有資料重複的問題，只不過是為同一個映像檔加上好幾個參照用的標籤罷了。加上這些標籤，客戶就能據以選擇要用來運行容器的映像檔，或是拿來當成自建映像檔的基礎。

這個範例的應用程式使用了從屬關係式的版本編號。最後一個標籤也許是原始碼提交動作觸發建置時的 ID；這適於內部使用，但不適於用來公開。5.1.6 則是修補的版本，5.1 也許是小規模改版，而 5 則是主要版本編號。

使用者可以指名要使用 myapp:5.1.6，因為這是最精確的版本編號，而且從標籤可以確知它在這個版本層級不會再有變化，映像檔必然保持一致不變。下次釋出新版映像檔時標籤就會改為 5.1.7，但那會是一個不同的映像檔，內有的應用程式版本也不一樣。

myapp:5.1 會隨著每次釋出修補而變動——下一個 5.1 版就會被加上 5.1.7 的別名——但使用者可以確信這一版不會有什麼突破性的變動在內。myapp:5 則會隨著每次小改版的釋出而變動——下個月它的別名就會變成 myapp:5.2。如果使用者要選用第 5 版最近釋出的主要版本，就選用 myapp:5，抑或是他們不介意映像檔裡會有最新的變革，就直接跳到最近釋出的 myapp:5.1.6。

身為映像檔的製作人，你可以決定以何種方式為映像檔加上版本標籤。身為使用者，你會樂見版本編號越精確越好——尤其是當你要把這些映像檔當成自建映像檔的 FROM 來源的時候。如果你要封裝一個 .NET Core 應用程式，那麼以下的 Dockerfile 遲早都會替你惹來麻煩：

```
FROM microsoft/dotnet:runtime-nanoserver
```

在撰寫本書時，映像檔裡裝有 1.1 版的 .NET Core 執行平台。如果你的應用程式本來就是要在 1.1 版上運作倒還無妨，因為映像檔會順利建置，你的應用程式也可以在容器中正常執行。但若是 .NET Core 釋出了 1.2 甚至是 2.0 版，已經更新版本的映像檔，標籤名稱可能還是叫做 runtime-nanoserver，但這個新映像檔很可能就不支援 1.1 版了。如果你在每次釋出後一直使用同一個 Dockerfile 製作映像檔，而你的基礎映像檔內容其實已經改變——映像檔還是可以順利建置，但應用程式卻可能無法執行，因為基礎映像檔已不支援你的應用程式了。

有鑑於此，你應該考慮使用帶有次級版本編號的應用程式框架：

```
FROM microsoft/dotnet:1.1-runtime-nanoserver
```

這樣一來，每次釋出修補版本時，仍可確保一定會使用 1.1 版的 .NET Core，你的應用程式就可以和基礎映像檔的主機平台相呼應了。

你可以為任何本地端快取中的映像檔加上標籤，而不限於自建的映像檔。如果你想要把下載而來的公開映像檔重新標記、然後加到本地端自有登錄所認可的一系列基礎映像檔當中，這招會很有用。

將映像檔上傳至登錄所

建置和標記映像檔都屬於本地端的操作。docker image build 和 docker image tag 指令都只會更改你執行時所在 Docker 主機的映像檔快取。當你要在登錄所分享你的映像檔時，就要改用 docker image push 指令。

Docker Hub 允許不經認證就下載公開映像檔，但如果要上傳（或是要下載私人的映像檔），就得先註冊一個帳號。你可以到 https://cloud.docker.com/ 免費註冊——在此你可以建立一個 Docker ID，用來登入 Docker Hub、Docker Cloud、及其他的 Docker 服務。Docker ID 就是你的 Docker 服務認證並取用 Docker Hub 的方式，其指令為 docker login：

```
> docker login

Login with your Docker ID to push and pull images from Docker Hub. If you
don't have a Docker ID, head over to https://hub.docker.com to create one.
Username: dockeronwindows
Password:
Login Succeeded
```

要把映像檔上傳至 Docker Hub，必須要以你的 Docker ID 做為倉庫名稱中的帳號名稱（account ID）部分。你可以把 account ID 當成映像檔標籤——例如 microsoft/my-app 的 microsoft 這一部分——不過你不能把這種映像檔上傳到登錄所的微軟帳號名下。你用來登入的 Docker ID 得先獲得微軟許可，才能上傳到登錄所的微軟持有空間。

當我公開本書使用的映像檔時，我是用 dockeronwindows 做為倉庫的帳號名稱來建置映像檔，並先以該帳號登入再上傳：

```
docker image build -t dockeronwindows/ch03-iis-healthcheck .
docker image push dockeronwindows/ch03-iis-healthcheck
```

Docker CLI 的輸出會顯示映像檔是如何分層建立的，也會指出每一層上傳的狀態：

```
The push refers to a repository [docker.io/dockeronwindows/ch03-iis-
healthcheck]
177624560099: Pushed
badbec9dc449: Pushed
f87d75e4972b: Pushing [================================>        ]
7.925 MB/12.66 MB
0c3e4b980d94: Pushed
19150debad5f: Pushed
1225b6de9f9d: Pushed
64e9e8b7f7a8: Pushing [==================>                      ]
22.14 MB/62.19 MB
48c58914e7a1: Pushing [===============>                         ]
20.45 MB/66.33 MB
ef215b8a1176: Pushing [==>                                      ]
14.07 MB/280.3 MB
72ee693ca2b2: Pushed
```

```
de57d9086f9a: Skipped foreign layer
f358be10862c: Skipped foreign layer
```

這個映像檔採用 Windows Server Core 做為基礎映像檔。該基礎映像檔是不可以公開再散佈的——雖然它可以從 Docker Hub 公開取得，但微軟並未授權同意將映像檔存放到其他的公開映像檔登錄所。這也就是為何我們會看到好幾行寫著的 *Skipped foreign layer* 的訊息——因為不會將這些層上傳。

雖然你不能把映像檔公開到別人名下，但你可以把別人的映像檔加上自己的帳號名稱做為標籤。確實有這組指令可以使用，如果我想下載特定版本的 Windows Server Core 映像檔，再賦予它一個好認的名字，然後把它放到 Hub 上我的名下，就可以用這些指令：

```
docker image pull microsoft/windowsservercore:10.0.14393.1358
docker image tag microsoft/windowsservercore:10.0.14393.1358
sixeyed/windowsservercore:2017-07
docker image push sixeyed/windowsservercore:2017-07
```

對於一般使用者而言，上傳映像檔到登錄所的動作就只有這樣，不會更複雜了——不過其實 Docker 在背後替你做了很多苦工。就像 Docker 主機的本地端映像檔快取區一樣，映像檔的分層架構在登錄所也一樣適用。當你把一個源自 Windows Server Core 的映像檔上傳至 Hub 時，Docker 並不會把整個 10 GB 的基礎映像檔一股腦丟上去——它會知道 Hub 上其實已有基礎層存在，因此它只會上傳目標登錄所中還沒有的分層部分。

上一個把公開映像檔加上標籤、再上傳回公開登錄所的範例，雖然有效但卻很少真的這樣用——通常你只會把自己標示過的映像檔上傳到自己的私人登錄所。

運行自有的映像檔登錄所

Docker 平台是用 Go 語言撰寫的，Go 是一種跨平台的語言，因此 Docker 可以攜行至各種平台上運行。Go 撰寫的應用程式可以編譯成原生的二進位檔，因此 Docker 才會分成 Linux 或是 Windows 的執行版本，而且都不需要預裝 Go。在 Docker Hub 上就可以找到內含登錄所伺服器的映像檔（同樣以 Go 撰寫），只要用它來運行 Docker 容器，你就擁有自己的映像檔登錄所了。

registry 是一個所謂的官方倉庫，但筆者撰寫本書時，倉庫裡還只有供 Linux 使用的映像檔。Windows 版本的登錄所應該很快就會推出，但本章中我會告訴各位如何建置自己的登錄所映像檔，因為這可以反映出若干共通的 Docker 運用方式。

Docker Hub 上的官方倉庫跟其他公開的映像檔無甚差異，只不過它們是由 Docker, Inc 管理的，維護者要不是 Docker 員工，就是持有應用程式的負責人。你大可放心相信他們會把最新的軟體正確地封裝在映像檔內。大部分的官方映像檔都還只有 Linux 的變體，不過採用 Windows 的官方映像檔數量也在增加當中。

建置運行登錄所的映像檔

Docker 的登錄伺服器也是一個開放原始碼的應用程式。它收錄在 GitHub 的 docker/distribution 倉庫底下。要建置這個應用程式，你必須先安裝 Go SDK。完成後便可執行一道簡單指令編譯這個應用程式：

go get github.com/docker/distribution/cmd/registry

但如果你並非經常自行使用 Go 進行開發，也許就不會想要在自己的機器上安裝一大堆 Go 的相關工具，只有當你想要改版時才會這樣做以便自行建置登錄所。你最好把 Go 相關工具封裝在 Docker 映像檔內並事先設定好，當你用它來運行容器時，就會替你建置登錄伺服器。這可以藉由我在**第 3 章開發 *Docker* 化的 *.NET* 和 *.NET Core* 應用程式**介紹過的多段式建置法做到。.

多段式建置手法有很多好處。首先，應用程式映像檔會十分輕巧（因為毋須將建置工具跟執行平台封裝在一起）。其次，你的建置媒介是包裝在 Docker 映像檔裡，這樣就不用裝到你用來建置的主機上了。再者，開發者的建置過程會跟建置主機上的建置過程一模一樣，可避免開發者主機和建置主機的工具集版本不同的窘境，也避免了可能衍生的漂移風險（drifting），連帶引起建置時的問題。

dockeronwindows/ch04-registry 的 Dockerfile 採用的是官方的 Go 映像檔，內有來自 Docker Hub 的 Windows Server Core 變體。前半建置階段就用它來編譯登錄所的應用程式：

```
# escape=`
FROM golang:1.8-windowsservercore AS builder
SHELL ["powershell", "-Command", "$ErrorActionPreference = 'Stop';"]
```

```
ARG REGISTRY_VERSION=v2.6.1

WORKDIR C:\gopath\src\github.com\docker
RUN git clone https://github.com/docker/distribution.git; `
    cd distribution; `
    git checkout $env:REGISTRY_VERSION; `
    go build -o C:\out\registry.exe .\cmd\registry
```

我用了 ARG 指示語句來指定用於建置的原始碼版本—— GitHub 的倉庫一樣也會為每個釋出版本加上編號，而我將它預設在 2.6.1 版。然後我用 git 指令複製程式碼，並切換到標示版本的程式碼，然後用 go build 指令編譯這個應用程式。輸出的結果會是 registry.exe 檔案，這是一個原生的 Windows 執行檔，不需要安裝 Go 也可以執行。

Dockerfile 的後半階段以 Nano Server 為基礎，它可以如常執行 Go 應用程式。以下我會為各位說明這個階段，因為它的設定過程會針對 Windows 容器的儲存問題進行處理，而這問題會影響到 Go 和其他語言。後半階段一開始只是指定了要做為基礎的 Nano Server 版本，然後便切換到 PowerShell：

```
FROM microsoft/nanoserver:10.0.14393.1358
SHELL ["powershell", "-Command", "$ErrorActionPreference = 'Stop';"]
```

接下來的指示語句則會設定登錄伺服器的儲存空間。我利用環境變數來指定路徑，接著建立卷冊，然後設定一個 Windows 登錄檔旗標，以便建立卷冊路徑對應的磁碟機：

```
ENV DATA_PATH="C:\data" `
    REGISTRY_STORAGE_FILESYSTEM_ROOTDIRECTORY="G:\\"

VOLUME ${DATA_PATH}

RUN Set-ItemProperty -Path 'HKLM:\SYSTEM\CurrentControlSet\Control\Session
Manager\DOS Devices' `
                        -Name 'G:' -Value "\??\$($env:DATA_PATH)" -Type String
```

同樣的做法也可以用在 Java、Node、PHP、甚至是 .NET 應用程式的 Windows 容器中。基於 Windows 實施卷冊的方式，這種做法確有其必要。我的卷冊會在容器裡建立一個目錄路徑 C:\data，但它其實是一個**符號連結**（**symbolic link (symlink)**），連到另一個目錄位置。

符號連結在 Linux 裡司空見慣。其實 Windows 也支援這個功能很久了，不過沒那麼常用而已。有些語言的執行平台會看出目錄背後其實是符號連結，並嘗試解析出底層的實際路徑。因此在容器裡，路徑看起來會像 \\?\\ContainerMappedDirectories\\{GUID} 這樣的一串字眼。要真是把路徑解讀成這樣，應用程式就沒法用了。

所以以上的設定過程會為這個目錄建立一個磁碟機別名，也就是 G: 磁碟機，而它事實上是對應到 C:\data 的。當應用程式看到 G:\ 磁碟機時，就不會將其判定為符號連結，也不會嘗試解析其實際路徑。它們只會試著直接寫入 G: 磁碟機，而 Windows 會把它轉向給 C:\data，這其實才是位於容器之外的卷冊。

 如果你對這種修正方式的機制有興趣，詳情可參閱 GitHub 的問題討論：https://github.com/moby/moby/issues/27537。

登錄伺服器使用 REGISTRY_STORAGE_FILESYSTEM_ROOTDIRECTORY 這個環境變數來設定儲存位置。也就是 G:，這樣 Go 的執行平台才能避免觸發符號連結的問題並正常運作。其餘的 Dockerfile 內容就只剩下將映像檔設定成從 5000 號通訊埠收發流量，這正是登錄所慣用的通訊埠，然後從前半建置階段把輸出內容複製過來：

```
EXPOSE 5000

WORKDIR C:\registry

CMD ["registry", "serve", "config.yml"]
COPY --from=builder C:\out\registry.exe .
COPY --from=builder
C:\gopath\src\github.com\docker\distribution\...\config-example.yml
.\config.yml
```

登錄伺服器的映像檔建置跟其他映像檔並無不同，但當你用它來運行自己的登錄所時，還是有些重點要考量。

以容器運行登錄所

自己運行一個登錄所，就可以把映像檔分享給小組成員，並透過快速的區域網路儲存所有的應用程式建置結果，不必老遠放到網際網路上的某處。你可以用一台大家都能取用的伺服器來運行登錄所的容器，架構如下所示：

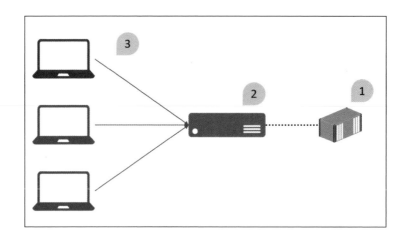

登錄所運行在伺服器 **(2)** 的容器上 **(1)**。用戶端的機器 **(3)** 連到伺服器,以便使用本地端登錄所來上傳或下載映像檔。

為了能連到登錄所容器,你必須開放容器的 5000 號通訊埠,並對映到 Docker 主機 5000 號通訊埠。登錄所用戶只需透過主機的 IP 位址或名稱就可以連進容器,而這部分就會是你用在倉庫名稱中的登錄所網域名稱。你也許還會想要從主機掛載一個卷冊,以便將映像檔資料存放在某個已知位置。就算你替登錄所更新了新版容器,它還是會繼續以主機的網域名稱形式存在,而且先前的登錄所容器所儲存映像檔的每一層它都還可以繼續沿用。

在我的主機上有一個 RAID 陣列設定成磁碟機 E:,我就用它來存放登錄所的資料,所以當我運行登錄所容器時,我會這樣對應卷冊:

```
mkdir E:\registry-data
docker container run -d -p 5000:5000 -v E:\registry-data:C:\data
dockeronwindows/ch04-registry
```

卷冊會對應到 C:\data ── 也就是已經存在容器中的、別名 G: 的磁碟機。

在我的網路上，我的容器位於一台 IP 位址為 192.168.2.146 的實體機器上。因此我可以使用 192.168.2.146:5000 做為登錄所的網域名稱，並把它當成映像檔的標籤，但這樣不夠彈性化。比較好的辦法是改用主機的網域名稱，這樣必要時我還可以把它轉到不同 IP 位址的實體主機上，但毋須重新標示所有的映像檔。

你可以用自己網路上的**網域名稱系統**服務（**Domain Name System (DNS)** service）來命名主機，如果你使用的是不能任意為主機命名的公開伺服器，用**別名**（**Canonical Name (CNAME)**）也無妨，不然也可以在用戶端機器的 hosts 檔案裡添上一筆，並使用自訂的網域名稱。以下就是我使用的 PowerShell 指令，它會把 registry.local 這筆主機名稱指向我的 Docker 伺服器：

```
Add-Content -Path 'C:\Windows\System32\drivers\etc\hosts' -Value
'192.168.2.146 registry.local'
```

現在我的伺服器已經用容器運行一個登錄伺服器了，儲存方式也很穩當，我的用戶端也設定好、可以用一個好記的網域名稱 registry.local 連到登錄所主機。現在我可以放心地經由自己的登錄所下載和上傳映像檔，而且只對我自己網路上的使用者開放。

對自有映像檔登錄所上傳和下載映像檔

只有當映像檔的標籤符合登錄所的網域名稱時，你才能把該映像檔上傳到這個登錄所。標記和上傳的過程就跟使用 Docker Hub 時一樣，但你得在新增的標籤中明確指名本地登錄所的網域名稱。以下這些指令會從 Docker Hub 下載登錄所伺服器的映像檔，再加上新標籤，這樣才便於上傳到自己的登錄所：

```
docker image pull dockeronwindows/ch04-registry

docker image tag dockeronwindows/ch04-registry
registry.local:5000/infrastructure/registry:v2.6.1
```

在 docker image tag 指令中，你可以更改映像檔標籤名稱的任一部分。我自己是這樣改的：

- registry.local:5000 是本地登錄所的網域名稱。原本的映像檔有一個被暗藏的網域名稱，即 docker.io。
- infrastructure 是本地登錄所的帳號名稱。原本的帳號名稱是 dockeronwindows。

- registry 是倉庫名稱。原本的倉庫名稱是 ch04-registry。
- v2.6.1 是映像檔標籤。原本隱藏的標籤名稱是 latest。

現在我可以試著把這個新加過標籤的映像檔上傳到本地登錄所了，可是 Docker 卻不讓我這樣做：

```
> docker push registry.local:5000/infrastructure/registry:v2.6.1

The push refers to a repository
[registry.local:5000/infrastructure/registry]
Get https://registry.local:5000/v2/: http: server gave HTTP response to
HTTPS client
```

Docker 平台預設就有安全機制，同樣的原則也延伸到了映像檔登錄所裡。Docker 服務預期會使用 SSL 與登錄所通訊，這樣流量才可以加密。但我的簡易版登錄所卻只使用了純文字傳輸的 HTTP，因此我才會看到以上的錯誤訊息，它說 Docker 確實嘗試採用加密傳輸連繫本地登錄所，但登錄所卻只提供未加密的傳輸方式。

要讓 Docker 可以使用本地端登錄所，有兩種設置選項。其一是擴充登錄伺服器功能，對通訊內容加以防護——只要你提供 SSL 憑證給登錄伺服器，它就可以透過 HTTPS 傳輸映像檔。如果是在正式環境裡我就會這樣做，但在這個初起步的階段，我會讓大家改用另一種選項，也就是在 Docker 組態裡開個例外。只要在 Docker 服務的非安全登錄所特許名單中添上一筆，它就可以接受只有 HTTP 功能的登錄所。

> 要讓登錄所映像檔支援 HTTPS，你可以沿用公司專屬的 SSL 憑證、或是自己簽發一個，這樣一來就不必讓 Docker 引擎開例外去使用非安全登錄所。在 GitHub 中，docker/labs 的 Docker 實驗室倉庫裡，就有詳細的說明，教各位建置一個 Windows 登錄所。

設定 Docker 允許沒有安全防護的登錄所

Docker 服務可以使用 JSON 格式的組態檔來修改設定值，其中也包括 Docker 引擎可以接受的非安全登錄所名單。只要是該名單中的任何登錄所網域名稱，就可以採用 HTTP 傳輸，不限定非要 HTTPS 不可，如果你的登錄所位在公開網路上，你就不該隨便開放 HTTP。

Docker 的組態檔位於 %programdata%\docker\config\daemon.json（**daemon** 一詞源於 Linux 稱呼背景端服務的術語，但 Docker 服務組態檔仍沿用這個慣例稱呼它）。你可以自己編輯它，把本地端登錄所加到安全選項內，再重啟 Docker 的 Windows 服務即可。這樣改過的組態檔就會允許 Docker 使用只有 HTTP 的本地端登錄所：

```
{
    "insecure-registries": [
        "registry.local:5000"
    ]
}
```

如果你使用的是 Docker for Windows，它的 UI 裡就有一個現成的的組態視窗，非常好用易懂。你不需自己編輯組態檔，只需滑鼠右鍵點選狀態列上的 Docker 商標，在蹦出的選單中點選 **Settings**（**設定**），然後找到 **Daemon** 頁面，把新紀錄加到非安全登錄所名單裡：

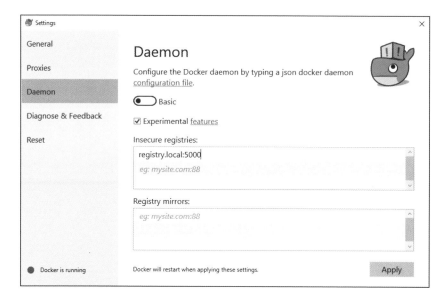

一旦本地端登錄所的網域名稱進入了非安全例外清單，我就可以順利地用它來上傳或下載映像檔了：

```
> docker push registry.local:5000/infrastructure/registry:v2.6.1

The push refers to a repository
[registry.local:5000/infrastructure/registry]
8aef1b3b4856: Pushed
```

```
cacb6be9e720: Pushed
415729850f90: Pushed
ff6770fbf55c: Pushed
9acef5971c00: Pushed
45049fa42adf: Pushed
3c7d57559064: Pushed
f6f3d7c5a77c: Pushed
c5dc94330b3f: Pushed
e6537bd7a896: Skipped foreign layer
6c357baed9f5: Skipped foreign layer
v2.6.1: digest:
sha256:970ea320b67116cea565f5af24ed99dea65b6e3d8ae1dbb285acfb2673d4307b
size: 2615
```

任何人只要可以從網路連到我的 Docker 伺服器，就可以利用 docker image pull 或 docker image run 等指令來操作存放在本地端登錄所的映像檔。你也可以在其他的 Dockerfiles 裡把本地端的映像檔當成基礎來運用，只需在 FROM 指示語句裡明確標示登錄所網域名稱、倉庫名稱、還有標籤名稱就行了：

```
FROM registry.local:5000/infrastructure/registry:v2.6.1
CMD ["powershell", "Write-Output", "Hello from Chapter 4."]
```

預設的登錄所是不能覆蓋的，因此你沒法把本地端的登錄所設定成預設登錄所，然後在引用時省略登錄所網域名稱──預設登錄所一定得是 Docker Hub 才行。如果你要從不同的登錄所操作映像檔，就非得明確標示映像檔的登錄所網域名稱不可。只要你不加註登錄所網域名稱，就會被當成要從 docker.io 取用映像檔。

將 Windows 映像檔的各層儲存在自有登錄所內

微軟的映像檔是不允許各位公開地再散佈（redistribute）基礎層部分的，但你可以把它們放到私人登錄所內。這對於 Windows Server Core 的映像檔尤其有用。因為即便是壓縮過的映像檔也高達 5 GB，而微軟每個月都會在 Docker Hub 上釋出當月更新修補過的新版映像檔。

這些更新都會替映像檔再累積一層新資料，但即使只有這一層可能也需要下載 1 GB 的資料。如果你有很多需要 Windows 映像檔的使用者，一再重複地個別下載這一層就會對頻寬造成負擔、也很花時間。若是改用本地端登錄伺服器，就可以只從 Docker Hub 下載一次這些更新層，然後將其上傳到自己的本地端登錄所。每當有人要從本地端登錄所下載映像檔時,就只需經過快速的區域網路,不必老遠地跑到網際網路上去找。

要達成這一點,必須在 Docker 組態檔裡針對特定登錄所啟用這個功能,亦即修改 allow-nondistributable-artifacts 區塊:

```
{
  "insecure-registries": [
    "registry.local:5000"
  ],
  "allow-nondistributable-artifacts": [
    "registry.local:5000"
  ]
}
```

在 Docker for Windows 的 UI 裡,這個設定並未直接顯示,但你可以在設定畫面的 **Advanced** 模式裡設定它:

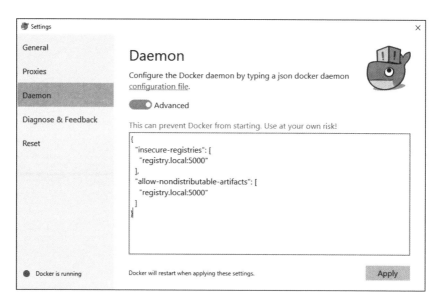

現在我可以把 Windows 的 *foreign layers* 上傳到本地端登錄所了 (先前會有 *Skipped foreign layer* 訊息的,記得嗎?)。我可以用我自己的登錄所網域名稱來標記最新版的 Nano Server 映像檔,並上傳到自家登錄所:

```
PS> docker image tag microsoft/nanoserver:10.0.14393.1358
registry.sixeyed:5000/microsoft/nanoserver:10.0.14393.1358
```

```
PS> docker image push
registry.sixeyed:5000/microsoft/nanoserver:10.0.14393.1358
The push refers to a repository
[registry.sixeyed:5000/microsoft/nanoserver]
e6537bd7a896: Pushing [=======================> ] 146.1MB/344.1MB
6c357baed9f5: Pushing [===========> ] 160.3MB/700.8MB
```

從其他的 Docker 主機上，我也可以下載這個本地端的 Nano Server 映像檔了。但這回就不必特別使用自訂映像檔名稱 registry.sixeyed:5000/microsoft/nanoserver:10.0.14393.1358 才能引用它 —— 我可以放心地直接沿用 microsoft/nanoserver:10.0.14393.1358 這個原來的標準名稱。Docker 當然會發現自己的快取區中還不存在這個映像檔（注意是其他台哦），就會試著去 Docker Hub 下載——但它又會注意到其中有幾層已經從本地端登錄所拿到，並存在於自己的快取區中，這幾層就會直接拿來用，不會再山高水長地跑去 Docker Hub 下載了。

使用商業版的登錄所

想要擁有安全的私人映像檔倉庫，自己運行一個登錄所並非唯一的方式，市面上還是有若干第三方服務可以採用。事實上他們的運作方式全都一樣——只需把你的映像檔標記成登錄所網域名稱，再通過對方伺服器認證就可以使用了。選項有很多個，最完備的當然都來自 Docker, Inc，它在各種服務層面都有對應的產品可以使用。

Docker Hub

Docker Hub 是最廣受愛用的公開容器登錄所，在撰寫本書時，平均每月就已有 10 億次的映像檔下載。你可以在 Hub 上擁有任意數量的公開倉庫，或是付一點費用就可以擁有多個私人倉庫。

Docker Hub 擁有一套自動化建置系統，因此你可以把映像檔倉庫連結到 GitHub 或是 BitBucket 的原始碼倉庫，這樣每當你上傳更動內容時，Docker 伺服器便會根據倉庫裡的 Dockerfile 建置出映像檔——這是一個既簡單又有效的**持續整合**（**Continuous Integration (CI)**）解決方案，當你使用可攜的多段式 Dockerfiles 時效果尤為顯著。

訂閱 Hub 的服務很適合較小規模的專案、或協同開發應用程式的多人團隊，它有認證框架，使用者可以藉此建立組織型帳號——它會成為倉庫名稱中的帳號名稱部分，但不是個人的帳號名稱。眾人都可以使用這個組織帳號名下的倉庫，這樣一來大家都可以把映像檔上傳到該倉庫，而這是個人使用者的倉庫做不到的。

Docker Cloud

Docker Cloud 其實是一個收容平台，它提供登錄服務及運行在雲端的 Docker swarms 管理平台。你可以在 AWS、Azure、DigitalOcean 或其他雲端服務供應商的虛擬機器上建立 Docker swarms，然後用 Docker Cloud 將 Docker 部署到虛擬機器上，而 Docker for Windows 則可用於管理遠端的 Docker 節點。

除了 Docker Hub 的 CI 建置功能以外，你也可以藉由 Cloud 設置自動化的應用程式測試。你可以在原始碼倉庫裡定義測試方式，隨後當你上傳變動的程式碼內容時，Docker Cloud 就會建立映像檔並據此運行容器，然後執行測試套件。這意謂著你可以利用 Docker Cloud 來建構完整的 CI/CD 管線，任何新的變動都會自動地部署到 Docker Cloud 管理的雲端伺服器。

Docker Cloud 上的登錄所也提供安全掃描，這是一種由 Docker 負責檢查映像檔內容的功能，它會檢查內裝的軟體，並與業界標準的已知弱點資料庫做比較。Docker 會標記基礎映像檔中作業系統的安全問題，或是安裝在基礎映像檔之上的軟體依存關係。安全掃描和組織層級的認證方式，使得 Docker Cloud 十分適於較小型的團隊和專案。

如果要在雲端管理容器化負載的話，Docker Cloud 也是一個很好的選擇。Docker 映像檔的可攜性會視定義內容而定，因此你可以將雲端的需求限定在只提供基本的**基礎架構即服務（Infrastructure as a Service (IaaS)）**——只需有虛擬機器、儲存和虛擬網路就足供 Docker 工作負載所需。再使用 Docker Cloud 提供的一致管理平台，就能在各家雲端供應商上運行同一支應用程式、或輕易地在它們之間移動應用程式。我會在**第 7 章利用** *Docker Swarm* **來協調分散式解決方案**中再詳述 Docker swarm。

Docker Store

Docker Store 是一個散佈商用軟體的登錄所。它就像是伺服器應用程式專用的 app store。如果你的公司產製商用軟體，Docker Store 就是最佳的散佈媒介。你可以用完全一樣的方式建置和上傳映像檔，但你的來源是保密的——只有封裝好的應用程式才會公開提供。

凡是要收錄在 Docker Store 的映像檔，在此也一樣要經過一個認可（certification）過程。Docker 的認證橫跨軟體映像檔與硬體堆疊。如果你的映像檔通過認可，就等於擔保它一定可以在任何通過認可的硬體上，透過**企業版（Docker Enterprise Edition (Docker EE)）**運作。Docker 會在認可過程中測試所有的組合，而這種服務到家的保證對於大企業是極富吸引力的。

Docker 的可靠登錄所

Docker 的可靠登錄所，簡稱 **DTR**（**Docker Trusted Registry**），是 Docker EE Advanced Suite（企業進階版套餐）的一部分，這是由 Docker, Inc. 提供的一套企業級**容器即服務**（**Containers-as-a-Service (CaaS) 平台**）。其目標為在自有資料中心，或是在虛擬私有雲上運行 Docker 主機叢集的企業。Docker EE Advanced 中附有完善的管理套件，稱為**萬用控制面**（**Universal Control Plane (UCP)**），它提供一個介面，讓你可以管理 Docker 叢集中的一切資源——從主機伺服器、映像檔、容器、網路到卷冊，包羅萬象。此外 Docker EE Advanced 還提供所謂的 DTR，它是一個安全的、可擴充的登錄所。

DTR 使用 HTTPS 來運作，同時也是叢集式服務，因此你可以將多台登錄伺服器部署到叢集中，以達到延展性和故障容錯的效果。DTR 允許使用本地端或雲端儲存等方式，所以映像檔有機會保存在 Azure 後台，而且容量幾乎無上限。它就跟 Docker Cloud 一樣，可以在其中建立組織帳號以便分享倉庫，但是使用 DTR 時，其身份認證管理方式其實是利用自建的使用者帳號，或是加入到**輕型目錄存取協定**（**Lightweight Directory Access Protocol (LDAP)**）服務之中，例如 Active Directory 就可以。然後就可以利用角色控管的方式，更細緻地控制使用許可權。

DTR 也有安全掃描功能，所以你可以在自己的環境中引進該服務。掃描可以設定成一有映像檔上傳就掃描，或是定期掃描也行。如果定期掃描在舊映像檔的某個依存項目裡發現了新的弱點，它就會發出警訊。DTR 的 UI 讓你可以自行深入鑽研弱點的細節，並找出弱點所在的檔案和相關的漏洞。

還有一個僅限 Docker EE Advanced 才有的主要安全功能，就是**內容信任**（**content trust**）。Docker 的內容信任允許使用者替映像檔加上數位簽章，搭配工作核准流程——因此 QA 與資安團隊就可以透過測試套件試運作映像檔版本，然後才發出簽章，證明他們的確核准該釋出版本適於上線。這些簽章都存在 DTR 裡。UCP 可以設定成只允許運行特定團隊簽發的映像檔，如此就能更密切地控制叢集上運行的軟體，再配合稽核追蹤功能，就能證明軟體由誰建置、又由誰放行。

Docker EE Advanced 擁有豐富的功能套件，不論是透過易用的網頁式 UIs、還是標準的 Docker 指令列，都可以輕鬆地操作。安全性、可靠性和延展性都是這個套件的要素，因此正在尋求能以標準方式同時管理映像檔、容器及 Docker 主機的企業用戶，這就是最理想的產品。我會在**第 8 章管理和監視 *Docker* 化解決方案**探討 UCP、在**第 9 章了解 *Docker* 的安全風險和好處**探討 DTR。

其他登錄所

很多第三方服務也都在既有的產品線裡加上了映像檔登錄所功能。你可以在雲端找到 **Amazon Web Services (AWS)** 的 **EC2 Container Registry (ECR)**（EC2 容器登錄所）、或微軟的 Azure 容器登錄所、甚至 Google 雲端平台 GCP 的容器登錄所。這些服務項目都整合了標準的 Docker 命令列，及對應每種平台的其他產品，所以如果你已在其中一家服務供應商身上砸下重本營運，不妨好好運用它。

當然還有一些獨立的登錄所產品，例如 JFrog 的 Artifactory 還有 Quay.io——這些都是代管型（hosted）服務。如果採用代管型服務，你就可以省下自營登錄伺服器的苦工，若是你已在使用某個會提供登錄所功能的平台，不妨就順便評估看看。

所有的登錄所都提供程度不等的功能集和服務等級——你應該好好比較它們，最重要的是檢視它們支援 Windows 的程度。大部分既有的平台原都是為了支援 Linux 映像檔和用戶而設置的，因此就可能不具備搭配 Windows 的功能。

總結

各位從本章學到了映像檔登錄所的功能，以及如何用 Docker 與其互動。我談到了倉庫名稱和映像檔標籤，如何利用它們來分辨應用程式的版本或平台變種，還有如何運行和使用一個私人的登錄伺服器——當然是在容器上。

在你的 Docker 學習之旅中，你也許很早就會開始使用私人登錄所。當你開始著手把現有的應用程式加以 Docker 化、並實驗新的軟體堆疊時，在快得多的區域網路上上傳和下載映像檔會方便得多——如果本地空間有限，也可以改用 Docker Cloud。當你日漸深入 Docker、而且開始將其導入正式環境時，就可以開始規劃改採 DTR 做為支援登錄所，因為它的安全功能更為齊備。

現在你已經充分了解如何分享映像檔，或是如何運用他人分享的映像檔了，你可以開始學著設計容器優先的解決方案，把測試過的可靠軟體元件引進到自己的應用程式中。

5

採用容器優先的解決方案設計

採用 Docker 做為應用程式平台,對於營運有明顯的好處。相較於虛擬機器,容器是輕巧得多的運算單元,但同樣具備隔離性,因此,你只需較少的硬體就可以承載更多工作。在 Docker 裡,這些工作負載的外觀都是一致的,因此營運團隊只需用同一種方式就能同時管理 .NET、Java、Go 及 Node.js 等應用程式。Docker 平台對於應用程式架構也有好處。本章將會告訴你,設計容器優先式的解決方案,如何能協助你為應用程式添加高品質的功能,而且風險甚少。

本章會再次回到**第 3 章開發 *Docker* 化的 *.NET* 和 *.NET Core* 應用程式**結尾時的 NerdDinner 範例。NerdDinner 是一支傳統的 .NET 應用程式,採用單一整體化設計,元件間的耦合十分緊密,而所有的通訊都是同步式的(synchronous)。它沒有經過單元測試、整合測試或是點對點(end-to-end)測試。NerdDinner 就跟其他幾百萬個 .NET 應用程式一樣——它也許提供了使用者需要的功能,但修改起來卻既困難又危險。將這樣的應用程式移往 Docker,就能讓你改以全新的手法來修改或添加功能。

Docker 平台有兩個面向改變了你對解決方案設計的觀感。首先,網路和服務尋找的方式讓你可以把應用程式分散到多個元件上,每個元件都以自己的容器運行,以便移動、延伸、或是獨立升級。其次,Docker Hub 和 Docker Store 上能找到的營運級軟體範圍與日俱增,代表你可以輕易地利用現成的軟體來提供多種一般化服務,而且可以跟自己的元件採取相同的管理方式。這樣一來當你設計更佳的解決方案時,就可以有更多的自由發揮,不受基礎設施(infrastructure)或技術的限制。

本章將告訴各位,如何透過容器優先式設計,對傳統的 .NET 應用程式進行現代化改寫:

- 將功能分拆成各自分離的容器,以便因應效能問題和添加功能
- 利用官方映像檔的內容來運行容器,藉此將企業級軟體引進到你的解決方案當中

- 在 Docker 上建構兼容 .NET Framework 和 .NET Core 的混合式解決方案
- 從單一整體式轉向分散式解決方案

NerdDinner 的設計目標

在**第 3 章開發** Docker 化的 .NET 和 .NET Core 應用程式裡，我已把 NerdDinner 的首頁分拆成獨立元件，這樣就可以迅速地交付 UI 的變動並令其生效。現在我要再進一步做一些更為基礎的變革。NerdDinner 的資料層採行所謂的**自訂物件（Entity Framework (EF)）**[1]，而所有操作資料庫的動作都是同步式的。因此站台的大量流量必定會衍生出大量與 SQL Server 的連線、執行眾多查詢動作。當負載與日俱增，效能也隨著每況愈下，直到查詢發生逾時、或是連線資源耗盡為止，這時站台就會對使用者拋出錯誤訊息。

要改善的辦法之一，就是把所有的資料存取方式改為非同步式（async），但是這種改寫的衝擊甚鉅——因為所有的控制器動作（controller actions）也都必須改成非同步式的，而且還沒有自動化的測試套件可以驗證全面改寫的效果。抑或是我們可以加上一個快取暫存區以便取得資料，這樣 GET 請求就只會向快取區索取資料，而非直接向資料庫索取。這種改寫也同樣有難度，而且我們還必須確保資料在快取區裡待得夠久，以便能有效地從快取區取得資料，同時還要確保快取區能和資料庫的變更完全同步。但這種方式同樣缺乏測試工具，意謂著這般複雜的變革依舊難以驗證，所以後者的風險也一樣大。

就算我們真的實施了如此複雜的改寫，也很難估計出好處何在。如果所有的資料取用都改成非同步式，網站是否會就此變快？能否處理更多的流量？如果我真的整合了快取暫存區，能有效地減輕資料庫身上的讀取動作，是否真能提升整體性能？這些好處都難以量化估計，除非你真的動手改寫，你也可能到時才會發現改善效果和投注心力根本不成比例。

如果採用容器優先式手法，設計的角度便不同了。如果你找出一個會大量呼叫資料庫的功能、但它不需要同步式執行，你就可以把這段資料庫程式碼移到個別的元件當中。然後在元件間採用非同步訊息（asynchronous messaging），並從網頁主程式將事件公佈到一個訊息佇列裡，並同樣以新元件來回應事件訊息。而在 Docker 裡，以上的每一個元件都有一個以上的容器負責運行：

譯註 1　關於 EF 的說明可參見 https://msdn.microsoft.com/zh-tw/library/bb738612(v=vs.90).aspx

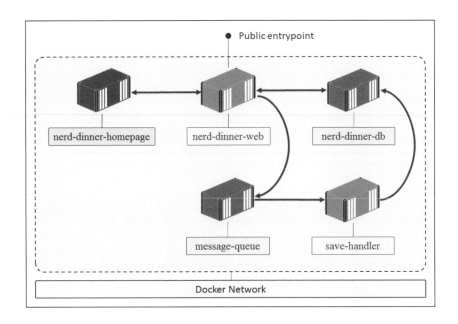

如果我們可以一次只專注在一個功能上，就能迅速地實施變動。這種設計方式全無以上其他方式的缺點：

- 這是有目標的改寫，而且主應用程式裡一次只更改一個控制器動作
- 新的訊息處理器（message handler）元件既小巧又緊密，因此很容易測試
- 網頁層和資料層的耦合關係被拆開，因此便於各自獨立延伸
- 我把工作從網頁應用程式中分離出來，這樣當然有助於改善效能

好處還不僅於此。新元件與原本的應用程式是完全分開的，它只需傾聽事件訊息，然後對此做出回應就好。你可以採用 .NET、.NET Core 或任何其他技術堆疊來擔任訊息處理器；不必受制於單一堆疊。而且應用程式還可以繼續發出各種事件，這樣就有機會稍後再加上傾聽這些事件的新處理器，藉此添加新功能。

把 NerdDinner 的組態 Docker 化

NerdDinner 使用 `Web.config` 檔來管理組態——它不但控制各版本之間保持一致不變的應用程式組態值、也控制那些會隨著不同環境而變化的環境組態值。由於組態檔深植在釋出的套件之中，導致它十分難以更改。但在**第 3 章開發 Docker 化的 .NET 和 .NET Core 應用程式**裡，我設法另闢蹊徑，利用 Dockerfile 裡的起始指令稿和

Docker 設置的環境變數來更新 Web.config 檔裡的設定值，而不必動到原始程式碼。

在準備即將到來的更大幅度改寫之前，我已先更新了本章的程式碼，並直接運用環境變數。網頁專案裡的 Env 類別（class）是用來協助將已知的組態項目值取回的，這些組態項目值包括資料庫連線字串、以及像是 Bing Maps API 密鑰之類的保密內容。這些設定值有一部分在 Dockerfile 裡都有預設值，但其他則需要由執行平台（runtime）來提供：

```
ENV BING_MAPS_KEY="" `
    IP_INFO_DB_KEY="" `
    HOMEPAGE_URL="http://nerd-dinner-homepage" `
    MESSAGE_QUEUE_URL="nats://message-queue:4222" `
    AUTH_DB_CONNECTION_STRING="Data Source=nerd-dinner-db..." `
    APP_DB_CONNECTION_STRING="Data Source=nerd-dinner-db..."
```

替資料庫連線字串指定預設值，意謂著只要資料庫和網頁容器都已啟動，應用程式就可以使用，無需另外指定任何環境變數。不過這支應用程式目前還不算能完全運作，因為 Bing Maps 和 IP 地理位置服務（IP geolocation services）都還需要自己的 API 密鑰。這些都是限速（rate-limited）服務，因此你可能會有不同的密鑰，分別給每個開發人員和每個環境使用。

為了善加保護環境變數值，Docker 允許你從一個檔案將其載入，而不必在下達 docker container run 指令時以明文指定。將變數值放在檔案裡實施隔離，就代表檔案本身是可以受到安全保護的，只有管理人和 Docker 服務的帳號才能讀取其內容。環境變數檔是一個簡單的文字格式檔案，一行只有一個環境變數，並寫成鍵與值成對（key-value pair）的形式。對於網頁容器，要保密的 API 密鑰都在我的環境變數檔案[2]裡：

```
BING_MAPS_KEY=*my key*
IP_INFO_DB_KEY=*my key*
```

要運行這個容器，並載入檔案內容做為環境變數使用時，可以在指令中加上 --env-file 這個選項。

我已把這些變動的內容都封裝在 NerdDinner 的新版 Docker 映像檔 dockeronwindows/ch05-nerd-dinner-web 當中。就跟**第 3 章開發** *Docker* **化的** *.NET* **和** *.NET Core* **應用程式**裡的其他範例一樣，這個 Dockerfile 也使用了一個啟動指令稿來做為進入點，將環境變數推派到機器層面，這樣 ASP.NET 應用程式就能讀取它們。

譯註 2　ch05\api-keys.env

以下指令就可以用容器運行新版 NerdDinner 網站：

```
docker container run -d -P `
 --name nerd-dinner-web `
 --env-file api-keys.env `
 dockeronwindows/ch05-nerd-dinner-web
```

應用程式需要把這些 API 密鑰設置在環境變數中，才能正確運作，但這是執行平台的需求，無法只靠 Dockerfile 取得。我有一支能夠以正確順序和選項啟動各個容器的 PowerShell 指令稿，但是到本章結尾時，該指令稿反而會成為累贅。下一章談到服務的組成方式時我會再敘及這個問題。

把 create dinner 功能分離出來

在 DinnerController 這個類別裡[3]，Create 是其中一個代價相當高昂的資料庫操作動作，但它不需是同步式的。這個功能就十分適於分拆成獨立的元件。我可以從網頁應用程式發出一道訊息，而不必為了寫入資料庫的動作讓使用者空等——如果網站的負載沉重時，這道訊息就可以在佇列中等上數秒、甚至數分鐘再進行處理，但網站卻可以先脫離等待寫入資料庫的狀態，並立即回應使用者。

要把上述的 Create 功能分拆成新元件，一共有兩個部分的工作要做。首先，當新建用餐活動時（dinner is created），網頁應用程式需要將這個事件訊息發到佇列裡，其次，由訊息處理器傾聽佇列，並在收到訊息時將用餐活動事件紀錄下來（亦即寫入資料庫）。在 NerdDinner 裡，這些都需要多做一點處理，因為既有的程式碼基礎不論是在實體面還是邏輯面都是單一整體的，只有一個 Visual Studio 的專案涵蓋一切：所有定義好的模型和 UI 程式碼也都在其中。

在本章的原始程式碼中，筆者在解決方案中添加了一個新的 .NET 組合專案，名叫 NerdDinner.Model[4]，然後把 EF 相關的類別都移到這個專案裡，這樣就可以讓網頁應用程式和訊息處理器共用該類別。這個模型專案以純粹的 .NET Framework 為目標，而非 .NET Core，因此我可以引用既有的程式碼，不必在改寫功能時還要考慮 EF 的升級問題。但這個抉擇也同樣限制了訊息處理器的寫法，讓它只能是純粹的 .NET 應用程式。

譯註 3　你可以到 http://nerddinner.codeplex.com/releases/view/45647 下載 NerdDinner_2.0.zip，這是網站的原始程式碼，程式碼分佈的目錄架構，如 Controllers、Models、Views 等等，都完全按照 ASP.NET 的 MVC 專案設置。微軟有一個網址專門介紹這個示範性質的網站程式開發案例：https://docs.microsoft.com/en-us/aspnet/mvc/overview/older-versions-1/nerddinner/create-a-new-aspnet-mvc-project。下載後解開，以上類別就定義在程式目錄中 Controllers 目錄下的 DinnerController.cs 這個檔案裡。

譯註 4　Ch05\src\NerdDinner.Model

另一個用來分離訊息佇列程式碼的共用組合專案（assembly project），放在 NerdDinner.Messaging 裡 [5]。這裡我會使用 nats 訊息系統（nats message system），它是一種高效能的開放原始碼訊息佇列。NuGet 裡有 nats 用戶端封裝，它以 .NET 為標準，因此不論是 .NET 還是 .NET Core 都可以使用它，我的訊息專案自然也不例外。這意謂著我擁有充足的彈性，也可以用 .NET Core 來撰寫其他並非使用同一組 EF 模型的新訊息處理器。

在原始專案的模型部分裡，原本定義的 Dinner 類別中混有大量的 EF 和 MVC 程式碼，以便截取確認（validation）和儲存（storage）等行為，就像以下對敘述屬性的定義方式 [6]：

```
[Required(ErrorMessage = "Description is required")]
[StringLength(256, ErrorMessage = "Description may not be longer than 256
characters")]
[DataType(DataType.MultilineText)]
public string Description { get; set; }
```

這個類別應該只是一個簡單的 POCO 定義，但所有使用者都需參照 EF 和 MVC，這樣的性質代表了以上的模型定義是不可攜的。為避免在新的訊息專案裡也發生同樣情形，我定義了一個簡單的 Dinner 實體（entity），其中完全不含這些參照性質，它就是用來送出用餐訊息的類別。我還可以用 AutoMapper 這個 NuGet 套件來轉換 dinner 類別的定義，因為它們的屬性基本上都是一樣的。

> 這是你在許多老舊專案中都會遇到的挑戰——沒有明確的分離考量，因此要分拆功能時沒法做得很直接。你可以利用這裡的方法並重建程式碼基礎，但基本上不必更動邏輯，這對於應用程式的現代化改寫很有幫助。

現在 DinnersController 類別中有關 Create 方法的主程式，可以把 dinner 模型對應到明確的 dinner 實體，並發出事件訊息，而非寫入資料庫了：

```
if (ModelState.IsValid)
{
  dinner.HostedBy = User.Identity.Name;
  var eventMessage = new DinnerCreatedEvent
  {
```

譯註 5　Ch05\src\NerdDinner.Messing

譯註 6　這段程式碼位在 NerdDinner 原始程式目錄中 Ch05\src\NerdDinner.Model 目錄下的 Dinner.cs 內。

```
        Dinner = Mapper.Map<entities.Dinner>(dinner),
        CreatedAt = DateTime.UtcNow
    };
    MessageQueue.Publish(eventMessage);
    return RedirectToAction("Index");
}
```

這是一種「射後不理」的訊息發送作風。網頁應用程式是訊息的來源,它會發出事件訊息。發訊源既不會等待回覆,也不會知道哪個元件(連有沒有都不知道)會接手處理訊息並做出因應。它只是約略地結合發送機制,快速送出訊息,而把交付訊息的責任轉移給訊息佇列,後者才是訊息的歸宿。

傾聽事件訊息的是一個重新撰寫的 .NET 控制台(console)專案,也就是 NerdDinner. MessageHandlers.SaveDinner。這個控制台應用程式的 Main 方法透過共用的訊息專案,開啟通往訊息佇列的連線,並接收用餐活動成立的事件訊息。收到訊息後,處理器會將訊息中的 dinner 實體回溯對應到 dinner 模型,並利用從先前 DinnersController 類別中萃取出的原始程式碼實作,把模型寫入到資料庫裡(而且精簡了一點):

```
var dinner = Mapper.Map<models.Dinner>(eventMessage.Dinner);
using (var db = new NerdDinnerContext())
{
  dinner.RSVPs = new List<RSVP>
  {
    new RSVP
    {
      AttendeeName = dinner.HostedBy
    }
  };
  db.Dinners.Add(dinner);
  db.SaveChanges();
}
```

現在我們可以把訊息處理器封裝在自己的容器映像檔裡,並且跟網站容器分開,以個別容器來運行它了。

把 .NET 控制台應用程式封裝在 Docker 裡

控制台應用程式很容易打造成行為良好的 Docker 成員。Docker 會把編譯好的應用程式執行檔當成容器的主要程序來啟動和監視,這樣你就可以利用 Docker 控制台來紀錄日誌,並靠著環境變數來設定其組態。

至於我的訊息處理器，則採用多段式建置，而且在建置時動了一點手腳。我在建置前半階段使用不同的映像檔，這是為了要能編譯整個解決方案——亦即網頁專案和剛加入的訊息處理器專案。本章稍後我會再詳細檢視這個建置用的映像檔，到時你就會看到這些新加入的元件。

建置前半階段會編譯好整個解決方案，而控制台應用程式的 Dockerfile 則會在前半階段參照 dockeronwindows/ch05-nerd-dinner-builder 映像檔，並暫時命名為 **builder**。而後半段就會把前半建置階段編譯好的執行檔封裝到最終映像檔中，並設定好預設組態值：

```
# escape=`
FROM dockeronwindows/ch05-nerd-dinner-builder AS builder

# app image
FROM microsoft/windowsservercore:10.0.14393.1198
SHELL ["powershell", "-Command", "$ErrorActionPreference = 'Stop';"]

CMD ["NerdDinner.MessageHandlers.SaveDinner.exe"]

ENV APP_DB_CONNECTION_STRING="Data Source=nerd-dinner-db..." `
    MESSAGE_QUEUE_URL="nats://message-queue:4222"

WORKDIR C:\save-handler
COPY --from=builder C:\src\NerdDinner.MessageHandlers.SaveDinner\bin\Debug\
    .
```

新的訊息處理器要能同時操作訊息佇列和資料庫，兩者所需的連線字串都分別定義在環境變數裡。在這個專案的程式碼裡，有一個 Env 類別 [7] 就是專門用來從環境變數中讀取這些設定值的。

在 Dockerfile 裡，CMD 指示語句的進入點就是控制台應用程式的可執行檔，因此只要應用程式還在執行，容器就也會繼續運行。傾聽訊息佇列的處理器會以分開的執行緒（thread）和非同步方式執行。每當佇列收到訊息，處理器的程式碼才會啟動，因此不會有定期輪詢佇列的動作，也因此這支應用程式能運行得相當有效率。

要讓控制台應用程式持續執行，其實辦法很直接了當，只需利用 ManualResetEvent 物件即可。在 Main 方法裡，我會令其等待永遠不會發生的重設事件（reset event），藉此達到讓程式持續執行的效果：

譯註 7　Ch05\src\NerdDinner.Messaging\Env.cs

```
class Program
{
  private static ManualResetEvent _ResetEvent = new
ManualResetEvent(false);

  static void Main(string[] args)
  {
    // set up message listener
    _ResetEvent.WaitOne();
  }
}
```

這個讓 .NET（或是 .NET Core）的控制台應用程式持續存活的辦法，既簡單又有效。當我啟動訊息處理器的容器時，它會在背景持續執行並傾聽訊息，直到容器停止為止。

在 Docker 中運行訊息佇列

網頁應用程式現在會發出訊息了，而處理器會加以聆聽，所以現在我需要的元件，只剩下訊息佇列要完成，因為它可以把前兩者串聯起來。佇列跟解決方案中其他的部分一樣，需要相同程度的可用性，所以也很適合用容器來運行。在一個部署到多台伺服器的分散式解決方案裡，佇列也需要用多個容器組成叢集，以便提升效能和容錯特性。

要選擇何種訊息處理技術，端看以需要何種功能而定，但是 .NET 用戶端程式庫有很多選擇（像 **Microsoft Message Queue (MSMQ)** 就是原生的 Windows 佇列），而 RabbitMQ 則是極受歡迎的開放原始碼佇列，能支援持續的訊息處理，至於 nats 則也是一種記憶體內型態的（in-memory）開放原始碼佇列，以效能優異聞名。

nats 處理訊息的高吞吐量和低延遲等特質，讓它成為容器間通訊的首選，而且在 Docker Hub 上就可以找到 nats 的官方映像檔。nats 是以 Go 語言撰寫的應用程式，可以跨平台運作，因此你可以找到 Linux、Windows Server Core 和 Nano Server 等 Docker 映像檔的變種。

運行 nats 訊息佇列的方式和其他容器一樣，記得要開放 4222 號通訊埠，以便讓用戶端連入佇列：

```
docker container run --detach `
 --publish 4222 `
 --name message-queue `
 nats:nanoserver
```

我使用的是 Nano Server 版本的 nats 映像檔，因為它輕巧的特性有利於迅速啟動、執行效率更好、承受攻擊面也小得多。

nats 伺服器應用程式會把日誌訊息交給 Docker 控制台，以便由 Docker 紀錄。當容器運行時，你就可以用 docker container logs 指令驗證佇列是否正在聆聽事件：

```
> docker container logs message-queue
[1416] 2017/06/23 09:20:41.329327 [INF] Starting nats-server version 0.9.6
[1416] 2017/06/23 09:20:41.329327 [INF] Starting http monitor on
0.0.0.0:8222
[1416] 2017/06/23 09:20:41.331269 [INF] Listening for client connections on
0.0.0.0:4222
[1416] 2017/06/23 09:20:41.331269 [INF] Server is ready
[1416] 2017/06/23 09:20:41.334275 [INF] Listening for route connections on
0.0.0.0:6222
```

訊息佇列屬於基礎設施層級的元件，它與其他的元件沒有依存關係。因此可以啟動在其他容器之前，就算其他應用程式容器已暫停或是正在維護，佇列容器也能放著繼續執行。

啟動多重容器解決方案

當你對 Docker 逐漸上手後，你的解決方案就可能會分散在多個容器上——其中要不就是正在執行你從單一整體舊程式拆出的改製程式碼，或是正在執行來自 Docker Hub 或 Docker Store 的第三方可靠軟體。

NerdDinner 的功能現在分散在四個容器裡運作—— SQL Server、網頁應用程式、nats 訊息佇列、以及訊息處理器。容器彼此之間有依存關係，因此需要依正確順序啟動，並各自妥當命名，以便利用 Docker 的服務尋找功能找到每個元件。

在下一章裡，我會運用 Docker Compose 宣告上述的依存關係。但在此時，我只會用 ch05-run-nerd-dinner_part-1.ps1 這個 PowerShell 指令稿來明確指定容器的啟動順序和正確組態：

```
docker container run -d -p 4222 `
 --name message-queue `
 nats:nanoserver;

docker container run -d -p 1433 `
```

```
 --name nerd-dinner-db `
 -v C:\databases\nd:C:\data `
 dockeronwindows/ch03-nerd-dinner-db;

docker container run -d -p 80 `
 --name nerd-dinner-homepage `
 dockeronwindows/ch03-nerd-dinner-homepage;

docker container run -d `
 --name nerd-dinner-save-handler `
 dockeronwindows/ch05-nerd-dinner-save-handler;

docker container run -d -p 80 `
 --name nerd-dinner-web `
 --env-file api-keys.env `
 dockeronwindows/ch05-nerd-dinner-web;
```

在指令稿裡，我借用了第 3 章開發 *Docker* 化的 *.NET* 和 *.NET Core* 應用程式中建置的 SQL database 和首頁映像檔——由於這些元件並未改寫，因此它們可以一起與新元件平行運作。如果你想在自己運行時取得完整功能，就得在 api-keys.env 檔案裡放入你自己的 keys 密鑰。你必須自行登入 Bing Maps API 以及 IP 資訊資料庫。雖說沒有這些密鑰你也可以運行這支應用程式，只不過那樣就不是所有的功能都會正確運作了。

一旦我以自己的 API 密鑰組執行指令稿、並檢視網頁容器取得 IP 位址後，就可以瀏覽應用程式。現在它是功能完整的 NerdDinner 網站了。我可以登入網站、填好建立用餐資訊的表單（form）、以及完成與地圖的整合等動作：

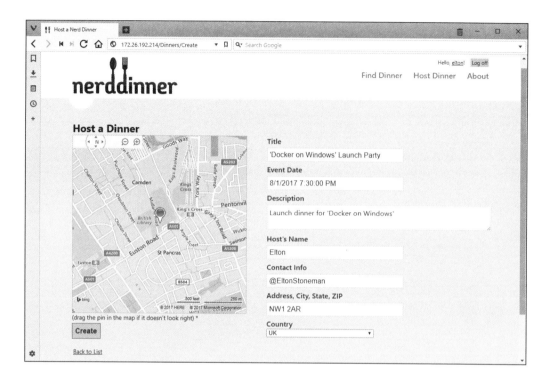

一旦我送出表單，網頁應用程式就會對佇列發出事件訊息。這個動作的負擔極小，因此網頁應用程式幾乎立刻就可以完成動作並回應使用者。傾聽訊息的則是運行在另一個容器中、新撰寫的控制台應用程式（就是訊息處理器）——也許執行在另一台主機上。它會撿起訊息並加以處理。處理器會把動作紀錄下來並傳給 Docker 控制台，因此管理員就能用 docker container logs 指令監視訊息處理器容器裡的動作：

```
> docker container logs nerd-dinner-save-handler

Connecting to message queue url: nats://message-queue:4222
Listening on subject: events.dinner.created, queue: save-dinner-handler
Received message, subject: events.dinner.created
Saving new dinner, created at: 6/24/2017 8:44:21 PM; event ID: b7ecb300-
af6f-4f2e-ab18-19bea90d4684
Dinner saved. Dinner ID: 1; event ID: b7ecb300-af6f-4f2e-ab18-19bea90d4684
```

建立用餐資訊的外觀功能還是一樣的——使用者輸入的資料仍會寫到 SQL Server 裡，而且使用者的感受是不變的，但功能背後的延展性卻已大為不同。容器化設計讓我得以把抽出的固有程式碼放到新元件裡，而且心裡很清楚該元件可以像既有解決方案一般部署到一樣的基礎設施中,而且若是部署到叢集化環境,它還會繼承叢集必有的延展性和容錯特質。

我可以仰賴 Docker 平台並建立整體應用程式和新核心元件(也就是訊息佇列)的依存性,佇列技術本身就是企業等級的軟體,能夠每秒處理數十萬筆的訊息。nats 是自由開放的原始碼軟體,只需從 Docker Hub 就可以直接取得,並用在解決方案中做為容器運行,還可以與 Docker 網路中其他的容器互連。

截至目前為止,我已經用容器優先式設計和 Docker 的威力,對 NerdDinner 的一部分進行了現代化改寫。一次處理一個功能,意謂著我只需測試過曾改寫的功能,就可以放心地釋出新版本。如果我想替新建用餐活動的功能加上稽核動作,就只需更新訊息處理器,毋須對網頁應用程式進行全面回歸測試,因為後者根本不曾有所變化。

以容器為設計中心,同樣能做為添加更多功能的基礎。

為容器添加新功能

從一個完整單體中把耦合的功能拆解出來,還有一個額外的好處。我採取的作法等於為單一功能引進了事件驅動架構的風格。這樣就可以據此繼續加入新功能,而且還是延續容器優先的作法。

在 NerdDinner 裡有一個單獨的資料貯藏處,亦即存放在 SQL Server 裡的交易式資料庫。它為網站服務並無問題,但是面臨使用者層面的功能,例如報表時,它的缺點就出來了。它缺乏對使用者友善的資料搜尋方式,也很難建構儀表板、或是啟用自助式的報表等功能。

理想的作法是再加上第二個資料貯藏處,亦即報表資料庫,而且要採用具備自助式分析功能的技術。如果沒有 Docker,這個作法的代價可不小,因為需要重新設計或是添加基礎設施,也許兩者都要。但有了 Docker,我可以放著既有的應用程式不去管,只管在現有的伺服器上添加用容器運行的新功能就成了。

Elasticsearch 是另一個企業級的開放原始碼專案,在 Docker Hub 上有 Windows 的映像檔可用。Elasticsearch 是一個完整的搜尋文件資料貯藏工具,可以當成報表資料庫來使用,再搭配輔助產品 Kibana,就可以享有操作簡單的網頁前端。

只要用容器運行 Elasticsearch 和 Kibana，並與其他容器共用網路，我就能在 NerdDinner 裡替新建用餐活動加上自助式的分析功能。現行解決方案已經會發出關於用餐詳情的事件，所以如果要把餐資訊寫進報表資料庫，只需再建立一個新的訊息處理器並接收現有的事件，再把詳情寫入 Elasticsearch 就成了。

當新的報表功能做好後，就可以部署到正式環境中，但不必更動正在執行的應用程式。零停機時間的部署方式也是容器優先式設計的另一個好處。新建功能都是以無耦合（decoupled）的單位來運行的，因此個別的容器可以隨意啟動或升級，不影響其他的容器。

在下一個功能中，我會加入一個與解決方案其餘部分無關的新訊息處理器。如果我要取代儲存用餐資訊的處理器實作，也一樣可以採用零停機時間的部署方式，當我更換處理器時，只需讓事件都暫時留在訊息佇列的緩衝區裡就好。

在 Docker 和 .NET 中使用 Elasticsearch

Elasticsearch 是一種非常廣為使用的技術，值得花點時間鑽研一番。它以 Java 撰寫，但是在 Docker 上就可以當成黑盒子運行，並比照其他 Docker 工作負載的方式加以管理——毋需安裝 Java 或設置 JDK。Elasticsearch 會提供一個 REST API，以便用來寫入、讀取和搜尋資料，而且 API 還具備用戶端 wrappers，供各種主流程式語言使用。

Elasticsearch 裡的資料均以 JSON 文件儲存，每份文件都有完整的索引，以便搜尋任一欄內的任何資料值。它也具備叢集技術，因此可以跨節點運行，便於延伸和恢復。如果把它放在 Docker 裡，你可以把每個節點都放在個別的容器裡運行，再分散到伺服器群中，不但能達到延伸和恢復的效果，還能兼有 Docker 易於部署和管理的好處。

同樣的，任何有狀態（stateful）工作負載的儲存考量也適用於 Elasticsearch ——在開發環境裡，你可以把資料存在容器裡，這樣每當容器被取代時，你就會有一個全新的資料庫。在測試環境裡，你可以把 Docker 卷冊掛載到主機上的磁碟，以便將資料持續保存在容器以外。而正式環境裡的卷冊則可以掛載到資料中心內部的儲存陣列，甚至放在雲端儲存服務上。

Docker Hub 上有官方的 Elasticsearch 映像檔，但目前只有 Linux 的變種可用。我在 Docker Cloud 製作了自己的映像檔，把 Elasticsearch 封裝在 Windows 的 Docker 映像檔裡。在 Docker 上運行 Elasticsearch 就跟啟動其他容器一樣。以下指令會開放 9200 號通訊埠，這是它的 REST API 預設通訊埠：

```
docker container run -d -p 9200 `
 --name elasticsearch `
 132 ES_JAVA_OPTS='-Xms512m -Xmx512m' `
sixeyed/elasticsearch:nanoserver
```

Elasticsearch 是個很耗記憶體的應用程式，根據預設值，它啟動時要求分到 2 GB 的系統記憶體。但開發環境的資料庫不用這麼奢侈。我可以設置環境變數 ES_JAVA_OPTS 來控制記憶體分配。以上指令中我就是把 Elasticsearch 限制在只能佔用 512 MB 的記憶體。

 Elasticsearch 跟 nats 一樣是跨平台應用程式。因此我也比照 nats，用 Nano Server 映像檔來封裝，以便儘量精簡執行平台的映像檔。

Elasticsearch 也有一個 NuGet 套件，稱為 **NEST**，這是一個 API 用戶端，可以用來讀寫資料，而且不論 .NET Framework 和 .NET Core 都可以使用它。我就在新的 .NET Core 控制台專案 NerdDinner.MessageHandlers.IndexDinner 中使用該套件。這個新控制台應用程式同樣會傾聽 nats 裡的新建用餐事件訊息，但它是把用餐詳情以文件形式寫到 Elasticsearch 裡。

連接訊息佇列和接收訊息的程式碼都與現有的訊息處理器相同。我另訂了一個新的 Dinner 類別，它會以 Elasticsearch 文件格式呈現，因此訊息處理器的程式碼就可以把用餐訊息的實體對應成用餐訊息的文件，再寫到 Elasticsearch 裡：

```
var eventMessage =
MessageHelper.FromData<DinnerCreatedEvent>(e.Message.Data);
var dinner = Mapper.Map<documents.Dinner>(eventMessage.Dinner);
var node = new Uri(Env.ElasticsearchUrl);
var client = new ElasticClient(node);
client.Index(dinner, idx => idx.Index("dinners"));
```

Elasticsearch 和文件訊息處理器都會在同一個容器中運行，同時也和其他 NerdDinner 解決方案的容器位於同一個 Docker 網路上。我可以在既有解決方案還在運行時啟動新容器，因為網頁應用程式或 SQL Server 訊息處理器的部分都沒有變動。在 Docker 上添加這類新功能，部署完全是零停機時間的。

Elasticsearch 的訊息處理器跟 EF 或其他舊有程式碼都沒有依存關係。我已經利用了這個優勢，改以 .NET Core 來撰寫這支應用程式，這樣我就可以任意使用 Linux

或 Windows 主機來運行它的 Docker 容器。這意謂著 Visual Studio 解決方案可以兼容 .NET Framework 和 .NET Core 應用程式專案,而且兩者都可以參照 .NET 標準的組合專案。但這樣的設定需要稍微複雜一點的建置媒介 [8]。

在 Docker 中建置混合 .NET Framework 與 .NET Core 的解決方案

各位到目前為止看過的多段式建置,都是利用我在 Docker Cloud 上的 sixeyed/msbuild 映像檔為來源。這些映像檔內含有 MSBuild 和 NuGet 等工具,以及需要建置特定類型專案所需的一切額外套件——例如網頁專案和 SQL Server 專案。大家可以在 GitHub 的 sixeyed/dockerfiles-windows 倉庫找到這些映像檔的 Dockerfiles,而且內容都很好懂。

我一直把 sixeyed/msbuild 映像檔當作建置媒介,以便編譯個別的 .NET Framework 專案。你也可以透過 MSBuild 工具建置自己的 Visual Studio 解決方案,如果其中參照(project references)了數個 .NET 專案,MSBuild 會按照正確順序編譯它們。但若你的 Visual Studio 解決方案裡同時包含了 .NET 和 .NET Core 專案,就不能再只靠 MSBuild 來建置它們——你還得加上 .NET Core SDK。

這就是本章裡 NerdDinner 改寫後的現況,我必須再製作一個新的 Docker 映像檔,而且在裡面 MSBuild 和 .NET Core SDK 都要有,這樣我才能編譯出整個解決方案。dockeronwindows/ch05-msbuild-dotnet 的 Dockerfile 本身就是一個多段式建置,而它輸出的映像檔則有能力編譯出混有 .NET Framework 和 .NET Core 的解決方案。

新映像檔的 Dockerfile 一開始便安裝了 Chocolatey,並使用 choco 指令安裝了 Visual Studio 2017 建置工具、以及 NuGet 指令列工具。建置工具套件裡已包含最新版的 MSBuild:

```
FROM microsoft/windowsservercore:10.0.14393.1198 AS buildtools
SHELL ["powershell", "-Command", "$ErrorActionPreference = 'Stop';"]

RUN Invoke-WebRequest -UseBasicParsing https://chocolatey.org/install.ps1 | `
Invoke-Expression; `
    choco install -y visualstudio2017buildtools --version
15.2.26430.20170605; `
    choco install -y nuget.commandline --version 4.1.0
```

譯註 8　Elasticsearch 訊息處理器的映像檔 Dockerfile 在第 122 頁。

像上面這樣以獨立的階段執行，代表我可以用 Chocolatey 輕鬆地安裝套件。等到最後階段，我會把封裝編譯的結果取出來（但不包括 Chocolatey 本身）。這樣就可以讓我的建置媒介變得小巧清爽。下一個階段便是利用裝有 SDK 的微軟 .NET Core 映像檔。但這次我不會再加入任何東西，只是參照它以便在最終階段時從中取得 SDK：

```
FROM microsoft/dotnet:1.1.2-sdk-nanoserver AS dotnet
```

最終階段會把兩種建置媒介（亦即 .NET Framework 和 .NET Core）組合在一個映像檔的 Dockerfile 裡。它先從 Windows Server Core 開始，把檔案路徑設置為環境變數，最後把前兩個階段安裝的 .NET Core SDK、MSBuild 和 NuGet 都搬進來（注意 Dockerfile 的 COPY 指示語句，選項 --from 的來源 dotnet 和 buildtools 正好是前兩階段 FROM...AS 指定的別名）：

```
FROM microsoft/windowsservercore:10.0.14393.1198
SHELL ["powershell", "-Command", "$ErrorActionPreference = 'Stop'"]

ENV MSBUILD_PATH="C:\Program Files (x86)\Microsoft Visual
Studio\2017\BuildTools\MSBuild\15.0\Bin" `
    NUGET_PATH="C:\ProgramData\chocolatey\lib\NuGet.CommandLine\tools" `
    DOTNET_PATH="C:\Program Files\dotnet"

COPY --from=dotnet ${DOTNET_PATH} ${DOTNET_PATH}
COPY --from=buildtools ${MSBUILD_PATH} ${MSBUILD_PATH}
COPY --from=buildtools ${NUGET_PATH} ${NUGET_PATH}
```

接著我要加入的套件包括 .NET 4.5.2 目標套件、網頁部署（web deploy）和建置目標（build targets）等網頁專案所需的工具：

```
RUN Install-PackageProvider -Name chocolatey -RequiredVersion 2.8.5.130 -
Force; `
    Install-Package -Name netfx-4.5.2-devpack -RequiredVersion 4.5.5165101
-Force; `
    Install-Package -Name webdeploy -RequiredVersion 3.6.0 -Force; `
    & nuget install MSBuild.Microsoft.VisualStudio.Web.targets -Version
14.0.0.3
```

我按照尋常的方式建立這個 Dockerfile，輸出的映像檔則包括了完整的工具鏈，可以用它來編譯混有 .NET Framework 和 .NET Core 程式碼的解決方案。

編譯混合的 NerdDinner 解決方案

我在本章採用了不一樣的方式來建置 NerdDinner，如果你混搭了 .NET Core 和 .NET Framework 專案，那麼這種方式就十分適於 CI 過程（我會在**第 10 章用 *Docker* 來強化持續部署的管線裡探討 Docker 的 CI 和 CD**）。我會用一個映像檔來編譯所有的解決方案，然後在應用程式的 Dockerfiles 建置階段中，把這個編譯用映像檔當成建置來源。

圖中顯示的便是如何利用建置媒介和建置用映像檔 [9] 來封裝本章所需的應用程式映像檔：

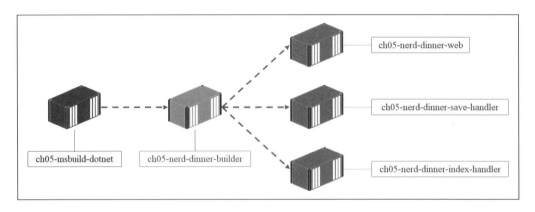

我把建置解決方案所需的所有工具都放在建置媒介裡，因此 dockeronwindows/ch05-nerd-dinner-builder 的 Dockerfile 很直接了當。它先從建置媒介啟動，然後把解決方案所需的原始碼樹搬進來：

```
# escape=`
FROM dockeronwindows/ch05-msbuild-dotnet

WORKDIR C:\src
COPY src .
```

接著它利用 dotnet restore 還原所有專案中使用的 .NET Core 專案套件，再用 NuGet 還原 .NET Framework 專案部分：

```
RUN dotnet restore; `
    nuget restore -msbuildpath $env:MSBUILD_PATH
```

譯註 9　建置媒介（build agent）指內含建置工具的映像檔。建置用映像檔（builder image）則是從建置媒介建置而來，是編譯最後應用程式的環境，也是最終應用程式映像檔的來源。

這兩個步驟都是有必要的，因為它們所需的工具不一樣。.NET Core 專案的封裝參照（package references）都列在 .csproj 檔案裡，而 .NET Framework 專案封裝參照則放在 packages.config 裡。兩個指令都是從 NerdDinner.sln 檔案執行的，這樣我就不必一一列舉所有專案，就算解決方案規模日漸成長，也不必動到建置用映像檔的結構。

現在建置階段只剩另外兩個 RUN 指示語句，它們會編譯所有專案，最後產生應用程式執行檔：

```
RUN dotnet build .\NerdDinner.Messaging\NerdDinner.Messaging.csproj; `
    dotnet msbuild NerdDinner.sln

RUN dotnet publish .\NerdDinner.MessageHandlers.IndexDinner; `
    msbuild .\NerdDinner\NerdDinner.csproj `
            /p:DeployOnBuild=true /p:OutputPath=c:\out\NerdDinner `
/p:VSToolsPath=C:\MSBuild.Microsoft.VisualStudio.Web.targets.14.0.0.3\tools
\VSToolsPath
```

這裡再次因 .NET Core 和 .NET Framework 應用程式的差異而分別採用了不同的步驟，因為它們的工具彼此尚未整合。我希望未來的 MSBuild 和 .NET Core 會把工具整合起來，這樣管理多重工具鏈的複雜性就不復存在。但在此之前，你還是得透過 Docker 來分隔這種複雜性——把所有工具先放在一個映像檔（媒介）裡，這樣你的應用程式建置映像檔 Dockerfile 看起來就會清爽得多，因為少了雜亂的工具安裝細節。

這個建置應用程式方法的缺點則是它沒法利用 Docker 快取。整個原始碼樹都在第一步驟搬進來。每當程式碼變動，建置過程就要更新套件，即使套件參照部分沒有變動也一樣。當然你可以把建置映像檔改寫一番，只把 .sln、.csproj 和 package.config 等檔案搬進還原階段（restore phase），然後等到建置階段才把其餘的原始碼搬進來。

這樣你就得到封裝快取的效果，建置起來也比較快，代價則是 Dockerfile 很難維護——每當你新增或移除專案時，就需要再次編輯開頭的檔案清單 [10]。

你可以自選最適合自家程序的方式。在一個解決方案這般複雜的案例裡，開發人員可以只用 Visual Studio 建置和執行應用程式，等到要提交（checking in）程式碼前再建置成 Docker 映像檔並進行測試。這樣一來就算建置 Docker 映像檔很耗時也無妨了

譯註 10　記得嗎？Dockerfile 裡的每一個指示語句都會成為映像檔堆疊的某一層，如果每次指示語句處理的內容都不一樣，這一層就沒法成為快取；但如果把參照資訊和程式碼部分分開 COPY，沒有變動的參照資訊就會成為快取中的某一層映像檔，這時快取便有用了。但如果參照資訊有變，你得加入新的 .sln、.csproj 和 package.config 檔案，這樣當然就必須重新形成快取層。

（我會在第 11 章應用程式容器的除錯和儀器化時再探討，當你還在開發時有哪些在 Docker 上運行應用程式的選項可用）。

這裡映像檔的建置方式有一點不同。Dockerfile 會把 src 資料夾搬進來，它比 Dockerfile 所在的目錄還高一層。為確保 src 資料夾確實包含在 Docker 的建置背景環境裡，我需要在 ch05 資料夾這一層執行 build image 指令，並特別用 --file 選項指定 Dockerfile 的路徑：

```
docker image build `
  --tag dockeronwindows/ch05-nerd-dinner-builder `
  --file ch05-nerd-dinner-builder\Dockerfile .
```

建置用映像檔會負責編譯和封裝所有的專案，然後我就可以在應用程式 Dockerfile 的來源階段引用 ch05-nerd-dinner-builder 這個建置用映像檔。我只需一次完成建置用映像檔，然後就可以用它來建置其他所有的應用程式映像檔。

把 .NET Core 控制台應用程式封裝在 Docker 裡

在第 3 章開發 Docker 化的 .NET 和 .NET Core 應用程式裡，我建置了取代 NerdDinner 首頁的功能，將其改造成一個 ASP.NET Core 的網頁應用程式，而在本章中，我又加入了 Elasticsearch 訊息處理器，同樣寫成 .NET Core 控制台應用程式。這時我就可以透過微軟在 Docker Hub 上提供的 microsoft/dotnet 映像檔，把應用程式封裝成 Docker 映像檔。

dockeronwindows/ch05-index-handler 的 Dockerfile 也採用多段式建置，並以建置用映像檔為編譯環境來源：

```
# escape=`
FROM dockeronwindows/ch05-nerd-dinner-builder AS builder

# app image
FROM microsoft/dotnet:1.1.2-runtime-nanoserver
SHELL ["powershell", "-Command", "$ErrorActionPreference = 'Stop';"]

ENV ELASTICSEARCH_URL="http://elasticsearch:9200" `
    MESSAGE_QUEUE_URL="nats://message-queue:4222"

CMD ["dotnet", "NerdDinner.MessageHandlers.IndexDinner.dll"]

WORKDIR /index-handler
COPY --from=builder
```

```
C:\src\NerdDinner.MessageHandlers.IndexDinner\bin\Debug\netcoreapp1.1\publi
sh\ .
```

先前替 SQL Server 訊息處理器所需的 .NET Frameworks 控制台應用程式建置映像檔時，內容與這裡非常相似。差異只在 FROM（這裡我引用的是含有 .NET Core 執行平台的映像檔），而 CMD 指示語句的部分（這裡呼叫執行的是會運行控制台應用程式 DLL 的 dotnet 指令）。兩種訊息處理器都是以建置用映像檔做為應用程式編譯來源，並從中把編譯結果搬出來，然後在各自的應用程式映像檔中設置它們所需的環境變數和啟動指令。

索引處理器應用程式（就是負責把事件訊息寫到 Elasticsearch 的那一個）會利用環境變數來設定組態，並指定訊息佇列和 Elasticsearch API 所使用的 URL。在 Dockerfile 裡這些變數都已賦予預設值，做法跟其他 NerdDinner 元件一模一樣，因為我會謹慎地控制部署堆疊，因此可以放心地使用這些變數值。啟動指令會執行 .NET Core 應用程式，把日誌紀錄寫到 Docker 控制台，而且靠著 ManualResetEvent 物件保持持續運作，因此它與 Docker 的整合十分良好。

當應用程式運行時，它也會傾聽 nats 裡的用餐事件訊息。當網頁應用程式發出事件時，nats 就會對每一個監聽者發出一份事件副本，因此 SQL Server 的儲存處理器和 Elasticsearch 的索引處理器都會知悉這個事件。事件訊息裡含有充足的細節，足以讓兩個處理器各自完成工作。如果未來的新增功能需要更多細節，那麼網頁應用程式就可以另外發出不同的訊息並附上所需細節，但既有的訊息處理器則都不需要變動。

只要再加上 Kibana 的容器，就可以讓 NerdDinner 網站的功能更完整，並加上自助分析的功能。

以 Kibana 進行分析

Kibana 是一個開放原始碼的 Elasticsearch 網頁前端，可以視覺化呈現資料以便進行分析，也便於搜尋特定資料。它和 Elasticsearch 都是同一間公司所開發，藉著便利的大量資料瀏覽功能而廣受喜愛。你可以透過互動方式探索資料，而進階使用者甚至可以自行編排完整的監視面板，並與他人共用。

Kibana 的最新版本係以 Node.js 撰寫，因此它跟 Elasticsearch 還有 nats 一樣，是跨平台的應用程式，你可以在 Docker Hub 上分別找到 Linux 或 Windows 的變種封裝。建置 Kibana 的映像檔時所使用的手法，跟先前製作訊息處理器時完全一樣——它會連往名為 elasticsearch 的容器，預設的 API 通訊埠則是 9200。

在本章的程式原始碼目錄中，有第二個 PowerShell 指令稿，名叫 ch05-run-nerd-dinner_part-2.ps1，它會部署 Kibana 的容器。指令稿會啟動額外的 Elasticsearch、Kibana 和索引處理器的容器——當然它執行時是假設其他元件都已透過 part-1 指令稿加以啟動了：

```
docker container run -d -p 9200 `
--name elasticsearch `
sixeyed/elasticsearch:nanoserver

docker container run -d -p 5601 `
--name kibana `
sixeyed/kibana:nanoserver;

docker container run -d `
--name nerd-dinner-index-handler `
dockeronwindows/ch05-nerd-dinner-index-handler;
```

現在整個網站堆疊都啟動了。當我新建一個用餐訊息時，就會從訊息處理器的容器看到相關動作的日誌紀錄，顯示資料已寫到 Elasticsearch 和 SQL Server：

```
> docker container logs nerd-dinner-save-handler
Connecting to message queue url: nats://message-queue:4222
Listening on subject: events.dinner.created, queue: save-dinner-handler
Received message, subject: events.dinner.created
Saving new dinner, created at: 6/24/2017 10:58:31 PM; event ID: a7530414-
d2ad-407a-9b03-ade7a22f1f7e
Dinner saved. Dinner ID: 2; event ID: a7530414-d2ad-407a-9b03-ade7a22f1f7e

> docker container logs nerd-dinner-index-handler
Connecting to message queue url: nats://message-queue:4222
Listening on subject: events.dinner.created, queue: index-dinner-handler
Received message, subject: events.dinner.created
Indexing new dinner, created at: 6/25/2017 12:13:13 AM; event ID: a7530414-
d2ad-407a-9b03-ade7a22f1f7e
```

Kibana 會聆聽 5601 號通訊埠，因此我可以先取得它的容器 IP 位址，並使用瀏覽器觀看其內容。起始畫面僅需一個組態資訊，就是文件集合（collection）的名稱——用 Elasticsearch 的術語來說就是索引名稱。本例中的索引已命名為 **dinners**。我已事先加入一個 Kibana 文件，這樣就可以取用 Elasticsearch 的中介資料（metadata）以便決定文件裡的欄位：

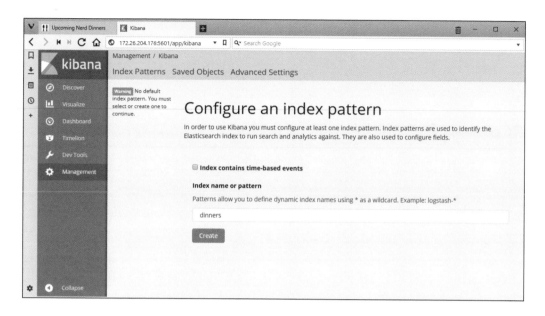

現在每一筆建立的用餐訊息都會儲存到原本的 SQL Server 交易式資料庫中，同時也會寫到新建的報表資料庫 Elasticsearch 裡。接著使用者可以對資料集合（aggregated data）建立視覺化分析——例如搜尋最受歡迎的用餐時間或地點等樣式分析結果，也可以搜尋特定的用餐詳情，或取出特定的用餐資訊文件：

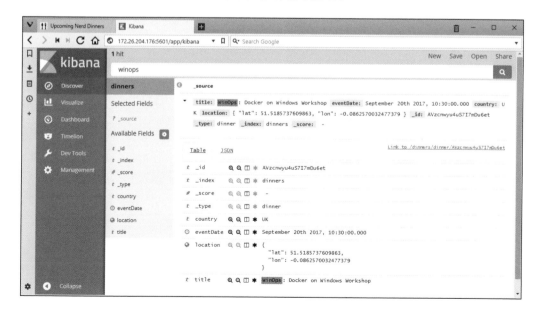

Elasticsearch 和 Kibana 都是十分強悍的軟體系統。筆者在此不
會對它們多所著墨,但它們確實十分受歡迎,線上資源也極為豐
富,各位不妨自行鑽研。

從單一整體到分散式解決方案

現在,NerdDinner 已經從老舊的單一整體形式搖身一變,成為能夠輕易延伸和擴展的
解決方案,而且採用現代化的設計風格,以現代化的應用程式平台運行。這是一個既
快速又低風險的演變,背後則有 Docker 平台和容器優先式設計的支援。

此專案一開頭只試著把整個 NerdDinner 紋風不動地搬到 Docker 上,並且用容器運行
網頁應用程式和 SQL Server 資料庫。現在則已分解成八個元件,每個都以自己的輕
型 Docker 容器運行,而且都可以個別地部署,因此就可以擁有自己的釋出步調:

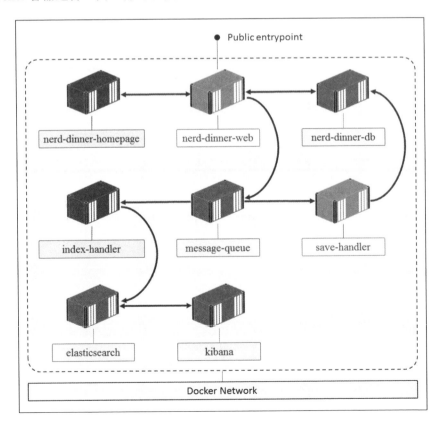

Docker 最了不起的地方之一,就是它擁有龐大的封裝軟體程式庫,可供建立你的解決方案。Docker Hub 上的官方映像檔都是企業等級的開放原始碼軟體系統,而且都有多年來社群的試用和信任做為擔保。Docker Store 上認證過的映像檔則提供商用軟體,可確保能正確地在 Docker EE 上運作。

越來越多支援 Windows 的軟體套件都已製作成取用方便的 Docker 映像檔,因此你不必再費心從頭開發,就能為自己的應用程式添加新功能。

我在 NerdDinner 堆疊裡新增的自製元件,也就是訊息處理器——兩者都是很簡單的控制台應用程式,原始碼不過百來行。儲存用餐資訊的處理器,其程式碼是從原本的網頁應用程式中擷取出來的,同樣也採用 EF 模型——我不過把它重構後再替它分開建立專案,以便日後重複運用。至於用餐資訊的索引處理器則是從頭以 .NET Core 撰寫,因此它的執行平台較有效率、也便於轉移,但當我開始編譯時,所有這些專案都是放在同一個 Visual Studio 解決方案裡的。

容器優先式手法其實就是把功能分解成個別的元件,並將其設計成能夠以容器運行,容器裡要不就是你自己撰寫的小型自製應用程式、要不就是從 Docker Hub 弄來的現成映像檔。這種以功能導向的(feature-driven)手法,代表你可以專注在對於專案用戶有實際價值的領域上:

* 對於業務有利,因為他們可以更常從釋出的新版本獲得新功能
* 對於營運有利,因為應用程式變得更易於恢復、維護也更簡單
* 對於開發團隊有利,因為技術問題得以緩解、架構也更自由

管理建置和部署的依存性

從現有的演化程度來看,NerdDinner 已擁有良好的邏輯架構,但事實上各元件之間的相依性還是很緊密。容器優先的設計方式讓我在技術堆疊方面獲得了更多自由,但也引進了更多新技術。如果你在這個階段才加入專案開發,而且想要試著在自己的機器上、而不是在 Docker 上執行應用程式,就需要安裝以下環境:

* Visual Studio 2017
* .NET Core 1.1.2 的執行平台和 SDK 1.0.4
* IIS 和 ASP.NET 4.5
* SQL Server
* nats、Elasticsearch 和 Kibana

如果你參與本專案、而且已經安裝了 Docker for Windows，就不必顧慮上述的依存關係。當你複製了原始碼之後，就可以透過 Docker 建置和運行整個應用程式堆疊。你甚至還可以用 Docker 搭配像是 VS Code 之類的輕型編輯器來進行解決方案的開發和除錯，這樣就連對於 Visual Studio 的依賴關係也可以免除。

經過演變後的網站也更容易進行持續整合（continuous integration）──你的建置用主機只需安裝 Docker，就能為解決方案進行建置和封裝。甚至還可以引入拋棄式建置用主機的概念，當有新版本等著需要建置時才啟動一部 VM，都建置完畢後就可以將VM 消除。你不需要為 VM 準備複雜的啟動指令稿，只需以指令稿規劃 Docker 如何安裝即可。

當然解決方案內還是會有各種執行平台彼此的依存性，而我目前還是用一個簡單的指令稿來進行管理，確保會按照正確的選項和順序啟動每個容器。老實說這種方式既脆弱又容易被侷限──指令稿本身不具備任何程式化邏輯，它無法判斷容器是否發生任何錯誤並做出因應，當指令稿裡的部分容器已在執行的狀態下，也沒法跳過它們，只啟動還未運行的容器。在下一章裡，我會說明如何改用 Docker Compose 來定義和運行整個解決方案，以解決上述問題。

總結

本章帶各位體驗了容器優先式的解決方案設計方式，並在進行設計時就開始利用Docker 平台，以便輕鬆安全地把新功能加入到應用程式當中。我也談到了如何以功能導向的手法，將現有的軟體專案進行現代化改寫，並獲取最大的投資效益，同時提供明確的進展能見度。

對新功能採取容器優先式的設計手法，你就可以大方地應用從 Docker Hub 或 DockerStore 取得的營運級軟體，替自己的解決方案添加新功能，而且是透過官方驗證認可的、內含嚴格控管高品質應用程式的映像檔。你可以引用這些現成元件，然後只需專注建立自己的小巧自訂元件，以便完成所需的功能。你的應用程式會發展成只是約略地結合，這樣個別的元素才可以各自擁有最恰當的釋出循環週期。

本章的開發速度已經超過了營運的步調，因此我們現在雖然擁有一個架構良好的解決方案，但部署方式卻極為脆弱。在下一章裡，筆者要為大家介紹 Docker Compose，它能以明確而一致的方式描述和管理多重容器構成的解決方案。

6

利用 Docker Compose 來安排
分散式解決方案

發行軟體是 Docker 平台內建功能的一部分。由 Docker Hub、Docker Cloud 和 Docker Store 等服務所提供的公開登錄所，都可以讓你輕鬆地用測試過的元件來設計分散式解決方案。在前一章裡，筆者已為大家展示過如何透過容器優先的設計手法，將這些元件整合到你自己的解決方案裡。最後得出的成果便是一個由諸多可以各自活動的元件所組成的分散式解決方案。你可以從本章學到如何把上述可以各自活動的部分安排成一個單一的個體，這個工具就是 Docker Compose。

Docker Compose 是另一個來自 Docker, Inc. 的開放原始碼產品，它是 Docker 周邊環境的延伸。Docker 的**指令列介面**（**Command Line Interface (CLI)** ）與 Docker API 都是用來操作單一資源的，例如映像檔和容器。Docker Compose 操作的則是更高階的服務應用程式。應用程式就是一個由多個資源組合而成的單元，而這些資源的執行平台都是由 Docker 的容器、網路、以及卷冊組成。藉由 compose，你定義出所有的應用程式資源、以及它們彼此之間的依存關係。

Docker Compose 包括兩個部分。其一是設計期間的元素，以 YAML 格式的檔案來定義應用程式，再者就是執行平台，Docker Compose 在此透過 YAML 檔案來管理應用程式。本章將告訴各位如何：

- 利用 Docker Compose 檔案格式定義分散式解決方案
- 利用 Docker Compose 啟動、停止、升級和擴展應用程式
- 利用 Docker Compose 管理容器和映像檔
- 建構 Docker Compose 檔案，以便支援多種環境

Docker Compose 預設會做為 Docker for Windows CE 版的一部分安裝。但如果你使用 PowerShell 安裝工具來安裝 Docker，就 不 會 有 compose 可 用。 你 得 自 行 下 載 GitHub 在 docker/compose 釋出的內容[1]。

以 Docker Compose 定義應用程式

Docker Compose 的檔案格式簡單之至。YAML 其實是一種具備可讀性的 JSON 文件集合（superset），而 Compose 的檔案規格則採用描述式的屬性名稱。在 Compose 檔案裡，你會定義構成應用程式的服務、網路和卷冊。網路和卷冊的概念都和原本 Docker 引擎所使用的相同。服務則是位在容器之上的抽象層。

容器其實是某個元件的單一執行個體，但是服務卻可以由多個執行個體組成，而且這些執行個體都是從同一元件運行起來的一個個容器。你可以在網頁應用程式的服務裡運行三個容器，然後再在訊息處理器的服務裡運行兩個容器：

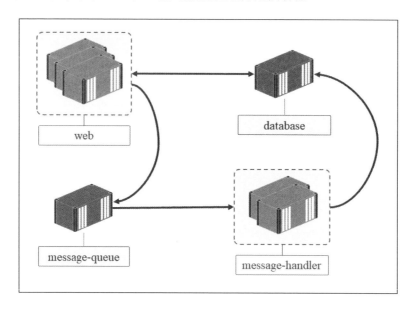

譯註 1　亦可參照 https://docs.docker.com/compose/install/

服務就像是按照已知組態、從映像檔運行容器的範本。透過服務的概念，你就能任意擴大應用程式的元件——只需用同樣的映像檔和組態值運行多個容器，並將其視為單一個體來管理。服務的觀念不會應用在單一的 Docker 引擎上，而是用在 Docker Compose 上，搭配以 swarm 模式運行的 Docker 引擎叢集（我會在下一章介紹 swarm）。

Docker 提供的服務尋找方式，就跟為容器所提供的方式一樣。使用者可以藉由名稱取用服務，而 Docker 會在服務所在的多重容器間自動平衡負載請求。使用者對於服務裡的執行個體數目一無所悉；他們取用時所參照的只是服務名稱，但 Docker 一定會把他們帶往某一個容器。

本章會以 Docker Compose 來安排前一章所建置的分散式解決方案，把原本以 PowerShell 撰寫的脆弱 docker container run 指令稿，改以更可靠且適於大型環境的 Docker Compose 檔案取代。

取得服務定義

在 Compose 檔案裡，服務可以依任何順序定義。但為了閱讀方便起見，我個人偏好先從最簡單的服務開始定義，也就是那些沒有依存性的——像是訊息佇列和資料庫之類的基礎設施元件。

Docker Compose 檔案習慣上都命名為 docker-compose.yml，其內容開頭處並定有明確的 API 版本陳述；最新的是 3.3 版 [2]。應用程式的資源都定義在頂層——以下就是一個 Compose 檔案範本，內有各種服務、網路及卷冊組成的段落：

```
version: '3.3'

services:
  ...

networks:
  ...

volumes:
  ...
```

譯註 2　Docker Compose 檔案版號與 Compose 本身版號不同，參見 https://docs.docker.com/release-notes/docker-compose/。由於本書的 Docker 引擎至少是 17.06，搭配的 Docker Compose 檔案就必須至少是 3.3 以上；譯者安裝的 Docker Compose 則是 1.20.1 版。

所有的資源都需要有明確獨特的命名，因為其他資源會需要參照這些獨特名稱來使用它們。服務也許需要依附網路、卷冊，甚至其他的服務，這些都要靠名稱來一一指名。每種資源的組態設定都自成一個段落，其中的屬性則多半都呼應了 Docker CLI 裡相對的 create 指令，像是 docker network create 跟 docker volume create 等等。

在本章中，筆者會準備一個 Compose 檔案給分散式的 NerdDinner 應用程式使用，並向各位說明如何透過 Docker Compose 來管理應用程式。我的 Compose 檔案會從尋常的服務先開始定義。

定義基礎設施服務

我手上最簡單的服務就是訊息佇列 nats 了，它不具備任何依存性。每個服務都需要自己的名稱、以及啟動容器所需的映像檔名稱。你也可以選擇加上 docker container run 裡使用到的啟動參數。以這個 nats 訊息佇列來說，我加上了網路名稱，亦即任何從這個服務建立的容器，都會掛載到名叫 nd-net 的網路上：

```
message-queue:
  image: nats:nanoserver
  networks:
    - nd-net
```

在這段服務定義裡，我加上了啟動訊息佇列容器所需的所有參數：

- message-queue：這是服務名稱；同時也是其他服務取用 nats 時所使用的 DNS 紀錄名稱。

- image：這是啟動來源映像檔的全名。本例中採用的是來自公開 Docker Hub 的官方 nats:nanoserver 映像檔，但你也可以在映像檔名中加上登錄所域名，以便使用取自私人登錄所的映像檔。

- networks：這是容器啟動時要連接的網路清單。本項服務只會連到一個名為 nd-net 的網路。這也是本應用程式中所有服務共用的 Docker 網路。在 Docker Compose 檔案的後半，我會再詳列網路的細節。

我並未公佈 nats 服務所需的任一通訊埠。訊息佇列只會供其他容器私下使用。而在 Docker 網路裡，容器是可以取用其他容器的通訊埠的，但沒有對主機端公開。這樣對訊息佇列較為安全，因為它就只有在 Docker 平台上開放供其他同網路的容器取用。沒有一個外部伺服器、或伺服器上的應用程式能夠接觸到這個訊息佇列。

下一個基礎設施服務則是 Elasticsearch，它也同樣跟其他服務沒有依存關係。原本的目的就是要讓訊息處理器把 nats 訊息佇列和 Elasticsearch 串接起來的，因此我會把這些服務都放在同一個 Docker 網路裡。此外，我會對 Elasticsearch 所使用的記憶體加以限制，同時掛載卷冊，以便把它的資料儲存在容器以外的場所：

```
elasticsearch:
  image: sixeyed/elasticsearch:nanoserver
  environment:
    - ES_JAVA_OPTS=-Xms512m -Xmx512m
  volumes:
    - es-data:C:\data
  networks:
  - nd-net
```

看到沒，這裡直接以 elasticsearch 做為服務名稱，而引用的映像檔名稱則是 sixeyed/elasticsearch，這是我在 Docker Cloud 公佈的映像檔。我把該服務接到同一個 nd-net 網路上，同時把一個卷冊掛載到容器內的已知位置。當 Elasticsearch 把資料寫到容器裡的 C:\data 目錄時，其實是寫到外在卷冊裡的。

卷冊跟網路一樣，是 Docker Compose 檔案裡的頂級資源。定義 Elasticsearch 時，我把一個名為 **es-data** 的卷冊對應到容器裡的資料位置。稍後在 Compose 檔案裡我還會再定義如何建立 es-data 卷冊。

Kibana 則是頭一個位在 Docker 網路以外的服務，因此我得公開它的通訊埠，此外它也是第一個需要仰賴其他服務的服務。這兩個服務屬性的定義如下：

```
kibana:
  image: sixeyed/kibana:nanoserver
  ports:
    - "5601:5601"
  depends_on:
    - elasticsearch
  networks:
    - nd-net
```

在 Docker Compose 裡公開通訊埠的方式，就跟運行容器時的方式一樣。你要把容器的通訊埠指定對應到哪一個主機通訊埠，並將其公開，這樣 Docker 才能把進入主機對應通訊埠的流量轉給容器。在 ports 段落裡可以允許多個對應，而且只要有必要，你也可以指定要對應的通訊埠使用 TCP 或 UDP 協定。

depends_on 屬性指出服務之間的依存關係。在本例中，由於 Kibana 要隨同
Elasticsearch 運作，因此 Docker 會確保 elasticsearch 服務已啟動執行，然後才啟動
kibana 服務。

Kibana 服務容器也會連接到應用程式網路上。在另一個組態設定裡，我會把後端和前
端的網路分開。所有的基礎設施服務都會連接到後端網路，而必須對外公開的服務，
就得同時連接到後端和前端的網路。它們其實都是 Docker 網路，只不過把它們分開
來，會讓我在個別設定網路時更有彈性。

設定應用程式服務

到目前為止，我所指定的基礎設施服務都還不需要設定任何應用程式層級的組態。我
已設定了容器與 Docker 平台之間的整合點如網路、卷冊和通訊埠等，但是應用程式
所需的組態設定，卻是整合在每個 Docker 映像檔裡的。

照慣例，Kibana 映像檔是藉由主機名稱 elasticsearch 連接到 Elasticsearch 的，我在
Docker Compose 檔案中同時也用 elasticsearch 做為服務名稱，以遵循慣例。Docker
平台會把任何對於主機名稱 elasticsearch 的請求轉給同名的服務，如果運行服務的容
器不只一個，轉向時還會在容器間進行負載分配，因此 Kibana 就可以藉著預期中的
域名找到 Elasticsearch。

我自製的應用程式則需要指定若干組態設定，它們可以透過環境變數的形式包含在
Compose 檔案裡。只需在 Compose 檔案裡替服務定義環境變數，就能為每一個運行
該服務的容器設定相同的環境變數。

用餐索引的訊息處理器服務會接收 nats 訊息佇列裡的訊息，然後據以在 Elasticsearch
裡建立文件，因此它必須也連到同一個 Docker 網路，而且它也同樣依存這些服務。
同樣地，我可以在 Compose 檔案裡標記這些相依性，然後一一定義應用程式組態：

```
nerd-dinner-index-handler:
  image: dockeronwindows/ch05-nerd-dinner-index-handler
  depends_on:
    - elasticsearch
    - message-queue
  environment:
    - ELASTICSEARCH_URL=http://elasticsearch:9200
    - MESSAGE_QUEUE_URL=nats://message-queue:4222
  networks:
    - nd-net
```

這裡我首度引用了 environment 段落來定義兩個環境變數——每個都寫成鍵與值成對的形式——藉以設定訊息佇列和 Elasticsearch 所在的 URLs。這些其實都只是預設值，而且已寫在訊息佇列映像檔裡，所以就算 Compose 檔案裡沒註明它們也無妨，筆者只不過是要告訴各位如何明確地設定它們罷了。

> 你可以把 Compose 檔案想像成一個分散式解決方案的完整部署指南。如果你明確地指定了環境值，就能清楚地知道有哪些組態選項可用。

把組態變數儲存成純文字格式，對於簡單的應用程式設定來說就已足夠，但如果能改為引用額外的環境變數檔，就更能隱藏和保護敏感資料，我在前一章裡也用過這種手法。Compose 檔案格式也支援這種方式。在定義資料庫服務時，我就利用了 env-file 這個屬性，以環境變數檔來導入管理員密碼：

```
nerd-dinner-db:
  image: dockeronwindows/ch03-nerd-dinner-db
  env_file:
    - db-credentials.env
  volumes:
    - db-data:C:\data
  networks:
    - nd-net
```

當資料庫服務啟動時，Docker 就會按照 db-credentials.env 這個檔案的內容設置環境變數。由於我使用的是相對路徑，因此檔案一定要跟 Compose 檔案放在同樣位置才可以。檔案內容同樣地是以鍵與值成對的形式建立，每一行只有一個環境變數。在這個檔案裡，我不但放入了應用程式所需的連線字串，也放了資料庫密碼，於是連線所需的資料就全在這了：

```
sa_password=4jsZedB32!iSm__
AUTH_DB_CONNECTION_STRING=Data Source=nerd-dinner-db,1433;Initial
Catalog=NerdDinner...
APP_DB_CONNECTION_STRING=Data Source=nerd-dinner-db,1433;Initial
Catalog=NerdDinner...
```

敏感性資料其實還是純文字形態，只是改放到另一個隔離的檔案裡，於是我還有兩件事要做。首先，我得嚴格限制環境變數檔的使用權限。其次，我可以運用服務組態和應用程式定義分離的事實，在同一個 Docker Compose 檔案中定義出不同的環境值，我只需替換環境變數檔就能做到這一點。

就算你限制了誰可以取用檔案,環境變數檔仍稱不上是安全的。
當你檢查容器的內容時還是可以看到環境變數值,因此只要是
有權使用 Docker API 的人,就能讀到這些資料。像密碼跟 API
密鑰之類的敏感性資料,應該改以 Docker secrets 搭配 Docker
swarm,我在隨後的章節裡會介紹它們。

至於儲存用餐資訊的訊息處理器,我也可以沿用同一個環境變數檔來加以定義。這個
處理器依附的是訊息佇列和資料庫等服務,但定義中並沒有新的屬性,會用到的屬性
都跟另一個處理器一樣:

```
nerd-dinner-save-handler:
  image: dockeronwindows/ch05-nerd-dinner-save-handler
  depends_on:
    - nerd-dinner-db
    - message-queue
  env_file:
    - db-credentials.env
  networks:
   - nd-net
```

最後一個要定義的服務就是網站本身。這裡我會混用環境變數和環境變數檔來定義
它。通常在各個環境間都保持一致的變數值,就可以明確地定義出來,讓組態看起來
清楚易懂。敏感性資料才改從其他檔案讀入——例如資料庫帳密和 API 密鑰之類:

```
nerd-dinner-web:
  image: dockeronwindows/ch05-nerd-dinner-web
  ports:
    - "80:80"
  environment:
    - HOMEPAGE_URL=http://nerd-dinner-homepage
    - MESSAGE_QUEUE_URL=nats://message-queue:4222
  env_file:
    - api-keys.env
    - db-credentials.env
  depends_on:
    - nerd-dinner-homepage
    - nerd-dinner-db
    - message-queue
  networks:
    - nd-net
```

網站容器必須對外公開,因此我得公佈映像檔對外的通訊埠。而應用程式需要取用其他服務,所以它得和其他服務連在同一個網路上。在 Compose 檔案裡同樣也定義了首頁服務,但它不需要任何組態值,因此其定義簡單之至,只包括來源映像檔和網路等屬性。

現在所有的服務都已設置好了,我只需完成網路和卷冊等資源的定義,Compose 檔案就算完成了。

定義應用程式的資源

Docker Compose 會把網路和卷冊的定義內容與服務部分分開,藉此在不同的環境間提供彈性。本章後面我會說明這種彈性從何而來,不過目前我們得先完成 NerdDinner 的 Compose 檔案,所以現在就先採用最簡單的定義方式,也就是都用預設值。

在我的 Compose 檔案裡,所有的服務都共用一個名為 nd-net 的網路,而這個網路也得在 Compose 檔案裡先定義好才行。Docker 網路是隔離應用程式的好辦法。你可以擁有好幾個都在使用 Elasticsearch 的解決方案,但它們彼此之間的 SLA 和儲存需求都不一樣。如果每個應用程式都擁有自己的網路,你就能運行數個 Elasticsearch 服務,每個都針對特定應用程式個別設置組態,但服務都可以命名為 elasticsearch。這樣就可以依照慣例操作,但網路卻彼此隔離,這樣一來相依的服務就只會在自己的網路上看到一個 Elasticsearch 執行個體。

Docker Compose 可以在執行平台內建立網路,或是定義出一個資源,讓它使用主機上的外部網路。NerdDinner 的網路資源定義,採用了 Docker 在安裝時就已建立的預設 nat 網路,所以這個設置方式對所有標準的 Docker 主機都適用:

```
networks:
  nd-net:
    external:
      name: nat
```

卷冊也跟網路一樣需要分開定義資源。在我的兩個有狀態(stateful)服務 Elasticsearch 和 SQL Server 裡——都使用了命名的卷冊來做為資料儲存之用,也就是 es-data 和 nd-data。卷冊跟網路一樣,可以用外部資源來定義,好讓 Docker Compose 引用外在的卷冊。不過卷冊是沒有預設位置的,因此如果我引用了外在的卷冊,就得在應用程式開始運行前,先在主機上把卷冊所在目錄建立起來。此外,我定義卷冊時是沒有加上任何選項的,因此 Docker Compose 會如實照辦:

```
volumes:
  es-data:
  db-data:
```

這些卷冊會把資料儲存在主機上,而非容器的可寫入層。它們這時還不是從主機掛載進來的卷冊,就算它們會把資料寫到主機磁碟,我也還沒指定磁碟位置何在。每個卷冊都會把它自己的資料寫到 Docker 的資料目錄 C:\ProgramData\Docker 之下。本章後面我會再說明如何管理這些卷冊。

現在 Compose 檔案裡已定義好服務、網路和卷冊,因此可以用它來運行容器了。

以 Docker Compose 管理應用程式

Docker Compose 提供的介面和 Docker CLI 相仿。docker-compose 指令所使用的部分指令名稱和引數,它們支援的功能——其實都是完整 Docker CLI 功能的一部分。當你透過 compose CLI 執行指令時,它其實是把請求發給 Docker 引擎,以便對 Compose 檔案裡的資源進行處理。

Compose 把所有 Compose 檔案裡的資源都視為單一應用程式,而為了分辨同一主機上運行的應用程式,所有 Compose 為應用程式建立的資源,執行平台都會替它們加上專案名稱。當你透過 compose 運行應用程式,然後觀察主機上運作的容器時,你看到的容器名稱就不再只是完全呼應服務名稱而已。Compose 會替容器名稱加上專案名稱和索引,藉以支援多個服務容器。

運行應用程式

我在 ch06-docker-compose 目錄下放了 NerdDinner 的第一個 Compose 檔案,同處還有所需的環境變數檔。我只需從該目錄下一道 docker-compose 指令,就可以啟動整個應用程式:

```
> docker-compose up -d
Creating volume "ch06dockercompose_db-data" with default driver
Creating volume "ch06dockercompose_es-data" with default driver
Creating ch06dockercompose_nerd-dinner-homepage_1 ...
Creating ch06dockercompose_elasticsearch_1 ...
Creating ch06dockercompose_nerd-dinner-db_1 ...
Creating ch06dockercompose_message-queue_1 ...
```

```
Creating ch06dockercompose_nerd-dinner-index-handler_1 ...
Creating ch06dockercompose_nerd-dinner-web_1 ...
Creating ch06dockercompose_nerd-dinner-save-handler_1 ...
```

- up 指令係用於啟動應用程式、建立網路和卷冊、以及運行容器
- -d 選項會讓容器都在背景運行；它就像是 docker container run 指令裡的選項 --detach 一樣

各位可以看出，Docker Compose 是按照依存關係的順序建立所有服務的。沒有依存性的服務優先建立，當它們啟動後，應用程式的服務才會啟動——網頁和用餐訊息寫入（save-handler）等服務則在最後啟動，因為它們的依存關係最多。

執行後輸出的名稱都是個別容器名稱，其命名格式一律為 {project}_{service}_{index}。每個服務預設都只運行一個容器，因此代表索引（index）的部分一定都是 1。專案名稱則會是我執行 compose 指令時所在目錄的目錄名稱精簡版。

當各位執行 docker-compose 指令完畢後，還是可以用 Docker Compose 或是標準的 Docker CLI 來管理容器。容器都還是尋常的 Docker 容器，只是多了一點 compose 用來管理整體的額外中介資料（extra metadata）而已。使用列舉容器的指令，各位就能看到所有 compose 建立的服務容器：

```
> docker container ls
CONTAINER ID  IMAGE                                            COMMAND
CREATED
e264defce984 dockeronwindows/ch05-nerd-dinner-save-handler
"NerdDinner.Messag..."  6 minutes ago...
d4ad2405a76b  dockeronwindows/ch05-nerd-dinner-web             "powershell
C:\\boo..." 6 minutes ago...
7a858e0d8019 sixeyed/kibana:nanoserver                         "powershell -
Comma..."  6 minutes ago...
2c235ad3f2ab  dockeronwindows/ch05-nerd-dinner-index-handler   "dotnet
NerdDinner..."   6 minutes ago...
9de3ed801ccb  sixeyed/elasticsearch:nanoserver                 "powershell -
Comma..."  7 minutes ago...
abb480eb4416  dockeronwindows/ch06-nerd-dinner-db              "powershell -
Comma..."  7 minutes ago...
a3df821d147a  nats:nanoserver                                  "gnatsd -c
gnatsd...."  7 minutes ago...
9e30bcae2a67  dockeronwindows/ch03-nerd-dinner-homepage        "dotnet
NerdDinner..."   7 minutes ago...
```

運行網站的容器名稱是 `ch06dockercompose_nerd-dinner-web_1`，我可以檢視容器、取得 IP 位址，然後測試網站。NerdDinner 站台和 Kibana 的分析都運作如常，因為 Compose 檔裡都已包含了完整的組態資訊，而所有的元件都已由 Docker Compose 正常地啟動之故。

這就是 Compose 檔案格式最強大的功能之一。檔案內包含運行應用程式所需的一切完整定義，任何人都可以用它來運行你的應用程式。在本例中，所有 NerdDinner 的元件都是位於公開登錄所的映像檔，因此任何人只要手上有 Compose 檔案，就能啟動它們。你不需自備任何先決條件，只要手邊有 Docker 和 Docker Compose，就可以跑起一個 NerdDinner 網站，而它現在已經是一個由 .NET Framework、.NET Core、Java、Go 和 Node.js 等元件組成的分散式應用程式了。

伸縮應用程式服務規模

Docker Compose 讓你可以輕易地伸縮服務規模，或是替既有服務增刪容器。當服務跨越多個容器運行時，網路上其他服務還是可以取用它。使用者僅需利用服務名稱找到，而 Docker 自己的 DNS 伺服器會將取用請求平均分配到同一服務下的所有容器中。

然而，只是添加容器並不意謂著服務規模就會自動地伸縮，或是服務就此可以自動復原；還是要看運行服務的應用程式而定。光是加上另一個 SQL 資料庫服務的容器，並不表示 SQL Server 就會形成容錯叢集，因為 SQL Server 本身還需要特別的設定，才能具備容錯功能。如果你添加一個容器，只不過表示你同時擁有兩個不一樣的資料庫執行個體，各自有自己的資料儲存罷了。

網頁應用程式只要設計得當，通常都善於伸縮自如。無狀態的（stateless）應用程式則可以分佈在任意數目的容器上執行，因為任一容器都可以處理任何服務請求。但若是你的應用程式會自行保管會談狀態（session state），來自同一使用者的服務請求就必須由同一個服務執行個體來處理，這樣一來就跟負載平衡的前提相違背了[3]。

如果是運行在單一 Docker 引擎上、會把通訊埠公佈給主機的服務，也不適於伸縮規模。通訊埠只能讓一個作業系統程序在上面傾聽，Docker 亦然——你不能把同一個主機通訊埠對映到多個容器的通訊埠。然而在擁有眾多主機的 Docker swarm 裡，要

譯註 3　因為前一個需求可能基於負載平衡交給某一個服務容器，下一個需求卻交給另一個服務容器，這樣後者就不會知道前者的會談狀態，問題由此而生。

用公開通訊埠伸縮服務就無妨，因為這時的 Docker 是在不同主機上運行同屬某一服務的容器。

在 NerdDinner 裡，訊息處理器才是真正無狀態的元件。它們會從佇列接收內含一切必要資訊的訊息，然後加以處理。nats 允許將同樣的聆聽者（subscribers）集中到同一個訊息佇列中，意思就是我能讓多個容器同時運行寫入用餐資訊的訊息處理器，而 nats 會確保只有一個處理器取得某一訊息的副本，這樣我就不會碰到某一訊息被重複處理的問題。訊息處理器的程式碼已經充分利用了這一點。

如果我要在巔峰時段提升訊息處理的吞吐量，就可以選擇擴展訊息處理器。我可以用 up 指令和 --scale 選項達成目的，只需指定服務名稱和所需的執行個體數量即可：

```
> docker-compose up -d --scale nerd-dinner-save-handler=3

ch06dockercompose_nerd-dinner-homepage_1 is up-to-date
ch06dockercompose_nerd-dinner-db_1 is up-to-date
ch06dockercompose_message-queue_1 is up-to-date
ch06dockercompose_elasticsearch_1 is up-to-date
ch06dockercompose_kibana_1 is up-to-date
ch06dockercompose_nerd-dinner-index-handler_1 is up-to-date
Starting ch06dockercompose_nerd-dinner-save-handler_1 ...
Creating ch06dockercompose_nerd-dinner-save-handler_2 ...
Creating ch06dockercompose_nerd-dinner-save-handler_3 ...
```

Docker Compose 會把運行中應用程式的狀態和 Compose 檔案裡的組態、以及指令中明文覆蓋的部分做比較。在本例中，除了寫入用餐資訊的處理器之外，所有的服務都沒變動，所以它們都會被視為最新狀態。但寫入用餐資訊的處理器卻有了新的服務等級要求，因此 Docker Compose 就增加了兩個容器。

有了三個寫入訊息處理器的執行個體同時運行，它們就會輪流地分攤湧入的訊息負載。這就是擴展規模的好辦法。處理器會同時平行處理訊息，並寫入到 SQL 資料庫，這同時也增加了寫入的吞吐量，並縮短了處理訊息所需的等待時間。但寫入 SQL Server 的程序數量仍有嚴格限制，因此資料庫不會成為另一個瓶頸。

我已藉由網頁應用程式建立多筆用餐資訊，而訊息處理器會分擔應用程式發出的事件訊息。從日誌中我可以看到不同的處理器在各自處理訊息，而且沒有重複處理事件的狀況發生：

```
PS> docker container logs ch06dockercompose_nerd-dinner-save-handler_1
Received message, subject: events.dinner.created
Saving new dinner, created at: 6/25/2017 7:34:24 PM; event ID: 39b4c8d2-
```

```
a9ad-4bf0-9e58-f60edfc57a84
Dinner saved. Dinner ID: 1; event ID: 39b4c8d2-a9ad-4bf0-9e58-f60edfc57a84

PS> docker container logs ch06dockercompose_nerd-dinner-save-handler_2
Received message, subject: events.dinner.created
Saving new dinner, created at: 6/25/2017 7:47:37 PM; event ID:
ff636870-049b-4328-87a4-e32dfacb79db
Dinner saved. Dinner ID: 2; event ID: ff636870-049b-4328-87a4-e32dfacb79db

PS> docker container logs ch06dockercompose_nerd-dinner-save-handler_3
Received message, subject: events.dinner.created
Saving new dinner, created at: 6/25/2017 7:47:43 PM; event ID:
eedeb29d-9d4c-4411-abb5-ac65011aace6
Dinner saved. Dinner ID: 3; event ID: eedeb29d-9d4c-4411-abb5-ac65011aace6
```

停止與啟動應用程式服務

Docker Compose 裡有好幾個可以管控容器生涯的指令。各位應當了解選項之間的差異，以免不慎將資源移除。

up 和 down 這兩個指令分別是啟動和停止整個應用程式的重鈍器（blunt tools）。up 指令會依照 Compose 檔案內容，把還不存在的資源建立起來，然後它會為所有服務建立並啟動容器。down 指令的功能正好相反——它會停止任何執行中的容器，然後把應用程式資源移除。只要是由 Docker Compose 建立的容器和網路，都會被移除——但卷冊卻不會被移除——這樣所有的應用程式資料才能得以保留。

stop 指令會將所有運行中的容器都停下來，但不會移除它們或其他資源。它將容器停下來的方式是溫和地結束執行中的程序。但是 kill 指令停止容器的方式，卻是強制地中止執行中的程序。已停止的應用程式容器可以用 start 指令再次啟動，它會再次執行既存容器的進入點程式。

已停止的容器仍會保有所有的組態設定和資料，但不會佔用任何運算資源。如果你手邊有好幾個專案同時在進行，那麼視需要啟動或停止容器，是極為有效的環境切換方式。假如我正在開發 NerdDinner，但同時有另一個優先性更高的工作插進來，我就可以先把整個 NerdDinner 應用程式停下來，空出開發環境的資源去處理另一個工作：

```
PS> docker-compose stop
Stopping ch06dockercompose_nerd-dinner-save-handler_3 ... done
Stopping ch06dockercompose_nerd-dinner-save-handler_2 ... done
Stopping ch06dockercompose_nerd-dinner-save-handler_1 ... done
Stopping ch06dockercompose_nerd-dinner-web_1 ... done
Stopping ch06dockercompose_kibana_1 ... done
```

```
Stopping ch06dockercompose_nerd-dinner-index-handler_1 ... done
Stopping ch06dockercompose_elasticsearch_1 ... done
Stopping ch06dockercompose_message-queue_1 ... done
Stopping ch06dockercompose_nerd-dinner-db_1 ... done
Stopping ch06dockercompose_nerd-dinner-homepage_1 ... done
```

現在我沒有運行中的容器了,所以可以放心地切換到另一個專案。當插隊的工作告一段落,我就可以執行 docker-compose start 再度啟動 NerdDinner。

將容器停下,意謂著容器所使用的 IP 位址都會被釋出,如果容器重新啟動,就會再取得新的 IP 位址。但這碼事對於其他服務或是外部使用者來說,都是一無所知,然而在開發環境中,你得自行檢視網頁容器內容,才能找出新的 IP 位址,然後用來瀏覽以確定效果。

如果你能指定服務名稱,就能停止個別的服務。當你要測試應用程式面臨元件故障的處理模式時,這一點就很有用。我可以嘗試把 Elasticsearch 服務停下來,以便觀察用餐索引處理器在無法取用 Elasticsearch 時,會有何反應:

```
> docker-compose stop elasticsearch
Stopping ch06dockercompose_elasticsearch_1 ... done
```

所有這些指令,都會一一地把 Compose 檔案和 Docker 裡運行的服務進行比較,然後才做處理。你得接觸到 Docker Compose 檔案,才能執行任何 compose 指令。這也是用 Docker Compose 在單一主機上運行應用程式時的最大缺點之一。替代方式則是沿用同一個 Compose 檔案,但在部署時要做成 Docker swarm 的堆疊,這在下一章就會提到。

升級應用程式服務

如果你從同一個 Compose 檔案重複地執行 docker compose up 指令,其結果從首度執行以後就不會有任何變化。Docker Compose 會把 Compose 檔案裡的組態拿來和活動中容器的執行平台做比較,除非定義有所變化,否則它不會改變任何資源。這代表你可以利用 Docker Compose 來管理應用程式的升級。

目前我的 Compose 檔案使用的資料庫服務，源自我在**第 3 章開發** *Docker* 化的 *.NET* *和 .NET Core* 應用程式裡建置的映像檔，並加上了 dockeronwindows/ch03-nerd-dinner-db 的標籤。到了這一章，我又在資料庫藍圖（schema）的資料表中加入了稽核用的欄位，然後建置了新版的資料庫映像檔，並加上 dockeronwindows/ch06-nerd-dinner-db 的標籤。

在同樣的 ch06-docker-compose 目錄底下，我放了第二個 Compose 檔案，名為 docker-compose-db-upgrade.yml。在第二個 Compose 檔案裡，所有的服務定義都和第一個檔案相同，只有資料庫部分引用了新映像檔：

```
nerd-dinner-db:
  image: dockeronwindows/ch06-nerd-dinner-db
  env_file:
    - db-credentials.env
  volumes:
    - db-data:c:database
  networks:
    - nd-net
```

當應用程式還在運行時，我可以再度執行 docker compose up -d 指令，但這次改成參照新的 Compose 檔名。Docker Compose 會發現資料庫定義已有所變化，於是就會用新指定的映像檔重建服務：

```
> docker-compose -f docker-compose-db-upgrade.yml up -d

Recreating ch06dockercompose_nerd-dinner-db_1 ...
ch06dockercompose_elasticsearch_1 is up-to-date
ch06dockercompose_message-queue_1 is up-to-date
Recreating ch06dockercompose_nerd-dinner-db_1
ch06dockercompose_nerd-dinner-homepage_1 is up-to-date
ch06dockercompose_kibana_1 is up-to-date
Recreating ch06dockercompose_nerd-dinner-db_1 ... done
Recreating ch06dockercompose_nerd-dinner-web_1 ...
Recreating ch06dockercompose_nerd-dinner-web_1
Recreating ch06dockercompose_nerd-dinner-save-handler_1 ...
Recreating ch06dockercompose_nerd-dinner-save-handler_1 ... done
```

Docker Compose 重建資料庫服務的方式，是先移除舊容器、再啟動另一個新的。與資料庫沒有依存關係的服務都會維持原狀，其日誌紀錄會把這些服務註記為最新版（up-to-date），但依存資料庫的服務，則也會在新的資料庫容器啟動後一一重建 [4]。

譯註 4　有趣的是，譯者自己試跑這支 update，發現依存 db 服務的 save-handler 的確重建了，但狀態卻未回到剛剛的三個處理器，而是只重建了一個。

Compose 以檔案所在的目錄名稱做為服務的專案（project）名稱。你可以在同一個目錄下，用不同的 Compose 檔案定義出不同版本的應用程式。Docker Compose 會以同樣的專案名稱為這些版本的應用程式命名，因此你只需指定不同的 Compose 檔案做為啟動來源，就可以切換應用程式的版本。

我的資料庫容器使用卷冊來儲存資料。在 Compose 檔案裡，我使用預設的卷冊定義，然後 Docker Compose 會為我建立這項資源。卷冊就像 compose 建立的容器一樣，也是標準的 Docker 資源，也可以用 Docker CLI 加以管理。docker volume ls 指令會列出主機上的卷冊：

```
> docker volume ls

DRIVER VOLUME NAME
local  ch06dockercompose_db-data
local  ch06dockercompose_es-data
```

我在部署 NerdDinner 時使用了兩個卷冊。它們都使用了 local 驅動器，亦即資料儲存在本地磁碟當中。我可以檢視 SQL Server 卷冊以便確認資料在主機上的實際儲存位置（觀察掛載點（Mountpoint）屬性即知），然後再檢視掛載目錄的內容，就能看到資料庫檔案：

```
PS> docker volume inspect -f '{{ .Mountpoint }} 'ch06dockercompose_db-data
C:\ProgramData\Docker\volumes\ch06dockercompose_db-data\_data

PS> ls C:\ProgramData\Docker\volumes\ch06dockercompose_db-data\_data

Directory: C:\ProgramData\Docker\volumes\ch06dockercompose_db-data\_data
Mode   LastWriteTime    Length  Name
----   -------------    ------  ----
-a---- 25/06/2017 21:41 8388608 NerdDinner_Primary.ldf
-a---- 25/06/2017 21:41 8388608 NerdDinner_Primary.mdf
```

卷冊儲存在容器之外，因此當 Docker Compose 移除舊容器資料庫時，實際的資料會保留下來。新的資料庫服務映像檔會附有自己的 Dacpac 定義檔，並據以設定升級既有資料庫檔案的架構藍圖（schema），就像先前我在**第 3 章開發 Docker 化的 .NET 和 .NET Core 應用程式**中設定 SQL Server 資料庫的方式一樣。

一待新容器啟動，我就可以檢視日誌，並看到新容器已從卷冊把資料庫檔案掛載起來，然後更改（alter）Dinners 資料表，把新的稽核欄位加進去：

```
> docker container logs ch06dockercompose_nerd-dinner-db_1

VERBOSE: Data files exist - will attach and upgrade database
Generating publish script for database 'NerdDinner' on server
'.\SQLEXPRESS'.
Successfully generated script to file C:\init\deploy.sql.
VERBOSE: Changed database context to 'NerdDinner'.
VERBOSE: Altering [dbo].[Dinners]...
VERBOSE: Update complete.
VERBOSE: Deployed NerdDinner database, data files at: C:\data
```

Docker Compose 會尋找任何資源狀態與定義之間的差異，而不僅僅是檢查 Docker 映像檔名稱而已。如果你更改了環境變數、通訊埠對映、卷冊設定、乃至於任何其他的組態，compose 都會移除或建立資源，以便讓執行中的應用程式反映最終狀態（desired state）。

> 修改 Compose 檔案並執行應用程式時，應特別謹慎從事。萬一你從檔案中移除了某一條正在運行服務的定義，Docker Compose 不會判別該服務容器其實是某個應用程式的一部分，因此也不會包含在差異檢查裡。

監視應用程式容器

將分散式應用程式視為單一的個體，監視和追蹤問題時會簡單許多。Docker Compose 提供自己的 top 和 logs 等指令，它們會針對應用程式服務裡所有的容器進行操作，並顯示蒐集到的結果。

要檢視所有元件的記憶體和 CPU 使用量，請執行 docker-compose top：

```
> docker-compose top
ch06dockercompose_elasticsearch_1
Name           PID     CPU            Private Working Set
-----------------------------------------------------------
smss.exe       11620   00:00:00.031   200.7 kB
csrss.exe      6676    00:00:00.015   352.3 kB
wininit.exe    10872   00:00:00.015   606.2 kB
java.exe       1652    00:01:11.765   735.8MB
```

執行結果會依照容器名稱的字母順序一一列出,但每個容器裡的程序就沒有一定的顯示順序了。你沒法改變這部分的顯示順序,因此也就不能優先顯示工作負擔最沉重容器裡的重量級程序,但顯示的結果畢竟是純文字,你還是可以在 PowerShell 裡對它們動些手腳。

要觀察所有容器的日誌紀錄,請執行 docker-compose logs:

```
> docker-compose logs

nerd-dinner-save-handler_1 | Connecting to message queue url:
nats://message-queue:4222
nerd-dinner-save-handler_1 | Listening on subject: events.dinner.created,
queue: save-dinner-handler
nerd-dinner-web_1 | 2017-06-25 20:42:01 W3SVC1002144328 ::1 GET / - 80 -
::1 Mozilla/5.0+(Windows+NT;+Windows+NT+10.0;+en-
US)+WindowsPowerShell/5.1.14393.1198 - 200 0 0 13750
nerd-dinner-db_1 | VERBOSE: Starting SQL Server
nerd-dinner-db_1 | VERBOSE: Data files exist - will attach and upgrade
database
nerd-dinner-index-handler_1 | Connecting to message queue url:
nats://message-queue:4222
...
```

在螢幕上,容器名稱都是以彩色編碼顯示的,因此你可以輕易地分辨出哪些紀錄來自哪一個元件。從 Docker Compose 閱讀日誌的好處之一,就是即使有些元件因錯誤而停止執行,它仍會顯示所有容器的日誌輸出。這些錯誤訊息對於觀察環境因果關係很有用——你也許會看到某個元件在另一個元件紀錄自己啟動之前,就先拋出一個連線錯誤,這表示 Compose 檔裡很可能有些依存關係沒處理好。

Docker Compose 會顯示所有服務容器的全部日誌紀錄,因此輸出的資訊量可能極為龐雜。你可以加上 --tail 選項以便把輸出的資訊量限制在特定的筆數,這樣才好觀察每個容器最近發生的日誌紀錄。

當你在開發環境裡、或是以單一伺服器運行少量容器的小型專案中,上述指令還很好用。但對於跨越多部主機運行多重容器的大型專案而言,這些手法就沒那麼方便。這時你就需要藉助於容器集中式(container-centric)的管理和監視方式,我會在**第 8 章管理和監視 Docker 化解決方案**裡再度展示有關的內容。

管理應用程式映像檔

Docker Compose 也可以管理映像檔,就像管理容器那樣。你可以在 Compose 檔案裡加上相關屬性,告訴 Docker Compose 如何建置自己的映像檔。你得把建置環境的位置傳遞給 Docker 服務,這個位置就是所有應用程式的來源內容所在的根目錄——亦即 Dockerfile 的所在位置。

建置環境的路徑是以相對於 Compose 檔案位置的目錄來指定的,而 Dockerfile 的路徑則是以相對於建置環境位置的目錄來指定的。對於相當複雜的原始碼樹狀目錄來說,這種方式更為方便,從本書示範用的原始程式碼就可以體會得到,因為每個映像檔的建置環境都位在不同的目錄。在 ch06-docker-compose-build 資料夾裡,有一個 Compose 檔案,內含所有的建置用相關屬性。

請看其中我的映像檔建置細節是怎麼定義的 [5]:

```
nerd-dinner-db:
  image: dockeronwindows/ch06-nerd-dinner-db
  build:
    context: ../ch06-nerd-dinner-db
    dockerfile: ./Dockerfile
...

nerd-dinner-save-handler:
  image: dockeronwindows/ch05-nerd-dinner-save-handler
  build:
    context: ../../ch05
    dockerfile: ./ch05-nerd-dinner-save-handler/Dockerfile
```

當你執行 docker-compose build 指令時,任何在 Compose 檔案裡指定了 build 屬性的服務都會一一建立,並加上 image 屬性裡的名稱做為標記。建置過程會由平常的 Docker API 負責,因此會用到映像檔層的快取,只有變更過的層面才會重建。把建置細節加到 Compose 檔案裡是更為經濟的做法,因為這樣就不必另外一一建置所有的應用程式映像檔,而且只需檢查這裡就可以知道映像檔的建置細節。

譯註 5 譯者下載的程式碼範例,章節目錄都是像 Chapter05 這樣的完整字樣,因此上例的 ../../ch05 應該要改成 ../../chapter05 才能動作,或是請把範例目錄樹的名稱都從 chapter05 改成 ch05 也可以。Dockerfile 所在建置環境目錄的首字母則是 ch05 無誤,例如 ch05-nerd-dinner-save-handler。

Docker Compose 還有一個方便的特性，就是它可以管理一大群的映像檔。像是本章的 Compose 檔案所使用的部分映像檔 [6]，就都可以從 Docker Hub 公開取得，因此只要執行 docker-compose up 就能一次運行全套的應用程式——但如果是首度運行，光是下載所有的映像檔就需要相當的時間。但你也可以在執行前事先用 docker-compose pull 指令下載映像檔，以縮短啟用容器所需時間：

```
> docker-compose pull
Pulling message-queue (nats:nanoserver)...
nanoserver: Pulling from library/nats
Digest:
sha256:f138484bac20175e858d72297bd7770ccf854ed1ce63c7b7712ff6f850ae58d4
Status: Image is up to date for nats:nanoserver
...
```

同理，你也可以用 docker-compose push 把映像檔上傳到遠端的登錄所。這兩個 Docker Compose 的指令都會借用最近一次執行過 docker login 指令的身份認證來連線。如果你的 Compose 檔案裡包括映像檔，就會無法上傳（例如 NerdDinner 裡使用的官方 nats 映像檔）；這部分的上傳都不會成功（因為官方登錄所裡已經有官方映像檔的基礎層了）。但對於其他有權讓你上傳的倉庫，不論是在 Docker Hub 還是在私人登錄所裡，你都有權上傳映像檔。

設定應用程式環境

當你以 Docker Compose 定義整個應用程式的組態時，等於是用一個單獨個體來描述應用程式的全體元件，以及它們彼此間的整合點。這種方式就像在 Dockerfile 裡明確地定義某部分軟體的安裝和設定步驟一樣，Docker Compose 檔案也同樣明確地定義了部署整體解決方案的步驟。

Docker Compose 也允許你分別定義不同環境下的應用程式部署方式，這樣一來你的 Compose 檔案就能在整個部署管線中通用。通常各種環境間多少有些差異，要不就是基礎設施，不然就是應用程式的設定不同。Docker Compose 提供兩種選擇來管理部署環境的差異。

譯註 6　請參閱 Ch06\ch06-docker-compose-build\docker-compose.yml 這個 Compose 檔案，其中每個服務元件都有以 image: 定義的來源映像檔，如果後面沒有跟著 build: 字樣的，首次載入時就會從公開登錄所下載，其他則會以先前建置時留在本機的快取來建置，因為它們在前幾章建置時已經從登錄所下載過基礎層映像檔了。

正式和非正式環境的基礎設施通常都會不一樣,這也會影響到 Docker 應用程式裡的卷冊和網路。在一台開發用的筆電裡,你的資料庫卷冊也許對應到本地磁碟的某個已知的、一個你會定期清理的位置。而在正式環境中,你的卷冊也許會對應到一個共用的儲存硬體裝置。網路也有類似情形,正式環境可能會要求明確指定子網路範圍,但開發環境則對此不甚在意。

Docker Compose 允許你在 Compose 檔案裡指定外在資源,這樣應用程式就可以運用已經存在的資源。這些資源需要事先建立,但也意謂著每個環境都可以各自設定,但卻可以共用同一個 Compose 檔案。

Compose 同時支援另一種分別定義方式,讓你可以用不同的 Compose 檔案明確地定義每個環境的資源組態,然後在運行應用程式時引用多個 Compose 檔案。以上兩種方式,筆者都會一一為各位示範。就像其他設計時的抉擇一樣,Docker 不會強制要求,你可以自行選擇最適合自身程序的做法。

指定外部資源

在 Compose 檔案裡定義卷冊與網路時,其方式都與服務定義相同——每種資源都有自己的名稱,而且可以沿用相關 `docker ... create` 指令所擁有的選項來設定。不過 Compose 檔案裡還多了一個選項,可以指向已存在的資源。

要讓我的 SQL Server 和 Elasticsearch 的資料能用到既有的卷冊,必須用 `external` 屬性來指定,而且必要時還要為這個外部資源命名。在 ch06-docker–compose-external 目錄裡,我的 Compose 檔案便是如此定義卷冊:

```
volumes:
  es-data:
    external:
      name: nerd-dinner-elasticsearch-data
  db-data:
    external:
      name: nerd-dinner-database-data
```

宣告了外部資源後,還不能就此動手用 `docker-compose up` 執行應用程式。Compose 不會建立定義為外部資源的卷冊;它們必須在應用程式啟動前就已存在。而且由於這些卷冊是服務所需要的,既然卷冊還未建立,亦即 compose 也不會建立相關的容器。你只會看到如下的錯誤訊息:

```
ERROR: Volume nerd-dinner-database-data declared as external, but could not
be found. Please create the volume manually using `docker volume create --
name=nerd-dinner-database-data` and try again.
```

錯誤訊息一望即知，它已告訴你要用什麼指令才能建立缺少的外部卷冊資源。如果照實執行，就會以預設組態建立一個基本卷冊，讓 Docker Compose 得以繼續啟動應用程式：

```
docker volume create --name nerd-dinner-elasticsearch-data
docker volume create --name nerd-dinner-database-data
```

 Docker 允許你用不同的組態選項來建立卷冊，這樣就能明確地定義掛載點——例如某個 RAID 陣列，或是一個 NFS 共用磁碟之類。Windows 目前還不支援本地驅動器（local driver）選項，但你仍可以使用其他驅動器——像是使用 Azure 儲存服務的卷冊 plug-ins、以及 HPE 3PAR 之類的企業用儲存單元等等。

同樣的方式也可以用來把網路定義為外部資源。在我的 Compose 檔案裡，原本使用的是預設的 nat 網路，但在這個 Compose 檔案裡，我改用自訂的外部網路給應用程式使用：

```
networks:
  nd-net:
    external:
      name: nerd-dinner-network
```

Docker on Windows 支援數種網路選項。預設網路採用網址轉換模式（network address translation），因此直接命名為 nat 網路，但你可以改用其他不同網路組態的驅動器。像我就是建立了一個應用程式自己的網路，使用的是所謂通透式（transparent）驅動器——這樣一來每個容器就都可以跟實體路由器取得一個 IP 位址[7]，於是容器便可以跨出 Docker 內部網路，供外部網路取用：

```
docker network create -d transparent nerd-dinner-network --
gateway=192.168.1.1 --subnet=192.168.1.0/24
```

譯註 7　其實應該是指容器可以向 Docker 主機所在網路的 DHCP 主機要求取得 IP 位址。這效果相當於 VM 的宿主主機把自己的虛擬交換器橋接到外部網路，所以其中的 VM 便不是只能再彼此互通，而是對外開放連入。

如果使用通透式網路，便不再需要透過通訊埠對應，讓 Docker 主機 IP 位址來接收和轉向流量，因此我得在執行 `docker-compose up -d` 之前把相關的 `ports` 屬性都拿掉。當應用程式啟動時，我就可以直接從 Docker 主機所屬的 `192.168.1.0` 網段 IP 範圍取用網站容器，就像網站是執行在我網路上的任一台實體主機裡一樣。

使用套疊的 Compose 檔案

凡有變動就得透過編輯 Compose 檔案來移除屬性，代表組態的可攜性一定不好。在上例中，外部網路資源的模式會連帶影響到服務的定義，這樣我就沒法只用單一的 Compose 檔案來定義所有的環境。相反地，我得針對開發人員定義一個 Compose 檔案，這裡會把通訊埠公佈到 nat 網路，但另一個 Compose 檔案則用於共用環境，不公佈通訊埠而是改用通透式網路。

這表示我們得維護兩個內容幾乎重複的 Compose 檔案，得花更多精力維護以保持同步——更重要的是，如果失去同步，環境組態就有漂離偏差的風險。如果改用套疊式 Compose 檔案，就能有效因應此一問題，而你的每一種環境需求，都可以明確地描述出來。

根據預設模式，Docker Compose 會尋找名為 `docker-compose.yml` 和 `docker-compose.override.yml` 的檔案，如果兩個都找到，它就會利用後者的內容來添加或更改主要 Compose 檔案裡的部分資訊。當你執行 Docker Compose CLI 時，可以指定額外的組態檔，搭配原有的組態檔來設定整個應用程式。這樣一來你就能用一個檔案來保有核心解決方案的定義，但改用另一個檔案來明確定義與環境有關的偏離資訊，以覆蓋原有的設定。

在 `ch06-docker-compose-multiple` 資料夾裡，我已採用了這種方式。核心檔案是 `docker-compose.yml`，其中定義的服務描述了解決方案的結構，但不包含任何跟特定環境有關的資訊。以資料庫服務為例，其定義就只包括卷冊，但未公佈通訊埠：

```
nerd-dinner-db:
  image: dockeronwindows/ch03-nerd-dinner-db
  env_file:
    - db-credentials.env
  volumes:
    - db-data:C:\data
  networks:
    - nd-net
```

伴隨著核心 Compose 檔案的是名為 `docker-compose.local.yml` 的檔案,它會加上與本地開發環境有關的屬性,以便覆蓋核心檔設定內容。這裡就會公佈 SQL Server 的通訊埠,方便開發人員使用 SSMS(SQL Server Management Studio)連接,此外這裡也指名使用預設的 `nat` 網路:

```
services:
  nerd-dinner-db:
    ports:
      - "1433"

networks:
  nd-net:
    external:
      name: nat
```

你沒必要在覆蓋專用的檔案裡指定所有的屬性,只要把你想在基礎 Compose 檔案以外改變或附加的部分放進去就好。覆蓋檔的設定值優先於基礎檔。

要把兩個組態檔合併運用,指令如下:

```
docker-compose -f docker-compose.yml -f docker-compose.local.yml up -d
```

這樣就會引用兩個 Compose 組態檔,得到的便是原本設置的應用程式開發環境。我另外還針對正式環境寫了一個覆蓋檔,檔名是 `docker-compose.production.yml`,顯見這是負責定義正式環境屬性的覆蓋檔:

```
services:
  nerd-dinner-db:
    volumes:
      - E:\nerd-dinner-mssql:C:\data
networks:
  nd-net:
    external:
      name: nerd-dinner-network
```

正式環境中主要有三項差異：

- 未指定 ports 屬性，因此不會有容器通訊埠公佈對應到主機端
- 未使用最外層的 volumes 段落定義資源；相反地則是在定義服務時明確指出其卷冊會掛載到主機上的某個位置——以本例來說就是 E 磁碟機，這正好是我自己的 RAID 陣列設備
- 採用 external 網路，這是一個通透式網路，讓容器可以從外部網路取得 IP 位址

若要以正式環境組態運行應用程式，只需引用正式環境的覆蓋檔就好：

```
docker-compose -f docker-compose.yml -f docker-compose.production.yml up -d
```

合併使用基礎的和覆蓋的 Compose 檔案，就能得到我需要的組態，而且無需每次在改換環境時都從頭一一編輯更改檔案裡的環境差異。你可以在覆蓋檔裡增加或修改任何屬性，甚至包括環境變數——如果你的應用程式透過環境變數來設定日誌的詳細程度，透過覆蓋檔就能輕易更動日誌設定。

你甚至可以套疊不只兩個的 Compose 檔案。如果你擁有數種測試環境，但它們彼此間共通之處甚多，就可以先用基礎 Compose 檔案定義一個應用程式的設定，然後用第一個覆蓋檔定義共通的測試組態，最後替每個測試環境定義自己專屬的覆蓋檔案。

同目錄下的最後一個範例，我特別把跟建置映像檔有關的屬性分別放到一個 docker-compose.build.yml 檔案裡，讓它來負責建置。這個組態是專供開發人員和持續整合（CI）程序使用的，因此沒必要包含在核心 Compose 檔案裡：

```
services:
  nerd-dinner-db:
    build:
      context: ../ch06-nerd-dinner-db
      dockerfile: ./Dockerfile
```

現在我的主要 Compose 檔案看起來就簡潔清爽多了，但我還是只用一道 compose 指令就能建置整個解決方案的測試環境：

```
docker-compose -f docker-compose.yml -f docker-compose.local.yml -f docker-compose.build.yml build
```

總結

在本章中，筆者介紹了 Docker Compose，這是一種用於安排分散式 Docker 解決方案的工具。藉由 Compose，你可以明確地定義解決方案中所有的元件、以及元件的組態、還有元件彼此間的關係，而且格式簡單明瞭。

Compose 檔案讓你可以把所有應用程式容器視為單一整體來管理。在本章中大家已學到如何以 docker-compose 指令來帶起或拆解應用程式、建立所有必需資源、以及啟動或停止容器。各位也學到了如何以 Docker Compose 來伸縮元件規模，還有如何釋出解決方案的升級版本。

Docker Compose 十分強大，能定義出複雜的解決方案。Compose 檔案有效地取代了冗長的部署文件，同時完整地描述了應用程式的每一個部分。此外，藉由外部資源和套疊式的 Compose 檔案，你還可以區分不同的環境，並建立一系列的 YAML 檔案，用它們來推動整個部署管線。

Docker Compose 的限制在於，它屬於用戶端工具。docker-compose 指令必須要先能取用 Compose 檔案，才能執行任何指令。資源確實以邏輯群組的形式集中在單一應用程式裡，但這一點只有 Compose 檔案能夠認知。Docker 服務雖也看到一組資源，卻無從得知它們同屬一支應用程式。此外，Docker Compose 還受限於只能部署單一 Docker 節點。

在下一章裡，筆者要繼續為大家介紹叢集式的 Docker 部署，亦即運行在 Docker swarm 裡的多個節點。它能為正式環境帶來高可用性和延展性。Docker swarm 是容器解決方案的強大協調工具，使用十分簡單。它也支援 Compose 檔案格式，亦即你可以沿用既有的 Compose 檔案來部署應用程式。但 Docker 在 swarm 裡會保存邏輯架構，因此無需依靠 Compose 檔案也能管理應用程式。

7

利用 Docker Swarm 來協調
分散式解決方案

你 可以在單獨一台 PC 上運行 Docker，這也是筆者到目前為止所展示範例的一貫
做法，可能也是各位在開發和基本測試環境裡使用 Docker 的方式。但在更為高
階的測試環境、甚至是正式環境裡，單獨一台伺服器是絕對不夠的。為了替解決方案
提供高可用性，還有伸縮規模的彈性，你必須用一個叢集來運行數台伺服器。Docker
平台內建對於叢集的支援，你可以利用 swarm 模式將若干 Docker 主機聚集起來。

各位到目前為止所學到的觀念：映像檔、容器、登錄所、網路、卷冊和服務等等——
在 swarm 模式裡都同樣適用。所謂 swarm 模式其實只是一個協調層（orchestration
layer）。它提供的 API 和單獨的 Docker 引擎完全一樣，只不過多了一些功能，可以
管理分散式運算所需的一些特質。當你以 swarm 模式運行服務時，Docker 會判斷容
器要在哪些主機上運行；同時它也會管理位於不同主機上、容器間的安全通訊，並監
視所有主機。如果 swarm 裡有一台伺服器出了問題，Docker 便會安排其上的容器改
至其他主機重新啟動，以確保應用程式的服務等級不受影響。

swarm 模式是從 Docker 1.12 版開始引進的，它提供營運級的服務協調功能。發生在
swarm 裡的一切通訊都以 TLS 加以保護，因此節點間的網路流量一定是經過加密的。
你可以把應用程式密語資料安全地存放在 swarm 裡，而 Docker 只會把它們提供給需
要取用密語資料的容器。swarms 善於伸縮，因此你可以輕易地添加節點以便擴大容
量規模，也可以移除節點以便維護。Docker 可以在 swarm 模式裡自動化執行服務更
新，這樣就能達到零停機時間升級的效果。

本章會建立一個 swarm，並把 NerdDinner 改成跨節點運行。我會從建立個別服務開始，然後繼續從 Compose 檔案將整個堆疊部署下去。各位會學到如何進行：

- 建立 swarm 並加入節點
- 運行、管理、延伸和更新 swarm 裡的服務
- 在 swarm 裡管理敏感資訊，例如密語資料
- 用 Compose 檔案部署分散式應用程式堆疊
- 隔離 swarm 的節點以便執行 Windows 更新

建置 swarm 及管理節點

Docker 的 swarm 模式採用了主從式（manager-worker）架構，讓兩方都擁有高可用性。managers 負責管理，而且是透過活動中的（active）主要角色來管理叢集、與叢集中運作的資源。workers 則面對使用者，它們負責為應用程式服務運行容器。

swarm managers 也可以替應用程式運行容器，但這在主從式架構裡很罕見。管理小規模 swarm 的負載並不重，所以如果你有 10 個節點、其中 3 個是 managers，那麼就可以把 managers 拿來運行容器以分攤應用程式的工作負擔。

swarms 的規模可大可小。你可以在筆電上運行單一節點的 swarm 以便測試其功能，也可以把它擴充到數千個節點。各位可以先從 docker swarm init 指令開始，先啟動一個 swarm：

```
> docker swarm init --listen-addr 192.168.2.232 --advertise-addr
192.168.2.232
Swarm initialized: current node (60biyvlde1wche3oldbviac1v) is now a
manager.

To add a worker to this swarm, run the following command:
docker swarm join
  --token SWMTKN-1-1rmgginooh3f0t8zxhuauds7vxcqpf5g0244xtd7fnz9fn43p3-
az1n29jvzq4bdodd05zpu55vu 192.168.2.232:2377

To add a manager to this swarm, run 'docker swarm join-token manager' and
follow the instructions.
```

這樣就可以建立一個單節點的 swarm ——亦即你執行指令的 Docker 引擎——而這個節點會自動成為 swarm 的 manager。我的機器擁有數個 IP 位址，因此我指定了 `listen-addr` 和 `advertise-addr` 兩個選項，以便告知 Docker 要用哪個網路介面負責 swarm 的通訊。在此指定 IP 位址，同時讓 managers 節點使用靜態位址，是很好的習慣。

> 當然你可以使用內部私有網路來處理 swarm 流量，以確保 swarm 的安全性，這樣一來通訊就不會在公開網路上進行。你甚至還可以把 managers 與公開網路完全區隔開來。只有負責公開流量負載的 worker 節點才需要同時連接到公開網路和內部網路。

`docker swarm init` 的輸出會告訴你如何加入其他的節點、以便擴大 swarm。節點只能從屬於一個 swarm，加入時需要持有 joining token。這個 token 可以防止冒充的節點在破解網路後試圖進入 swarm，因此你應該把 token 視為安全的密語資料來保管。節點加入時可以擔任 workers 或 managers，而兩種角色的 tokens 不一樣。你可以利用 `docker swarm join-token` 指令來檢視和輪用 tokens。

在第二台執行相同版本 Docker 的機器上，我可以改用 `swarm join` 指令來加入 swarm：

```
> docker swarm join --token
SWMTKN-1-1rmgginooh3f0t8zxhuauds7vxcqpf5g0244xtd7fnz9fn43p3-
az1n29jvzq4bdodd05zpu55vu 192.168.2.232:2377
This node joined a swarm as a worker.
```

你可以在同一個 swarm 裡混用 Windows 和 Linux 的節點，這是管理混合工作負載的絕佳作法。建議大家讓所有的節點都使用相同版本的 Docker，但不限是 Docker CE 或 EE 版本—— swarm 的功能內建在核心的 Docker 服務裡，不受社群版或企業版影響。

現在我的 Docker 主機改以 swarm 模式運行了，亦即我有更多指令可以使用。docker node 指令可以管理 swarm 裡的節點，這樣我就能藉由 docker node ls 指令列出 swarm 裡所有的節點，並觀察其現狀：

```
> docker node ls
ID                          HOSTNAME          STATUS  AVAILABILITY
MANAGER STATUS
huwd8nrhikrdcbd5yficgpnry   WIN-V3VBGA0BBGR   Ready   Active
w77l9btn951amwt7hcs05zn0k * DESKTOP-74UL7AB   Ready   Active
Leader
```

STATUS 欄位會告訴你該節點是否在 swarm 線上，AVAILABILITY 欄位則告訴你該節點可以運行容器。MANAGER STATUS 欄位則有三種顯示選項：

- Leader：活動中的 manager，負責控制 swarm
- Reachable：這是備用的 manager；如果既有的 leader 出問題，它就可以取而代之
- No value：這是一個 worker 節點

多重 managers 有助於高可用性。如果現有的 leader 無法動作，Docker swarm 會利用 Raft 協定來選舉新 leader，所以如果你擁有奇數個數的 managers，3 或 5 個都是常事──你的 swarm 就可以安然度過任何硬體故障問題。worker 節點不會自動升任為 managers，因此如果所有的 managers 都失效，你就無法管理 swarm。在這種情況下，在 worker 節點裡的容器還是可以運作，但是就沒有 managers 來監視所有的 worker 節點了。

你可以用 docker node promote 把 worker 節點升任為 managers，也可以用 docker node demote 把 manager 節點降階成 workers ──但這些指令都得在一個 manager node 節點上才能執行。要退出 swarm，必須在即將離開的節點上執行 docker swarm leave 指令才行：

```
> docker swarm leave
Node left the swarm.
```

就算你的 swarm 裡只有一個節點，同一指令還可以解除 swarm 模式，只是要加上 --force 旗標才行。

docker swarm 和 docker node 等指令都是用來管理 swarm 的。當你以 swarm 模式運行時，就得改用 swarm 專屬的指令，才能管理容器工作負載。

建立和管理 swarm 模式下的服務

在前一章裡，各位已學到如何透過 Docker Compose 來安排分散式解決方案。在 Compose 檔案裡，你把應用程式的每個部分定義成服務，再用網路把它們串接起來。同樣的服務觀念也適用於 swarm 模式——凡是跨越一個以上容器運行應用程式映像檔的服務，統稱為 **replicas（抄本）**。藉由 Docker 指令列，你可以在 swarm 裡建立服務，而 swarm manager 會為你把抄本建立為容器。

我會先建立服務，以便部署 NerdDinner 的應用程式堆疊。所有的服務都會運行在同一個 Docker 網路上，而在 swarm 模式裡，Docker 有一個特製類型的網路，稱為 **overlay networking（覆蓋網路）**。覆蓋網路是一個橫跨多部實體主機的虛擬網路，因此同屬一個 swarm 節點的容器就能接觸到其他節點上運行的容器。服務尋找（Service discovery）的運行方式也一樣；容器彼此靠著服務名稱取用對方的服務，Docker 會把取用請求轉給正確的容器。

要建立覆蓋網路，你得先指定要使用的驅動器（driver），並為該網路命名。Docker CLI 會傳回新建網路的識別代碼（ID），就像其他資源一樣：

```
> docker network create --driver overlay nd-swarm
j7z5fivvgpb1ou1e94oti6ral
```

你可以試圖列出這些網路，並看到新網路採用 overlay 驅動器，而且範圍僅限 swarm 以內——亦即任何使用該網路的容器都可以彼此互相溝通，不限它們所在的節點為何：

```
> docker network ls --filter name=nd-swarm

NETWORK ID      NAME         DRIVER     SCOPE
j7z5fivvgpb1    nd-swarm     overlay    swarm
```

筆者會用這個網路來運行 NerdDinner 的服務。至於 Compose 檔案，原本我會先從沒有相依性的基礎設施元件開始處理，但這裡我要改用 docker service create 指令來手動帶起服務。我會用一個內有全部服務定義的指令稿，並以正確的順序建立它們，就從 nats 開始：

```
docker service create `
  --detach=true `
  --network nd-swarm --endpoint-mode dnsrr `
  --name message-queue `
  nats:nanoserver
```

docker service create 沒有其他選項，只要有映像檔名稱即可，但在一個分散式應用程式裡，還是得一一指定：

- network：連接服務容器的 Docker 網路
- endpoint-mode：Docker 採用的 DNS 名稱解譯方式
- name：供其他元件做為呼叫用 DNS 名稱的服務名稱

> Docker 支援 vip 和 dnsrr 兩種端點模式。預設的 vip 模式是針對
> Linux 最佳化的，缺乏 Windows 核心的全面支援，因此你得改
> 用 dnsrr —— DNS 輪詢（round-robin）模式在 Windows 上為
> Docker 提供 DNS 服務。

在本章的原始程式碼裡，ch07-docker-services 資料夾下有一個指令稿，它會依正確的順序啟動 NerdDinner 全部的服務。每個 service create 指令的選項都和**第 6 章利用 *Docker Compose* 來安排分散式解決方案**裡 Compose 檔案的服務定義選項呼應。建置起來最簡單的服務就是訊息佇列 nats，最複雜的則是 NerdDinner 網頁應用程式：

```
docker service create `
  --network nd-swarm --endpoint-mode dnsrr `
  --env-file db-credentials.env `
  --env-file api-keys.env `
  --env HOMEPAGE_URL=http://nerd-dinner-homepage `
  --env MESSAGE_QUEUE_URL=nats://message-queue:4222 `
  --publish mode=host,target=80,published=80 `
  --name nerd-dinner-web `
  dockeronwindows/ch05-nerd-dinner-web
```

這道指令會用一樣的 Docker 網路和端點模式建立服務。應用程式採用環境變數和環境檔來設定自己，80 號通訊埠則公佈給主機端。任何進入主機節點 80 號通訊埠的流量，都會被轉給此一服務容器。

> Docker 允許以單一模式運行多個服務的抄本，但如果通訊埠採
> 用 host 模式公佈時則否。以上例來說，我只能在一個節點上運
> 行一份網頁應用程式的抄本。另一種做法是改以 ingress 模式
> 公佈通訊埠，但該模式卻需要用到 Windows 無法支援的網路
> 特質。

當我在 swarm 裡執行指令稿時，會看到一連串的服務 ID 輸出：

```
> .\ch07-run-nerd-dinner.ps1
8bme2svun1222j08off2iyczo
rrgn4n3pecgf8m347vfis6mbj
lxwfb5s9erq65l6whhh8l9588
ywrz3ecxvkiigtkpt1inid2pk
w7d7svtq2k5kp18f98wy4s1cr
ol7u97cpwdcns1abv471heh1r
deevh117z4jgaomsbrtht775b
ydzb1z1af88gvoyuyiyn9q526
```

現在我可以用 docker service ls 指令看到所有運行中的服務了：

```
> docker service ls
ID              NAME                      MODE           REPLICAS  IMAGE
8bme2svun122    message-queue             replicated 1/1           nats:nanoserver
deevh117z4jg    nerd-dinner-homepage      replicated 1/1
dockeronwindows/ch03-nerd-dinner-homepage:latest
lxwfb5s9erq6    nerd-dinner-db            replicated 1/1
dockeronwindows/ch06-nerd-dinner-db:latest
ol7u97cpwdcn    nerd-dinner-index-handler replicated 1/1
dockeronwindows/ch05-nerd-dinner-index-handler:latest
rrgn4n3pecgf    elasticsearch             replicated 1/1
sixeyed/elasticsearch:nanoserver
w7d7svtq2k5k    nerd-dinner-save-handler  replicated 1/1
dockeronwindows/ch05-nerd-dinner-save-handler:latest
ydzb1z1af88g    nerd-dinner-web           replicated 1/1
dockeronwindows/ch05-nerd-dinner-web:latest
ywrz3ecxvkii    kibana                    replicated 1/1
sixeyed/kibana:nanoserver
```

每個服務的 replica status 都列為 1/1，意思就是已有一份運行中的抄本，而且它已滿足了抄本要求的服務等級，亦即一份抄本。抄本份數就是用來運行服務的容器數目。swarm 模式支援兩種類型的分散式服務，預設就是讓分散式服務擁有一份抄本，亦即 swarm 裡的一個容器。我指令稿中的 service create 指令並未指定抄本數目，因此數目都是預設的 1。

跨越多個容器運行服務

swarm 模式伸展的方式就是服務抄本,而且你可以隨時增刪容器以便更新運行中的服務。跟 Docker Compose 不同的是,你不需要靠 Compose 檔案來定義每個服務的所需狀態;而是 swarm 已經從 docker service create 指令裡取得了所需的詳情。要添加更多訊息處理器,只需使用 docker service scale 指令,把一個以上的服務名稱和所需的服務等級提交給 Docker:

```
> docker service scale nerd-dinner-save-handler=3
nerd-dinner-save-handler scaled to 3
```

訊息處理器服務原本會建立預設的一份抄本,但這裡會再多加兩個容器,以便分攤 SQL Server 處理器服務的負荷。在多節點的 swarm 裡,manager 會把容器分派到任何還有餘力的節點去運行。我們不需要、也不在乎實際上是哪台主機在運行容器,但必要時還是可以使用 docker service ps 來檢查服務清單,看看容器到底在哪裡運行:

```
> docker service ps nerd-dinner-save-handler
ID                NAME                           IMAGE
  NODE                   DESIRED STATE    CURRENT STATE
0m1mqtig4acm  nerd-dinner-save-handler.1  dockeronwindows/ch05-nerd-dinner-save-
handler:latest
  WIN-V3VBGA0BBGR  Running            Running 44 minutes ago [1]
uj8lotkz28r1  nerd-dinner-save-handler.2  dockeronwindows/ch05-nerd-dinner-save-
handler:latest
  WIN-V3VBGA0BBGR  Running            Running 35 seconds ago
e3bgxfvpegy6  nerd-dinner-save-handler.3  dockeronwindows/ch05-nerd-dinner-save-
handler:latest
  WIN-V3VBGA0BBGR  Running                Running 36 seconds ago
```

在上例中,我運行的是一個單節點 swarm,因此所有的抄本都在同一台機器上。swarm 模式會把服務的程序視為抄本,但它們其實都不過是容器而已。你可以登入 swarm 的個別節點,並如常使用相同的 docker service ps、docker logs 和 docker top 等指令來管理服務容器。

通常你不會直接進入 swarm 的節點來管理容器;而是經由 manager 節點以服務的角度來處理。就像 Docker Compose 會把某一服務的日誌整合呈現一樣,從 swarm 模式的 Docker CLI 也有相同的整合效果:

譯註 1　由於排版關係,看起來有點亂。請自己在 Powershell 裡執行,並把視窗拉寬一點,看起來就很清爽了。

```
> docker service logs nerd-dinner-save-handler
nerd-dinner-save-handler.2.uj8lotkz28r1@WIN-V3VBGA0BBGR
  | Connecting to message queue url: nats://message-queue:4222
nerd-dinner-save-handler.3.e3bgxfvpegy6@WIN-V3VBGA0BBGR
  | Connecting to message queue url: nats://message-queue:4222
nerd-dinner-save-handler.1.0m1mqtig4acm@WIN-V3VBGA0BBGR
  | Connecting to message queue url: nats://message-queue:4222
```

抄本是 swarm 為服務提供容錯的方式。當你以 docker service create、docker service update 或是 docker service scale 等指令為某一服務指定抄本的服務等級時，該資料值會紀錄在 swarm 裡。manager 節點會監視該服務的所有工作。如果容器停止，而且運行中服務的數目低於所需的抄本服務等級，swarm 就會啟動新工作來取代已停止的容器。在本章稍後筆者會展示，以多節點 swarm 運行同一解決方案時，如何從 swarm 中取出一個節點，但不中斷服務。

Global services

替代服務抄本的方式，是改用通用式（global）服務。在某些情況下，你可能希望在 swarm 的每一個節點上運行的某個服務，能以每部主機一個容器的方式來分配。要做到這一點，你就得改成通用模式來運行服務——Docker 會在每個節點上配置一個工作，而任何新加入的節點也會被分配負責分攤一個工作。

當許多服務共用某些元件時，通用服務就很有助於高可用性架構，但我要再強調，純粹只是重複運行多個執行個體，並不代表應用程式就擁有叢集架構。訊息佇列 nats 可以跨越伺服器、以叢集運作，因此很適合採用通用式服務。要以叢集模式運行 nats，每個執行個體都必須要知道其他執行個體的位址——但如果是由 Docker 引擎指派的動態虛擬 IP 位址，效果就不會太好。

相反地，我可以把 Elasticsearch 訊息處理器改成通用式服務來運行，這樣每個節點上就都會有一個訊息處理器的執行個體在執行。你無法修改運行中服務的模式，因此修改前我得先移除原本的服務：

```
> docker service rm nerd-dinner-index-handler
nerd-dinner-index-handler
```

然後我就可以動手建立新的通用式服務：

```
docker service create `
  --mode=global `
  --detach=true `
  --network nd-swarm --endpoint-mode dnsrr `
  --env ELASTICSEARCH_URL=http://elasticsearch:9200 `
  --env MESSAGE_QUEUE_URL=nats://message-queue:4222 `
  --name nerd-dinner-index-handler `
  dockeronwindows/ch05-nerd-dinner-index-handler
```

現在我在 swarm 的每個節點上都有一個工作在執行了，而且工作總數會隨著新節點加入叢集而遞增，如果有節點離開叢集就會遞減。這對於需要分散以達到容錯效果的服務來說最為好用，特別是當你需要讓整體服務容量和叢集規模成正比的時候。

對於監視和稽核等功能而言，通用式服務也很有用。如果你採用了像是 splunk 這樣的集中式監視系統，或是你用 Elasticsearch 來收集日誌，就可以用通用式服務在每個節點上都執行一個 splunk 代理程式。

有了通用和抄本兩種 swarm 服務模式，就等於為基礎設施提供了應用程式伸縮的能力，又能維持指定的服務等級。如果你擁有的 swarm 屬於固定規模，但工作負載卻一直在變化，對於這種內部（on-premises）部署來說，它可以運作得很好。你可以隨意提升或縮減應用程式的元件數目，以便滿足並非任何時候都同時需要尖峰處理量的應用程式需求。

無論是手動或以指令稿部署服務，都沒法完全讓 Docker swarm 全力發揮。在 swarm 模式裡，你可以用 Docker Compose 檔案格式來定義應用程式，並將其視為一個單元來部署和管理，這個單元就是 **stack**。

將堆疊部署到 Docker swarm 上

Docker swarm 裡的堆疊（stacks）解決了 Docker Compose 只能在單一主機上使用的限制。你可以用 Compose 檔案先建立一個堆疊，而 Docker 會把所有堆疊服務的中介資料（metadata）儲存在 swarm 裡。這代表 Docker 知道某個資源的集合就代表一個應用程式，而你不需要透過 Compose 檔案，就可以從任一 Docker 用戶端管理服務。

你也可以利用 Docker 的 secrets，而非環境變數，把敏感資訊提供給服務容器。

Docker 的 secrets

swarm 模式本質上就很安全——所有節點間的通訊都經過加密，而且 swarm 會提供加密的資料儲存方式，並分散在 manager 節點之間。你也可以利用這個方式來儲存應用程式的密語資料，它是 Docker swarm 中的頭號重大資源。

建立密語資料 secrets 時，必須加以命名並提供內容，這可以從檔案讀到、或是在指令列手動輸入取得。在 ch07-docker-stack 資料夾裡，我放了一個名為 secrets 的資料夾，內有 NerdDinner 應用程式的所有敏感性資料。每個密語資料都含有一部分的資訊，像是資料庫的連線字串就放在 nerd-dinner.connectionstring 檔案裡：

```
Data Source=nerd-dinner-db,1433;Initial Catalog=NerdDinner;User
Id=sa;Password=N3rdD!Nne720^6; MultipleActiveResultSets=True;
```

我可以建立一個名為 nerd-dinner.connectionstring 的密語資料，再用 docker secret create 指令匯出密語資料檔案的內容：

```
docker secret create nerd-dinner.connectionstring .\secrets\
nerd-dinner.connectionstring
```

現在連線字串已經安全地儲存在 swarm 裡了。你沒法用純文字形式檢視密語資料，而且 Docker 只會把密語資料交付給要求取用它的服務。密語資料在 managers 節點裡就已經過加密，傳輸時還會再度加密，而且只會交付給要求取得密語資料的服務抄本所在的 workers 節點。

管理員可以在 swarm 裡建立密語資料，並將其提供給應用程式，完全不涉及把內含密語資料原始文字的檔案分享出來的動作。

密語資料只在容器內解密，並在特定位置呈現為文字檔案。你必須修改應用程式以便從檔案讀取密語資料，但如此一個小小改變、在安全上卻是一大進展。在本章專屬的 src 資料夾裡，我已在專案中加入了 Secret 類別[2]，以便從密語資料讀取敏感資訊。下例就會取出資料庫連線字串：

```
public class Secret
{
  private const string SECRET_ROOT_PATH = @"C:\ProgramData\Docker\secrets";
  public static string DbConnectionString { get { return Get("nerd-dinner.
connectionstring"); } }
```

譯註 2　Ch07\src\NerdDinner.Model\Configuration\secret.cs

```
    private static string Get(string name)
    {
      var path = Path.Combine(SECRET_ROOT_PATH, name);
      return File.ReadAllText(path);
    }
}
```

把路徑字串直接寫入程式碼還是安全的，因為 Docker 一定會把密語資料檔放在容器的 C:\ProgramData\Docker\secrets 資料夾中，並以密語資料名稱做為檔名。

交給容器的密語資料檔有嚴格的權限控管，只有管理員帳號能讀取。對於採用容器管理員的背景環境執行的控制台應用程式，這樣是可行的，因此他們可以取用密語資料檔。如果是使用受限的使用者帳號執行 IIS 的 application pools，就會沒法讀取檔案。

在 ch07-nerd-dinner-web 的 Dockerfile 裡，筆者明確地建立了一個 app pool、並以容器的 LocalSystem 帳號執行它，同時再建立一個 NerdDinner 網站來使用該 app pool：

```
RUN Import-Module WebAdministration; `
    Remove-Website -Name 'Default Web Site'; `
    New-WebAppPool -Name 'ap-nd'; `
    Set-ItemProperty IIS:\AppPools\ap-nd -Name managedRuntimeVersion -Value
v4.0; `
    Set-ItemProperty IIS:\AppPools\ap-nd -Name processModel.identityType -
Value LocalSystem; `
    New-Website -Name 'nerd-dinner' `
     -Port 80 -PhysicalPath 'C:\nerd-dinner' -ApplicationPool 'ap-nd'
```

> 如果是在容器裡使用提升的權限來執行網頁應用程式，比較沒有顧慮，我會在*第 9 章了解 Docker 的安全風險和好處*裡說明這一點。在 Windows 上實作 Docker 密語資料的功能還在繼續發展，以後的版本說不定會讓你可以把密語資料的取用權授予特定使用者，這樣就不必靠 LocalSystem 帳號來運行網站。

你可以用 service create 和 service update 等指令要求取得一個以上的服務密語資料。如果我要以服務運行 save-dinner 處理器，並使用連線字串密語資料，就得在建置指令中加上 --secret 選項，而不再使用環境變數檔：

```
docker service create `
  --detach=true `
  --network nd-swarm --endpoint-mode dnsrr `
  --secret nerd-dinner.connectionstring `
```

```
--name nerd-dinner-save-handler `
dockeronwindows/ch05-nerd-dinner-save-handler
```

我會捨棄建立個別服務的做法，改用 Compose 檔來定義部署方式，同時以服務定義裡的密語資料來取代環境變數檔案。

用 Compose 檔案來定義堆疊

Docker Compose 檔案的運用場合已從支援用戶端部署單一 Docker 主機，發展到跨越 Docker swarms 部署堆疊。針對不同的情境，各自對應不同的屬性集合，而工具就會據此實施設定。Docker Compose 會忽略只適用於堆疊部署的屬性，而 Docker swarm 則會忽略只適用於單節點部署的屬性。

我可以運用套疊的 Compose 檔案來達到目的，首先在一個檔案裡定義應用程式的基本設定，再在一個覆蓋檔裡加上本地特有設定，然後把 swarm 相關設定放到另一個覆蓋檔裡。我在 ch07-docker-stack 資料夾下的 Compose 檔案[3] 裡已經採用這種做法。核心服務的定義部分現已非常單純——它們只涵蓋通用於每一種部署模式的屬性，例如下例的網頁服務：

```
nerd-dinner-web:
  image: dockeronwindows/ch07-nerd-dinner-web
  environment:
    - HOMEPAGE_URL=http://nerd-dinner-homepage
    - MESSAGE_QUEUE_URL=nats://message-queue:4222
  networks:
    - nd-net
```

至於本地端特有服務的覆蓋檔[4]，我加上了在筆電中開發應用程式時所需的屬性，並利用 Docker Compose 來部署：

```
nerd-dinner-web:
  ports:
    - "80"
  depends_on:
    - nerd-dinner-homepage
    - nerd-dinner-db
    - message-queue
  env_file:
    - api-keys.env
    - db-credentials.env
```

譯註3　Ch07\ch07-docker-stack\docker-compose.yml
譯註4　Ch07\ch07-docker-stack\docker-compose.local.yml

swarm 模式並不支援 depends_on 這個屬性，因此當你部署堆疊時，就無法擔保服務會以何種順序啟動。若你的應用程式元件有恢復能力，而且有重複嘗試的邏輯流程來處理相依性，那麼服務啟動順序就不成問題。反之如果你的應用程式元件缺乏恢復能力，而且只要找不到依存服務可用時就會當掉，那麼 Docker 就會重啟原本啟動失敗的容器，這樣應用程式應該在幾輪嘗試重啟後就會準備好了。

 老舊的應用程式通常都缺乏所謂的恢復能力，因為它們都認定自己所依存的東西一定都已齊備，而且都會即刻回應。但如果你採用雲端服務時就不見得如此了，對於容器也是一樣。Docker 會持續替換執行失敗的容器，但若你能修改程式碼，那麼這時加上恢復能力正是時候。

另一個覆蓋檔 [5] 指定則是以 swarm 模式運行的服務所需的屬性：

```
nerd-dinner-web:
  ports:
    - mode: host
      published: 80
      target: 80
  deploy:
    endpoint_mode: dnsrr
    placement:
      constraints:
        - node.platform.os == windows
  secrets:
  - nerd-dinner.connectionstring
  - nerd-dinner-bing-maps.apikey
  - nerd-dinner-ip-info-db.apikey
```

這裡我必須為 swarm 模式指定，通訊埠需以 host 模式來公佈，而且會把容器的 80 號通訊埠對應到主機端的 80 號通訊埠。

deploy 段落只對 swarm 模式有用，而且它有兩個額外的屬性。第一個是 endpoint_mode，它指定採用 Windows 容器所需的 DNS 輪循模式。其次就是 constraints，你需要靠它限制服務，只在 swarm 裡特定的節點上運行。此外你還可以為 swarm 節點任意加上標記（我會在*第 9 章了解 Docker 的安全風險和好處*裡談到它），同時根據這些標記實施限制。在上例中，筆者使用了 node.platform.os 這個標記，這是 Docker 為每一個節點加上的系統標記。

譯註 5　Ch07\ch07-docker-stack\docker-compose.swarm.yml

我會把這個堆疊部署到一個參雜 Windows 和 Linux 節點的混合 swarm 裡。上例中的限制等於告訴 Docker，這個服務只能交給 Windows 節點運行，於是就省下了部署的時間，因為 Docker 不會試著用任何 Linux 節點來容納服務抄本。我在 swarm 專用的覆蓋檔裡已經為所有的服務都加上了這些屬性。

在 secrets 段落裡，我替所有的密語資料都做了命名，這些都是網頁服務需要用到，像是資料庫連線字串和 API 密鑰等等原本從環境變數檔讀入的密語資料。密語資料在 Compose 檔裡是最外層資源，因此其名稱會對應到檔案中最後面的項目，我在彼處將所有的密語資料定義為外部資源：

```
secrets:
  nerd-dinner-bing-maps.apikey:
    external: true
  nerd-dinner-ip-info-db.apikey:
    external: true
  nerd-dinner-sa.password:
    external: true
  nerd-dinner.connectionstring:
    external: true
```

我可以利用 Docker Compose 和套疊的 Compose 檔案來部署應用程式——套疊的部分包括核心檔和本地端覆蓋檔——但是 Docker 指令列並不支援以套疊檔案來部署堆疊。我可以改用 docker-compose config 把兩個套疊的 Compose 檔案整併輸出成一個 Compose 檔案，名叫 docker-stack.yml，再用它部署堆疊：

```
docker-compose -f docker-compose.yml -f docker-compose.swarm.yml config >
docker-stack.yml
```

Docker Compose 會合併來源檔案，並檢查輸出的組態是否有效。現在我可以用整併而成的堆疊檔把堆疊部署到 swarm 上，因為檔案裡有一切必要的資訊，包括核心服務的定義和密語資料、以及部署的組態等等。

用 Compose 檔部署堆疊

你只需一道指令就可以從 Compose 檔部署堆疊，這道指令就是 docker stack deploy。執行時需標明 Compose 檔案的所在位置、以及堆疊的名稱，然後 Docker 才能據以建立 Compose 檔案裡定義的所有資源：

```
> docker stack deploy --compose-file docker-stack.yml nerd-dinner

Creating network nerd-dinner_nd-net
```

```
Creating service nerd-dinner_nerd-dinner-web
Creating service nerd-dinner_elasticsearch
Creating service nerd-dinner_kibana
Creating service nerd-dinner_message-queue
Creating service nerd-dinner_nerd-dinner-db
Creating service nerd-dinner_nerd-dinner-homepage
Creating service nerd-dinner_nerd-dinner-index-handler
Creating service nerd-dinner_nerd-dinner-save-handler
```

以上產生的結果就是一群服務的集合，但是這裡和 Docker Compose 不同的是，
Compose 仰賴命名慣例和標記來識別服務組合，而堆疊則是 Docker 裡的第一級成
員。我可以列出所有的堆疊和其基本細節——包括堆疊名稱和堆疊裡的服務數目
等等：

```
> docker stack ls
NAME            SERVICES
nerd-dinner     8
```

我也可以用 docker stack services 指令繼續鑽研服務內容，並以 docker stack ps 指令
列出個別容器：

```
> docker stack ps nerd-dinner
ID              NAME                                        IMAGE ...
d84oou5mxbr6    nerd-dinner_nerd-dinner-homepage.1
dockeronwindows/ch03-nerd-dinner-homepage:latest
unq0b6j59jcw    nerd-dinner_nerd-dinner-db.1
dockeronwindows/ch07-nerd-dinner-db:latest
n4jvdpx5hqn9    nerd-dinner_message-queue.1                 nats:nanoserver
apc0djz5v37n    nerd-dinner_kibana.1
sixeyed/kibana:nanoserver
vecauuy3nhez    nerd-dinner_elasticsearch.1
sixeyed/elasticsearch:nanoserver
ixtsljeuclzi    nerd-dinner_nerd-dinner-web.1
dockeronwindows/ch07-nerd-dinner-web:latest
oalu3dpx0hsy    nerd-dinner_nerd-dinner-save-handler.1
dockeronwindows/ch07-nerd-dinner-save-handler:latest
vtans6ekbub9    nerd-dinner_nerd-dinner-index-handler.1
dockeronwindows/ch05-nerd-dinner-index-handler:latest
```

把服務組合成堆疊，可以大幅簡化應用程式的管理，尤其是當你有多個應用程式、每
個應用程式又都運行多個服務的時候。你可以把堆疊想像成一組 Docker 資源的抽象
化表現，但仍然可以直接管理個別的資源。如果我執行 docker service rm 指令，它就
會把服務直接移除、不管服務是否屬於某堆疊的一部分。當我再度執行 docker stack
deploy 指令時，Docker 會注意到堆疊中有某個服務消失，繼而重新建立它。

如果你想用新的映像檔版本更新應用程式，或是要修改服務屬性，可以直接修改服務，或是在堆疊檔裡修改後重新部署一次。Docker 並不強制要求哪一種做法，但如果你混用兩種方式時就要小心。

要擴大解決方案裡訊息處理器的運行規模，要不就是在堆疊的配置段落裡加上 replicas :2，然後再部署一次，不然就是執行 docker service update --replicas=2 nerd-dinner_nerd-dinner-save-handler 也行。如果我更新了服務設定，但沒有隨同一併更改堆疊檔，那當我下回部署堆疊時，處理器就會恢復到原本的一分抄本。堆疊檔的內容會被視為服務應有的最終狀態，如果目前的狀態有所偏差，那麼當我再度部署時，偏差的狀態便會修正回來。

對於開發和測試環境而言，單節點的 swarm 就足夠了。我一樣可以用堆疊運行完整的 NerdDinner 套件，並驗證堆疊檔是否都定義無誤，然後也可以隨意伸縮應用程式，並檢驗其行為效果。當然這不會真的得到高可用性的效果，因為服務全都運行在單一節點上，因此如果這個開發測試的節點掛了，全部的服務也就沒了。

你可以把 swarm 建置到更富彈性的雲端環境上運行，以達到 HA 和伸縮性的效果。所有雲端營運大廠都支援 Docker，有的甚至還提供管理選項，協助你運行叢集化的 Docker 節點。雲端的容器服務都同樣支援 Docker 的映像檔格式和執行平台，但有些還使用了自製的協調功能、或是自製的部署工具。有些會支援以 Docker swarm 做為協調工具，亦即你可以在任何環境裡都使用相同的工具來作業。

在雲端運行 Docker swarm

Docker 對於基礎設施的需求非常小，因此你可以輕易地在任何雲端服務上啟用一套 Docker 主機，甚至一個 Docker swarm 叢集。你唯一需要的就只有運行 Windows Server 虛擬主機，並將其連接到網路的能力。

雲端是絕佳的 Docker 運行場所，而 Docker 則是前進雲端的不二法門。Docker 將現代化應用程式平台的威力賦予給你，但卻沒有一般**平台即服務**（**Platform as a Service (PaaS)**）產品的限制。PaaS 的選項通常都內含有專利的部署系統，因此可能就需要把有專利的部分內容整合到你的程式碼中，而這樣一來開發時體驗的就不是同一個執行平台了。

Docker 允許你以一種可攜的方式自行封裝應用程式，並定義解決方案結構，這樣就能保障它在任何機器或雲端服務上都以相同方式運作。你可以選用基本**基礎設施即服務**（**Infrastructure as a Service (IaaS)**）類型的服務，這是一種所有雲端業者都支援的服務類型，以確保在每一種環境裡的部署、管理及執行平台都有一致的體驗。
Docker Cloud 版本還可以讓你選擇自己的雲端服務業者，並以營運級的組態部署標準
的 Docker swarm。

各家主流雲端業者也提供自己的容器管理服務。如果你已使用過由微軟的 Azure、亞
馬遜的 **Amazon Web Services（AWS）**、或是谷歌的 **Google Cloud Platform（GCP）** 所
提供的 IaaS 或 PaaS 服務，那麼這些管理選項應該都可以適用。但如果你偏好採用可
攜的部署方式（即隨處都通用），那麼改用 Docker Cloud 版本也許比較好。

在雲端使用 Docker 管理服務

Azure、AWS 和 GCP 都具備容器受管服務，讓你自己運行 Docker 容器。AWS 和
GCP 都不支援 Docker swarm 模式；它們有自己的協調層。Azure 則允許你選擇協調
工具，其中也包括 Docker swarm，以便把支援的 Windows 節點加入到叢集當中。

在某種程度上，這些受管服務都能輕鬆地進行部署，而且舉凡組成服務的雲端資源所
需的支援和服務等級協議，在雲端都一應俱全。不過運算資源都是虛擬機器，因此你
是根據叢集裡的 VMs 數目來付費，而非按照叢集裡的容器數目來付費。

在 Amazon Elastic Container Service 上的 Docker

亞馬遜的 **Elastic Container Service（彈性容器服務**，簡稱 **ECS）** 也支援 Docker 容器，
但是它有自訂的 AWS 協調與管理層。ECS 不採用 swarm 模式來驅動叢集，因此你無
法使用 Docker 的密語資料、也沒法用 Compose 檔案部署堆疊。ECS 指令列允許你匯
入 Compose 檔案，但僅支援其中部分的屬性。

ECS 叢集是以既有的 AWS 元件建置起來的，採用 EC2 的虛擬機器做為節點，並以
ELB 或 ALB 等附載平衡器來處理進入的流量。如果你原本就已使用 AWS 服務，那
麼 ECS 叢集應該可以與現有基礎設施整合，但你必須清楚了解環境之間的分離特
性。如果你在一個單節點 swarm 上運行 Docker 以便進行開發，但在本地端用一個多
節點的 swarm 進行測試，那麼正式的 EC2 環境執行個體就需要使用不一樣的部署工
具，而且協調的平台也會不一樣。

你會沒法從 Docker CLI 遠端管理叢集，因此也就無法使用同樣一組管理程序來監管
每一種環境。此外還有一些技術上的限制。在本書付梓前，EC2 執行的仍是較舊版
的 Docker，且不支援健康檢查功能。你可以運行 Windows 節點做為 EC2 叢集的一部
分，但這目前仍屬於試用（beta）功能。

Google 容器平台上的 Docker

Google 容器平台（**Google Container Platform**，簡稱 **GKE**）雖然支援 Docker 容器，但卻不支援 Docker 的 swarm 模式。GKE 採用 Kubernetes 做為協調層，Kubernetes 是一種開放原始碼的協調工具，原本就是由 Google 所打造。Kubernetes 跟 Docker swarm 有許多相仿的功能，但是前者採用自己的檔案格式來描述部署方式，而且還擁有自己的指令列工具。

GKE 會把 Kubernetes 叢集部署到運算引擎服務（Compute Engine service）中的眾多虛擬機器上。就跟其他的雲端選項一樣，你是根據叢集裡的虛擬主機、而非運行的容器數目來付費的。設置 Kubernetes 並不容易，因為 GKE 相當抽象，而 Google 又加上了高階的管理功能，例如節點自動伸縮（autoscaling for nodes，目前仍為測試版）。你無法建置內含 Windows 節點的 GKE 叢集，因此它只能處理 Linux 的負載。

Kubernetes 雖不支援 Windows 節點，但目前它已在進行開發階段測試（alpha test），所以你只能拿它來做初步評估，而你會需要部署自訂的 IaaS 叢集，才能在 GKE 裡使用。Kubernetes 的網路功能不使用 Windows 內建的 Docker overlay 網路；而是使用它自己的網路堆疊，內有代理伺服器（proxy）元件和專屬的 VM 網路交換器。

Azure 容器服務上的 Docker

微軟在 **Azure 容器服務**（**Azure Container Service**，簡稱 **ACS**）裡採用了不同的方式。它並非建立自製的管理層，而是支援所有主流的開放原始碼協調工具。你可以建置一個以 Apache Mesos 運行的 ACS 叢集，要改用 Kubernetes 或 Docker swarm 模式也可以。swarm 模式選項意謂著你可以在 Azure 上使用和本地端相同的容器執行平台，而且正式環境的部署工具也和開發與測試環境所使用的工具一致。

ACS 目前沒有選項可以準備（provision）叢集裡的 Windows 節點。你可以用 Linux 節點擔任 managers 來建立一個 swarm，然後在同一個資源群組中建立 Windows 虛擬機器，然後加入到 swarm 裡。這需要在你的部署過程裡加上額外的步驟，但得出的結果是一個混合 Linux/Windows 的 swarm，而 Windows 節點都是使用 Docker EE 支援的組態。

新版的 ACS 也許會允許你直接在 Docker swarm 裡準備 Windows 節點。其他的協調工具都還缺乏同等級的 Windows 支援——Kubernetes 還在開發測試階段，Mesos 則根本還未公開發行 Windows 專用的版本。

Docker 雲端版本

如果你非常執著要在本地端和雲端的 Docker 環境之間保持一致性，Docker for Azure、Docker for AWS 和 Docker for GCP 都是最佳選擇。這些都是可以從 Docker Store 取得的免費社群版，它們會以 swarm 模式建立 Docker 叢集，並針對微軟、亞馬遜和谷歌雲端服務的基礎設施進行最佳化。

你只需提供服務訂閱的詳情，就可以從 Docker Cloud 部署一個 swarm。我自己就把 Docker Cloud 和我訂閱的微軟 Azure 服務串接起來，這樣就可以用 Docker Cloud 部署一個 swarm，並在 Azure 裡建立一切資源：

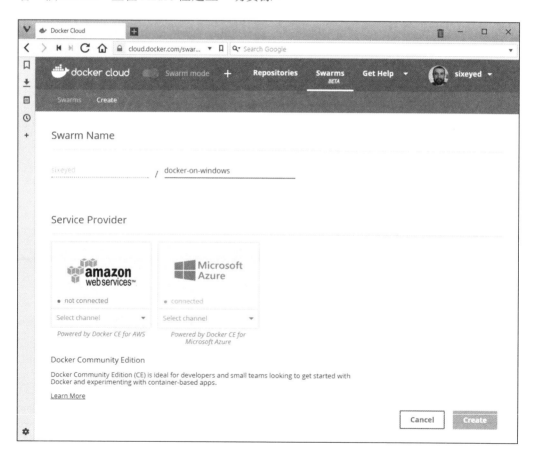

Docker 雲端版本用一個範本來建立雲端的 IaaS 元件——例如 Azure 的 ARM、AWS 的 CloudFormation、以及 GCP 的 Deployment Manager。它們都包含 Docker swarm 所需的最佳化組態，而且都是由 Docker, Inc. 親自維護的，因此一定可以與最新版本的 Docker 配合。

Docker Cloud 目前不允許在 swarm 裡建立 Windows 節點。你最好在每個新版本裡都確認一下，是否有 Windows Server 可以選用。如果一旦可行，那它就會是在雲端建置 Windows 版本 Docker swarm 的最簡做法。

此外，你也可以建立自己的範本部署方式，這樣就能自由地安排叢集。AWS 和 Azure 都有基於 Windows Server 2016 建置的虛擬機器映像檔，而且都內含 Docker，因此你可以迅速地啟用自己的 swarm 節點。在 Azure 上，你可以替 managers 和 workers 建立分離的 VNets 和網路安全群組，然後把 manager 節點和網際網路隔離開來——這是最適合正式環境叢集的做法。

在正式環境以外，我還利用了 Azure 的 DevTest Lab 功能來建立自己的 Docker swarms。Azure 的實驗室功能非常適合拿來做為實驗與測試環境——你可以設定每天關閉和重啟整個實驗室環境，這樣就只有當你正在使用 swarm 時才需要針對運算資源付費。

筆者不會多談 DevTest labs 的細節，但我可以告訴大家，它允許建立公式（formulas）來自訂虛擬機器。你可以輕鬆地建立一道採用 Windows Server 2016 Datacenter 虛擬機器映像檔的公式——其中含有容器、且會執行啟始指令稿以下載所需的 Windows 映像檔和 PowerShell。像以下的簡易 PowerShell 指令稿，就會下載所需的映像檔：

```
$tag ='10.0.14393.1198'
docker pull "microsoft/dotnet:1.1.2-sdk-nanoserver-$tag"
docker pull "microsoft/mssql-server-windows-developer:2016-sp1-
windowsservercore-$tag"
docker pull "microsoft/aspnet:windowsservercore-$tag"
```

在雲端運行一個多節點 Docker swarm，你就可以擁有一個良好的工作環境，用以測試負載、容錯切換、以及部署程序。我會使用 Azure 的 DevTest lab 來部署 NerdDinner 和展示零停機時間更新，在應用程式和 Windows 主機上都是如此。

Docker Cloud 允許你採用已在雲端服務業者建立的既有 swarm。這會把你手動建立的 swarm 和你的 Docker ID 連結起來。Docker Cloud 整合了 Docker for Windows 和 Docker for Mac，因此可以輕易地管理遠端的 swarms 叢集。

我已在 DevTest lab 裡建立了一個自製的 swarm，並透過帳號名稱 `sixeyed/docker-on-windows` 把它連結到 Docker Cloud。在 Docker for Windows 用戶端程式裡，我只需點選鯨魚圖示，就能看到註冊在 Docker Cloud 裡的遠端 swarms 的清單：

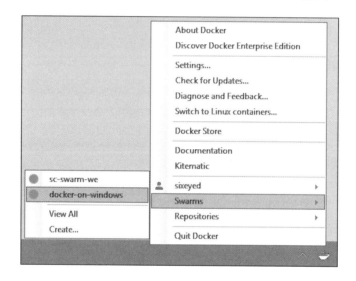

當你點選某個 swarm 時，Docker 就會開啟一個新的、而且已經設定可以安全地連接遠端 swarm 的指令介面視窗。這個 swarm 可以是運行在任何雲端上的 Windows 或 Linux 節點。在本例中，我就是從自己的 Windows 筆電管理我放在 Azure 的 DevTest lab 上、混有 Linux/Windows 的 swarm：

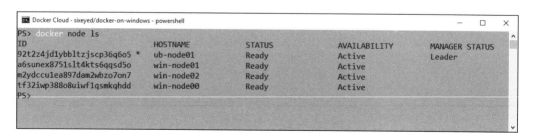

將 Docker Cloud 與 Docker 桌面版本整合起來，是一項十分強大的功能。如果想要繼續利用你偏好的雲端服務、但同時又想沿用原有的部署選項，這是絕佳的做法。我可以從同樣的指令介面，用我的本地端堆疊檔案搭配執行 docker stack deploy 指令。這樣就能在雲端啟動 NerdDinner 解決方案、並跨越多個節點執行，但部署和管理的感受則和在筆電上試驗時完全一樣。

跨越多個節點執行就能讓我的應用程式擁有高可用性，在發生故障時還能持續運行，而我還可以利用這一點，以零停機時間部署更新。

以零停機時間部署更新

在 swarm 模式裡，Docker 有兩種功能可以促成堆疊更新、但應用程式完全不必停機——分別是滾動式更新法（rolling updates）和節點排除法（node draining）。滾動式更新會以源自新映像檔的新版執行個體來取代應用程式容器——更新是交錯的，因此假設你擁有多份抄本，當其他作業正在升級時，一定會有其他的作業還在執行、能回應請求。

應用程式更新會經常進行，但主機卻不必如此——不論是升級 Docker 還是套用 Windows 修補程式皆然。Docker 還支援所謂的節點排除法，意思就是節點上所有運行的容器都會同時停下來，並不再分配容器給該節點。如果排除節點時、抄本的服務等級低於指定水準，就會在其他節點再啟動一份作業來承擔服務。當節點被排除時，你就可以放心地升級主機，事後再把它加回到 swarm 裡就好。

跨越 swarm 節點的負載平衡

我已藉著 Docker for Windows 連接到我的 Azure swarm、並把 NerdDinner 堆疊部署上去。堆疊的定義只會建立一個網頁容器，因此我得更新服務內容以便擴大網頁元件：

```
> docker service update --replicas=3 nerd-dinner_nerd-dinner-web
nerd-dinner_nerd-dinner-web
```

這樣一來，在每一個 Windows worker 節點上都有一個網頁容器在執行了（manager 是一個 Linux 的節點）：

```
> docker service ps nerd-dinner_nerd-dinner-web
ID              NAME                            IMAGE
NODE ...
i83a5xzf9sai    nerd-dinner_nerd-dinner-web.1   dockeronwindows/ch07-nerd-dinner-
web:latest          win-node01
3bkm4mh26234    nerd-dinner_nerd-dinner-web.2   dockeronwindows/ch07-nerd-dinner-
web:latest          win-node00
exsb59ok6gx2    nerd-dinner_nerd-dinner-web.3   dockeronwindows/ch07-nerd-dinner-
web:latest          win-node02
```

在 Azure 上，我建立了一個流量管理器設定檔（traffic manager profile），藉以做為一個跨越 Windows worker 節點的簡易負載平衡器（load balancer）。當我瀏覽 http://dow.trafficmanager.net 時，Azure 就會把流量導向我的任一個 worker 節點，也就等於把流量轉給某個正在 80 號通訊埠傾聽的容器。我看到一個新部署的 NerdDinner：

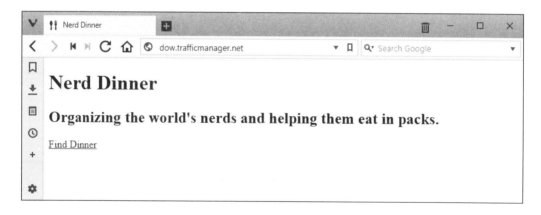

放在 Azure 的流量管理器擁有自己的健康檢查機制，因此它不會把流量導向一個不會在 HTTP 通訊埠回應的容器。這樣我便擁有了零停機更新的機會。Docker 會一次更新一項作業，而 Azure 的負載平衡器便會在其他作業進行更新時，把流量導向還在運作的作業。

應用程式更新後，我擁有了一個更新過的首頁元件和更新穎的介面——一個很容易驗證的簡單良性變更。

更新應用程式的服務

這個更新共分成兩個步驟。首先,我需要更新首頁服務,以便部署新的 UI。這是一個內部元件,僅有網頁應用程式服務會用到它:

```
> docker service update --image dockeronwindows/ch07-nerd-dinner-homepage
nerd-dinner_nerd-dinner-homepage
nerd-dinner_nerd-dinner-homepage
```

- nerd-dinner-homepage 是需要更新的服務名稱

- --image 指定了用來更新的新映像檔

> 更新指令對你用來升級的映像檔不會有任何限制。不一定要沿用相同的倉庫名稱和新的標籤;你可以引用一個完全不一樣的映像檔。這樣很有彈性,但也表示你要很謹慎地進行,不要一不小心就把訊息處理器更新成新版的網頁應用程式,反之亦然。

更新首頁元件並不會讓 UI 立刻產生變化,因為網頁容器會把首頁內容放在快取暫存區。網頁應用程式使用靜態快取,因此除非應用程式重啟,否則它不會更新內容。我並未部署新映像檔,但我可以強迫更新網頁服務,這樣就會從現有映像檔重啟全部的容器:

```
> docker service update --force nerd-dinner_nerd-dinner-web
nerd-dinner_nerd-dinner-web
```

Docker 一次只更新一個容器,而且你可以自訂更新的延遲區間、以及更新失敗時應採取何種因應方式。當更新進行時,可以用 docker service ps 觀察到,原本的容器會進入 Shutdown 狀態,而取代的容器則是 Running 或 Starting 狀態:

```
ID NAME IMAGE NODE DESIRED STATE CURRENT STATE ERROR PORTS
i83a5xzf9sai  nerd-dinner_nerd-dinner-web.1      dockeronwindows/ch07-nerd-
dinner-web:latest  win-node01
   Running    Running about an hour ago *:80->80/tcp
2d3i60h2vbvl  nerd-dinner_nerd-dinner-web.2      dockeronwindows/ch07-nerd-
dinner-web:latest win-node00
   Running    Running about a minute ago *:80->80/tcp
3bkm4mh26234  \_ nerd-dinner_nerd-dinner-web.2  dockeronwindows/ch07-nerd-
dinner-web:latest win-node00
   Shutdown    Shutdown 3 minutes ago
```

```
r9j83ozezdn8  nerd-dinner_nerd-dinner-web.3      dockeronwindows/ch07-nerd-
dinner-web:latest win-node02
  Running   Starting about a minute ago
exsb59ok6gx2  \_ nerd-dinner_nerd-dinner-web.3  dockeronwindows/ch07-nerd-
dinner-web:latest win-node02
  Shutdown   Shutdown about a minute ago
```

NerdDinner 網頁應用程式的 Dockerfile 有自己的健康檢查功能，因此 Docker 會等到新容器通過健康檢查才會繼續取代下一個容器。在滾動式更新期間，有些使用者會看到舊的首頁，有些則會看到新的首頁：

只要負載平衡器能夠迅速偵測出狀態變更，它就有辦法把流量只導向還有容器在執行的主機——使用者會從已經更新的容器、或是從尚待更新的容器收到回應。在更新期間，主機上的容器不會傾聽 80 號通訊埠，因此負載平衡器會知道該主機無法服務，進而將流量導向它處。

整個更新過程都是自動化的，而且不會有任何應用程式停機的時段，因為作業都是個別更新的，而且負載平衡器只會把流量導向還有作業在執行的節點。如果應用程式的流量很高，你就必須確保服務有足夠的備用承載空間，這樣當某個作業正在更新時，其餘的作業還能撐得住整體的負載。

滾動式更新讓你享有零停機時間，但不保證你的應用程式在更新期間的功能會一切如常。這種過程僅適用於無狀態的（stateless）應用程式——如果作業本身會儲存會談的狀態，那麼就會影響到使用者的感受。一旦當持有狀態資訊的容器被取代，狀態就會消失，因此如果你的應用程式是有狀態的（stateful），你就必須更仔細地規劃升級程序。

還原服務更新

當你更新 swarm 模式下的服務時，swarm 會儲存先前部署的組態。如果你發覺新版本有問題，還可以還原到先前的組態，指令如下：

```
> docker service update --rollback nerd-dinner_nerd-dinner-homepage
nerd-dinner_nerd-dinner-homepage
```

還原動作其實是一種特殊形式的服務更新。它不會告訴作業要更新成哪一個映像檔名稱，rollback 旗標其實是以滾動式更新的方式，讓服務退回前一版的來源映像檔。同樣地，還原動作一次只處理一個作業，因此它也一樣是零停機時間的程序。

服務更新只會保留前一版的組態做為還原之用。如果你從第 1 版更新到第 2 版，稍後又更新到第 3 版，那麼第 1 版的組態就沒了。你只能從第 3 版還原回到第 2 版——但如果你再次從第 2 版進行還原，它就會變成 swarm 記得的前一個版本，也就是又回到第 3 版。

設定更新的行為模式

針對大規模的部署，有時是為了能更迅速地完成工作、抑或是想改成較為保守的策略，你可能需要更改預設的更新行為模式。預設行為模式是，一次更新一個作業，而且作業更新動作前後之間沒有延遲時間，如果作業更新失敗，全部更新過程便會中止。更新動作的組態可以用三個參數來改寫：

- update-parallelism：同時更新的作業數量
- update-delay：作業更新動作前後的間隔時間；可以用小時、分鐘或秒數來定義
- update-failure-action：當作業更新失敗時的因應動作；可以是繼續或中止執行

你可以在 Dockerfile 裡定義預設參數，這樣就可以把行為模式寫到映像檔裡，抑或是寫在 Compose 檔案裡，這樣就可以在部署時或是使用服務指令時加以指定。正式部署 NerdDinner 時，我可能會有 9 個 SQL 訊息處理器的執行個體，因此我在 Compose 檔案裡會設置 update_config，要求每批更新 3 個作業、前後間隔 10 秒延遲：

```
nerd-dinner-save-handler:
  deploy:
    endpoint_mode: dnsrr
    replicas: 9
    update_config:
      parallelism: 3
      delay: 10s
...
```

服務的更新動作組態也可以透過 docker service update 指令來傳達，因此你可以只靠一道指令就變更更新的參數、並發起滾動式升級。

健康檢查對於服務更新尤為重要。如果服務更新時新作業無法通過健康檢查，可能就代表來源映像檔有問題。硬性完成這樣的更新反而可能會弄出完全不正常的作業，應用程式也會無法運作。預設的更新動作組態可以預防這種事，因此如果更新過的作業沒有正常運作起來，更新就會暫停、不繼續實施。就算未能更新，總比更新過但不能動的情況要好一點。

更新 swarm 節點

應用程式的更新就和主機部分的更新一樣，都是日常更新作業的一部分。你的 Windows Docker 主機上應該只執行最基本的作業系統，最好是 Windows Server 2016 Core 版。這個版本沒有圖形使用介面，因此需要更新的層面會小得多，但還是有些 Windows 更新是需要重啟機器的。

重啟伺服器是個大工程—它會停掉 Docker 服務，並清空所有運行中的容器。升級 Docker 也需要同樣的動作，因此也是大工程；一旦升級就得重啟 Docker 服務。但在 swarm 模式裡，你可以把節點從服務中退下來，再進行更新，這樣就不會影響到服務等級。

我會用我自己架設的 Azure swarm 來證明這一點。例如說，如果我需要處理 win-node02，只需下達 docker node update 指令，就可以平順地重新安排作業，並把節點帶入排除模式（drain mode）：

```
> docker node update --availability drain win-node02
win-node02
```

把節點改成排除模式，意謂著上面所有的容器都會停下來，而且因為這些都是負責服務作業的容器，它們會被其他節點上的新容器所取代。當排除動作完成時，在 win-node02 上就沒有任何運行中的作業了；因為它們先前都已被關閉。各位可以觀察到這些作業都是刻意被關閉的，因為容器的最終狀態（desired state）都被標示為 Shutdown：

```
> docker node ps win-node02
ID                 NAME                                    IMAGE
NODE DESIRED STATE
rcrcwqao3c0m   nerd-dinner_message-queue.1              nats:nanoserver
   win-node02    Shutdown
zetse09726t9   nerd-dinner_kibana.1
sixeyed/kibana:nanoserver
   win-node02    Shutdown
gdg3owrdjcur   nerd-dinner_nerd-dinner-homepage.1   dockeronwindows/ch03-
nerd-dinner-homepage:latest
   win-node02    Shutdown
r9j83ozezdn8   nerd-dinner_nerd-dinner-web.3         dockeronwindows/ch07-
nerd-dinner-web:latest
   win-node02    Shutdown
exsb59ok6gx2 \_ nerd-dinner_nerd-dinner-web.3       dockeronwindows/ch07-
nerd-dinner-web:latest
   win-node02    Shutdown
```

這時我可以檢查服務清單，並確認每個服務都仍處於所需的抄本服務等級，但唯一的例外是網頁應用程式的服務：

```
> docker service ls
ID NAME MODE REPLICAS IMAGE PORTS
4q7kmlxclwo6   nerd-dinner_elasticsearch          replicated 1/1
e2obujts50tp   nerd-dinner_message-queue          replicated 1/1
e660rl6zkk8s   nerd-dinner_nerd-dinner-db         replicated 1/1
goc2dh0rpaid   nerd-dinner_nerd-dinner-index-handler replicated 1/1
hhfvwsuk12do   nerd-dinner_nerd-dinner-save-handler  replicated 1/1
o6mjy5jbj57x   nerd-dinner_nerd-dinner-web        replicated 2/3
qx1hhp8oo5r5   nerd-dinner_kibana                 replicated 1/1
w48ffc5ejx52   nerd-dinner_nerd-dinner-homepage   replicated 1/1
```

swarm 其實已經建立了新容器來取代原本運行在 win-node02 上的抄本,但由於這個 swarm 規模有限,因此沒有足夠的容量再多運行一個網頁容器。網頁應用程式服務需要運行在一個 Windows 節點上,並把 80 號通訊埠公佈給主機端。但問題是當下只剩兩個 Windows 節點可以運行容器,而兩者的 80 號通訊埠都已被自己分配到的容器佔用。因此網頁服務只會保持在 2/3 的抄本服務等級,直到 swarm 取回足夠的容量為止,才能再度分配容器給恢復的節點繼續運行。

處於排除模式的節點,會被視為無法使用,因此如果 swarm 需要分配新的作業,不會有任何一個作業分配給處於排除模式的節點。win-node02 現在等於是正式從火線上退下來整補了,因此我可以放心地登入該節點,然後用 sconfig 工具執行 Windows update、或是更新 Docker 服務本身。

更新節點後可能就需要重啟 Docker 服務、或是重啟節點伺服器。一旦完成,我就可以用另一個 docker node update 指令把伺服器帶回 swarm 的火線上:

```
docker node update --availability active win-node02
```

這樣就完成了節點的戰備。當節點重新加入 swarm 後,Docker 並不會重新分配所有的服務負載,因原本在 win-node00 和 win-node01 上的容器都不會變動,就算 win-node02 已經恢復、swarm 已有足夠的容量,也一樣毫無變化。但恢復的額外容量代表現在又多了一台可以傾聽 80 號通訊埠的 Windows Server,因此 swarm 這下可以把欠缺的第 3 個網頁容器放進 win-node02 了:

```
> docker node ps --filter desired-state=running win-node02
ID              NAME                            IMAGE
NODE
bguu1ese9lga    nerd-dinner_nerd-dinner-web.3   dockeronwindows/ch07-
nerd-dinner-web:latest   win-node02
```

在一個高吞吐量的環境裡,服務會經常性地啟動、停止、或是伸縮規模,任何進入 swarm 的節點很快就會分配到自己該分擔的作業。在一個較穩定的環境裡,你不妨先手動加入一個額外的節點做為臨時的幫手,以便補足稍後被排除的節點所損失的運算能力,這樣當你在更新節點時,就有充裕的轉圜空間可以因應服務了。

swarm 模式讓你可以游刃有餘地更新應用程式裡的任何元件,也能在不必停機的狀況下更新 swarm 裡的節點。在更新期間你也許需要臨時委派額外的節點給 swarm,但是節點全數更新後,這個臨時節點就可以移除。你不需要仰賴額外的工具來實施更新、自動還原或是管理主機——這些功能都由 Docker 提供。

混合式 swarms 裡的混搭主機

swarm 模式還有一個殺手級的功能。由於 swarm 裡的節點都是以 Docker API 互相溝通，而且這個 API 是跨平台的——亦即你可以在同一個 swarm 裡同時運行 Windows 和 Linux 伺服器。

Linux 並非本書焦點，但筆者還是會簡略說明一下混合式（hybrid）swarms，因為這是一個全新視野的功能。混合式 swarm 裡可以用 Linux 和 Windows 節點分別擔任 managers 和 workers。你可以用一樣的 Docker CLI 管理這些節點和它們各自分擔的服務。

混合式 swarms 的應用實例之一，就是以 Linux 擔任 manager 節點，以便減少 Windows 授權和營運的成本，尤其是把 swarm 放在雲端運作的時候。正式環境裡的 swarm 會需要至少 3 個 manager 節點。就算你所有的工作負載都是使用 Windows 平台，改以 Linux 節點擔任 managers 也還是可以節省成本，而且可以騰出 Windows 節點專門用於工作負載。

另一個應用實例則是連工作負載都混合化。像筆者改寫過的 NerdDinner 解決方案，就是以網頁服務為進入點，因此 HTTP 的連線請求會直接送給 ASP.NET 的容器。如果能用另一個容器執行反向代理伺服器、擔任進入點，並且讓代理伺服器把連線請求轉給網頁容器，這樣做會更有彈性。

反向代理伺服器可以擔任 SSL 端點（SSL termination）、快取、負載平衡等任務。你可以在代理伺服器裡修改 HTTP 表頭，並隱藏後台實際的應用程式其實執行的是 ASP.NET 的事實。快取尤為關鍵——因為反向代理伺服器可以服務所有的靜態資源（影像檔、style sheets 和 JavaScript 等等），這樣就可以減少實際上對於應用程式的連線請求數量。

Windows 裡並沒有什麼值得一提的反向代理伺服器軟體可供應用，但 Linux 則不然，至少有兩種——也就是 Nginx 和 HAProxy。兩者在 Docker Hub 上都有官方映像檔可資引用，因此你大可將它們投入你的解決方案，只要你使用的是混合式 swarm 就行了。你可以用 swarm 裡的 Linux 節點來運行 Nginx，讓它負責把流量導向 Windows 節點上的 ASP.NET 應用程式即可。

同樣地，你也可以把一些原本就跨平台的元件改成以 Linux 容器來運行。例如**第 5 章採用容器優先的解決方案設計**的 .NET Core 訊息處理器、還有 nats 訊息佇列、Elasticsearch、Kibana，甚至 SQL Server 都可以改成以 Linux 容器運行。Linux 映像檔通常都比 Windows 映像檔小巧得多,因此運行的密集度會更高,亦即單一主機可以容納更多容器。

混合式 swarm 的方便之處,在於你是使用一致的方式管理全部的元件,使用介面也都一樣。你可以把本地端的 Docker CLI 連到 swarm manager,然後用完全同一套指令,就可以同時管理 Linux 上的 Nginx 代理伺服器和 Windows 上的 ASP.NET 應用程式。

總結

本章的重心集中在 Docker 的 swarm 模式,這是一個內建在 Docker 裡的原生叢集選項。各位已學到如何建置一個 swarm、如何把節點移入或移出 swarm、以及如何把服務部署到以覆蓋網路串聯的 swarm 上。我也教過大家如何建置高可用性的服務,並探討如何用密語資料把敏感性應用程式資料安全地儲存在 swarm 裡。

各位可以藉由 Compose 檔案,把服務部署為 swarm 裡的堆疊,以便輕易地把服務元件集中起來管理。我已展示過如何把堆疊部署到單一節點的 swarm、以及運行在 Azure 的多節點 swarm 裡,同時以 Docker Cloud 進行管理。

swarm 的高可用性意謂著你不必停機,就能進行應用程式的更新和還原。甚至可以把節點從叢集中退下來,以便更新節點上的 Windows 或 Docker,同時還讓應用程式持續運作,靠其餘節點來維持同樣的服務等級。

在下一章裡,筆者要進一步介紹,如何管理 Docker 化後的解決方案。我會先從既有的管理工具開始,學習如何以它們管理 Docker 裡運行的應用程式。然後會繼續介紹如何以 Docker 企業版來管理正式環境裡的 swarms。

8

管理和監視 Docker 化解決方案

建置在 Docker 上的應用程式天生就具有可攜性，而且其部署過程在每一個環境都是一致的。當你沿著系統測試、使用者測試、直到正式環境，逐步推進你的應用程式時，基本上每一階段都是透過相同的工具和做法。你在正式環境所使用的 Docker 映像檔，與測試環境中所配置的是完全相同版本的映像檔，而任何環境的差異都可以從 compose 檔案來呈現。

在後面的章節裡，筆者會探討持續部署如何和 Docker 配合運作，以便讓整個部署過程自動化。但當你採用 Docker 時，其實已經轉移到了一個全新的應用程式平台，而通往正式環境的途徑並不只有部署過程而已。容器化應用程式的運行方式，從本質上就跟部署在虛擬機器或實體伺服器的應用程式不一樣。本章將會探討如何管理和監視運行在 Docker 上的應用程式。

部分你曾用來管理 Windows 應用程式的工具，就算應用程式轉移到了 Docker 上，還是可以用來管理它們，我會先舉一些例子給大家參考。但是，運行在容器裡的應用程式，還是會有些不同的管理需求，而本章的重點，就是要介紹 Docker 專用的管理用產品。

本章會用一些簡單的 Docker 化應用程式來示範如何達成以下任務：

- 用 **Internet Information Services**（**IIS**）管理員連上在容器中運行的 IIS 服務
- 把伺服器管理員連到容器上，以便觀察事件檢視器和功能
- 使用開放原始碼專案來檢視及管理 Docker swarms
- 使用 **Universal Control Plane**（**UCP**）配合 **Docker Enterprise Edition**（即 **Docker EE**）操作

用 Windows 工具來管理容器

許多 Windows 內含的管理用工具都可以管理遠端機器所執行的服務。IIS 管理員、伺服器管理員，當然還有 **SQL Server Management Studio**（**SSMS**），它們全都可以連接到網路上的某台遠端伺服器，以便進行檢查和管理。

Docker 容器和遠端機器並不完全一樣，但是容器經過設定後，也可以接受上述工具的遠端操作。通常你需要特別公佈管理容器用的通訊埠、啟用一些 Windows 功能、並執行一些 PowerShell 指令（cmdlets），才能設定工具的操作。這些都可以靠應用程式的 Dockerfile 來完成，而我會一一逐步說明，如何設定上述的每一種工具。

可以使用熟悉的工具當然很方便，但運用它們時還是有些限制要注意；請記住，容器天生就是可以隨時棄置的。如果你用 IIS 管理員直接連上一個網頁應用程式的容器，然後又隨手改了 app pool 裡的一些東西，等到你用新的容器映像檔更新應用程式時，這些異動都會化為烏有。你當然還是可以利用這些圖形化工具來調查運行中的容器，並藉以診斷問題，但如果要更改什麼，就該從 Dockerfile 著手、再重新部署以便讓異動生效。

IIS 管理員

IIS 網頁管理主控台是一個絕佳的範例。在 Windows 基礎映像檔裡，遠端存取預設是未開啟的，但可用一個簡單的 PowerShell 指令稿來設定它。首先要安裝網頁管理功能：

```
Import-Module servermanager
Add-WindowsFeature web-mgmt-service
```

然後你需要用登錄檔設定來啟用遠端存取，同時還要啟用 web management 這個 Windows 服務：

```
Set-ItemProperty -Path HKLM:\SOFTWARE\Microsoft\WebManagement\Server -Name
EnableRemoteManagement -Value 1
Start-Service wmsvc
```

你還需要在 Dockerfile 裡加上 EXPOSE 指示語句,以便允許流量從指定的 8172 號通訊埠進入管理服務。這樣一來你才可以連線管理,但 IIS 管理主控台會要求你提供使用者帳號,才能管理遠端的機器。要在容器不連結 **Active Directory**(**AD**)的前提下做到這一點,你可以在設定 IIS 的指令稿裡先建立使用者帳號與密碼:

```
net user iisadmin "!!Sadmin*" /add
net localgroup "Administrators" "iisadmin" /add
```

 這裡有些攸關安全的問題。你需要在映像檔裡先建立管理用帳號,然後公佈通訊埠、再執行額外的服務——這些動作都使得應用程式暴露在攻擊下的層面越變越廣。最好是不要在 Dockerfile 裡執行設定 IIS 的指令稿,而是改為先連上這個容器,再以互動的方式在容器裡執行指令稿來設定遠端存取,這樣比較好。

我已在映像檔裡設立了一個簡單的網頁伺服器,並且在 dockeronwindows/ch08-iis-with-management 的 Dockerfile 裡把必要的指令稿封裝進去,藉以啟用遠端管理。然後我會用這個映像檔啟動一個容器,並公佈它的 HTTP 和 IIS 管理用通訊埠:

```
docker container run -d -p 80 -p 8172 --name iis dockeronwindows/ch08-
iis-with-management
```

一旦容器啟動,我就會執行 EnableIisRemoteManagement.ps1 這支指令稿,它會設定遠端存取與 IIS 管理服務:

```
docker container exec iis powershell \EnableIisRemoteManagement.ps1
```

現在我可以從自己的 Windows 主機執行 IIS 管理員進行遠端管理了,請點選**檔案 ... 連線到伺服器**,再輸入容器的 IP 位址即可。當 IIS 要求進行認證時,只需輸入我在設定指令稿裡已建立好的使用者身份 iisadmin 即可:

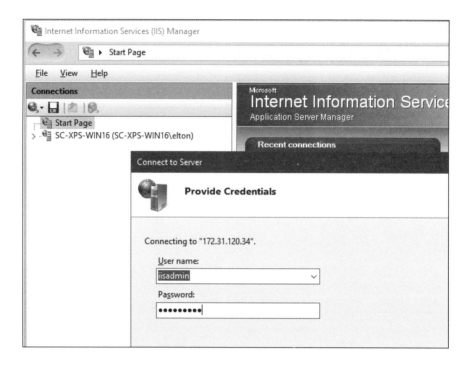

從這裡開始，我就可以恣意四處檢視 application pools 和網站架構了，就像我平常連接到遠端伺服器進行遠端管裡一樣：

這是檢查 IIS 組態、或是檢視執行在 IIS 裡的 ASP.NET 應用程式的絕妙做法。你可以檢查虛擬目錄設定、application pools 和應用程式組態等資訊，但切記都只限於調查而已。

如果真的發現了應用程式裡有些什麼設定不正確的地方，就該回到 Dockerfile 裡檢查並加以修正，而不該對執行中的容器直接進行修改。當你要把既有的應用程式移植到 Docker 時，這個技巧會非常有用。如果你在 Dockerfile 裡替網頁應用程式安裝了某個 MSI，你沒法知道裝了這個 MSI 後它會做些什麼──但你卻可以用 IIS 管理員連接到容器上，然後看看安裝的結果究竟如何。

SQL Server Management Studio

SSMS 就更直接了，因為它直接使用標準的 SQL 用戶端通訊埠 1433 來管理。它不需要你公佈任何額外的通訊埠、或是啟用任何額外的服務；微軟提供的 SQL Server 映像檔已經把每樣事情都弄好了。你只需透過 sa 這個運行容器的身份，就可以向 SQL Server 進行認證然後連線。

以下指令會運行一個 SQL Server 開發人員版（Developer Edition）的容器，然後對主機公佈 1433 號通訊埠，並指定 sa 的身份資訊：

```
docker container run -d -p 1433 -e sa_password=DockerOnW!nd0ws -e
ACCEPT_EULA=Y `
  --name sql microsoft/mssql-server-windows-developer
```

你可以從一台遠端機器，透過主機的 IP 位址連上容器中的 SQL Server 執行個體，或者如果你就已經處在 Docker 主機上，直接使用容器的 IP 位址也可以連線。在 SSMS 裡，只需輸入 SQL 的身份認證：

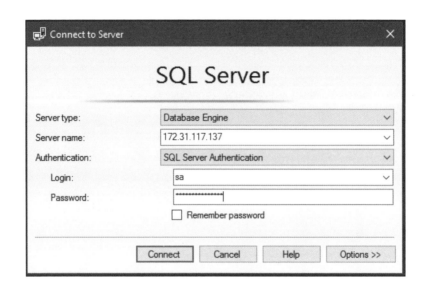

你可以像管理任何 SQL Server 般地管理這個容器裡的 SQL 執行個體──建立資料庫、指定使用者權限、還原 Dacpacs、甚至執行 SQL 指令稿。但再提醒一次，在此做的任何變更，都不會影響到映像檔本身，如果你真的要讓變更在新容器中生效，就得重建你的映像檔。

如果你需要的話，此種方式也可以讓你透過 SSMS 建立資料庫，然後讓資料庫在容器中運作，但毋須在自己的機器中安裝和執行 SQL Server。你可以在此修飾資料庫架構（schema）、添加服務用帳號並植入資料、然後再把資料庫匯出成一個 SQL 指令稿。

我已把一個示範用的簡易資料庫做過以上處理，把它的架構和資料都匯出成一個檔案，名稱是 init-db.sql。dockeronwindows/ch08-mssql-with-schema 的 Dockerfile 會把這個 SQL 指令稿封裝在新的映像檔中，並配合一支 PowerShell 啟動指令稿，就可以在建立容器時直接部署該資料庫：

```
# escape=`
FROM microsoft/mssql-server-windows-express
SHELL ["powershell", "-Command", "$ErrorActionPreference = 'Stop';"]

ENV sa_password DockerOnW!nd0ws
VOLUME C:\mssql

WORKDIR C:\init
COPY . .

CMD ./InitializeDatabase.ps1 -sa_password $env:sa_password -Verbose
```

```
HEALTHCHECK CMD powershell -command `
  try { `
    $result = invoke-sqlcmd -Query 'SELECT TOP 1 1 FROM Authors' -Database
DockerOnWindows; `
    if ($result[0] -eq 1) { return 0} `
    else {return 1}; `
  } catch { return 1 }
```

這個 SQL Server 映像檔中加上了 HEALTHCHECK 部分，是一個很好的做法──Docker 會藉此檢查資料庫是否正常運作。本例中的測試方法是，如果資料庫架構沒有正常建立，檢查就會失敗，於是直到架構正確地完成部署之前，容器都不會回報狀態是健康的。

現在我可以用這個映像檔照常運行一個容器了：

```
docker container run -d -p 1433 --name db dockeronwindows/ch08-mssql-
with-schema
```

公佈 1433 號通訊埠後，我就可以用 SSMS 連線到資料庫，並觀察從指令稿匯入架構和資料的效果。這是一個全新部署的應用程式資料庫，而本例中我採用了 SQL Server development edition 來建立我的資料庫架構、但實際的資料庫採用的卻是 SQL Server Express──它們都運作在 Docker 上，我的機器裡完全沒安裝任何 SQL Server 執行個體。

如果你覺得使用 SQL Server 本身的認證方式 [1] 是開倒車的做法，請記住 Docker 可以支援不同的執行平台模型（runtime model）。你不需要用一個 SQL Server 執行個體來運行好幾個資料庫；這樣一來，一旦使用者身份資料被攻破，所有資料庫便都暴露在風險中。每一個 SQL 的工作負載都應該放在專屬的容器中、並擁有自己的身份資料集，這樣就可以有效地讓 SQL 執行個體一次只運行一個資料庫，而一個服務裡就可以只有一個資料庫。

譯註 1　SQL Server 支援兩種認證方式，其一是 SQL Server 用自己內建的使用者資料表來維護帳號，其二則是借用 Windows AD 做帳號管理。

如果在 Docker 中運行，安全性也會得以提升。除非你需要從遠端連接 SQL Server，不然其實你並無必要把 SQL 容器的通訊埠公佈出來。任何需要取用資料庫的應用程式，其實都可以用容器的形式運作、而且和 SQL 容器位在相同的 Docker 網路上，這樣它們就可以直接使用 1433 號通訊埠，完全不需把通訊埠公佈到主機端。這也意謂著這個 SQL 就只有位在相同的 Docker 網路上的其他容器才能接觸得到。

如果你需要在 SQL Server 裡用 Windows 認證方式搭配 AD 帳號，在 Docker 也還是做得到。容器也可以在啟動時加入網域，這樣就可以在 SQL Server 裡使用預設的服務帳號，而不需選擇 SQL Server 本身的認證方式。

事件紀錄

你可以把自己電腦裡的事件檢視器連接到一台遠端伺服器上，但目前的 Windows Server Core 或 Nano Server 映像檔裡都沒有啟用遠端事件紀錄服務。這意謂著你沒法像平常檢視遠端伺服器一般直接連進一個容器，然後用事件檢視器介面閱讀事件紀錄資料——但你還是可以利用伺服器管理員的介面來達到目的，下一節我就會介紹做法。

如果你只是單純地想要閱讀事件紀錄，可以對運行中的容器直接下一道 PowerShell 指令，就能撈出事件紀錄資料。以下這道指令會從我的資料庫容器中，讀出最新的兩筆 SQL Server 應用程式事件紀錄資料：

```
> docker exec db powershell `
    "Get-EventLog -LogName Application -Source MSSQL* -Newest 2 | Format-
Table TimeWritten,Message"

TimeWritten          Message
-----------          -------
6/27/2017 5:14:49 PM Setting database option READ_WRITE to ON for database
'...
6/27/2017 5:14:49 PM Setting database option query_store to off for
database...
```

如果你的容器出現問題，又沒法以其他方式診斷時，閱讀事件紀錄有時也很有用。但是如果你手上有成打的、甚至上百的容器在執行時，這就不是什麼有效率的辦法。這時最好還是把你想觀察的事件紀錄都轉發到 Docker 控制台，這樣就可以把事件紀錄統一集中到 Docker 平台，讓你用 `docker container logs` 或某種支援 Docker API 的管理工具，好好閱讀它們。

轉發事件紀錄並不難做到，只需使用類似我們先前在**第 3 章開發 *Docker* 化的 *.NET*和 *.NET Core* 應用程式**中做過的、轉發 IIS 日誌的方式就可以。對於任何會寫入事件紀錄的應用程式，你都可以用一個啟動指令稿做為進入點，讓它運行應用程式後進入讀取迴圈——也就是從事件紀錄取得資料，再寫到控制台去。

對於以 Windows 服務形式執行的應用程式來說，這是一個很有用的做法，同時也是微軟在 SQL Server 的 Windows 映像檔裡使用的做法。Dockerfile 用了一支 PowerShell 指令稿來搭配 CMD 指示語句，而且指令稿結束時還會進入迴圈，呼叫同一個 Get-EventLog 指令把紀錄轉給控制台：

```
$lastCheck = (Get-Date).AddSeconds(-2)
while ($true) {
  Get-EventLog -LogName Application -Source "MSSQL*" -After $lastCheck | `
    Select-Object TimeGenerated, EntryType, Message
  $lastCheck = Get-Date
  Start-Sleep -Seconds 2
}
```

這支指令稿會每 2 秒鐘讀取一次事件紀錄，取得所有前一次讀取後新增的資料，並寫到控制台。指令稿靠一個 Docker 啟動的程序來執行，因此紀錄資料都會一一被 Docker API 攔截下來、並加以紀錄。

但這並非完美的做法——它以時間做為迴圈條件，而且只會從日誌裡選擇部分資料寫出，這意謂著同樣的資料會同時存在於容器的事件紀錄和 Docker 當中。如果你的應用程式已經寫入事件紀錄，而你想要在完全不改寫的條件下將它 Docker 化，就會出現上述情形。在本例中，你必須要有辦法讓應用程式的程序保持執行（就像 Windows Service 那樣可以指定停止後的復原方式），因為 Docker 只會監視事件紀錄迴圈而已。

伺服器管理員

伺服器管理員是絕佳的伺服器遠端管理與監視工具,而且它也可以和採用 Windows Server Core 的容器配合得很好。你只需沿用和 IIS 管理主控台類似的辦法,在容器裡設定一個有管理權限的使用者帳號,再從主機連入就行了。

就跟 IIS 一樣,你可以在映像檔裡加上一個指令稿,由它來設定使用方式,這樣你就可以在需要使用伺服器管理員時啟動它。比起在映像檔裡始終開放遠端存取,這種方式要安全些。指令稿只需加上一個使用者,把伺服器設定成允許管理原帳號遠端存取,並確保 **Windows Remote Management**(**WinRM**)服務都在執行中:

```
net user serveradmin "s3rv3radmin*" /add
net localgroup "Administrators" "serveradmin" /add

New-ItemProperty -Path
HKLM:\SOFTWARE\Microsoft\Windows\CurrentVersion\Policies\System `
  -Name LocalAccountTokenFilterPolicy -Type DWord -Value 1
Start-Service winrm
```

我製作了一個示範的映像檔 dockeronwindows/ch08-iis-with-server-manager,它內含 IIS,而且也把上述指令稿封裝在內,以便啟用遠端存取和伺服器管理員。它的 Dockerfile 還把 WinRM 所需的通訊埠 5985 和 5986 也公佈出來。我可以如下啟動在背景端運行 IIS 的容器,同時還啟用遠端存取:

```
> docker container run -d -P --name iis2 dockeronwindows/ch08-iis-
with-server-manager
b4d2c57d54e6c01e991dc4ed1b2a931386f9432b6f06235cc7dcac525c0bad25

> docker exec iis2 powershell .\EnableRemoteServerManagement.ps1
The command completed successfully.
```

你可以透過容器的 IP 位址用伺服器管理員連進容器,但容器並未加入網域。伺服器管理員會試著透過安全通道認證,但終歸於失敗,因此你會看到一個 WinRM 認證錯誤。要加上一個非網域成員的伺服器,必須以受信任主機的形式加入它。受信任主機清單應以容器的主機名稱、而非 IP 位址來建立,因此我得先知道容器的主機名稱:

```
> docker exec iis2 hostname
b4d2c57d54e6
```

現在我可以把容器加到信任清單裡了。以下指令需要在 Docker 主機上、而非容器內
執行。這樣其實是把容器的主機名稱加到本地機器的信任伺服器清單裡。我是這樣在
我的 Windows Server 2016 主機裡執行的：

```
Set-Item wsman:\localhost\Client\TrustedHosts b4d2c57d54e6 -Concatenate -
Force
```

> 筆者使用的是 Windows Server 2016，但各位其實也可以從
> Windows 10 執行伺服器管理員。只需安裝**遠端伺服器管理工具**
> （**Remote Server Administration Tools (RSAT)**），你就可以用相
> 同的方式在 Windows 10 裡操作伺服器管理員。

在伺服器管理員裡，請瀏覽**所有伺服器** | **新增伺服器**（**All Servers** | **Add Servers**），再
點選 **DNS** 頁籤。在此你就可以輸入容器的 IP 位址，伺服器管理員會自行解譯出主機
名稱：

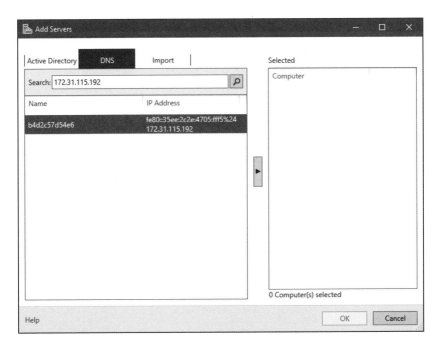

請點兩下伺服器，再點選**確定**——現在伺服器管理員就會試著連到容器去。然後你會
看到**所有伺服器**的頁籤狀態變更了，它說該伺服器確實在線上，但不准你取用它：

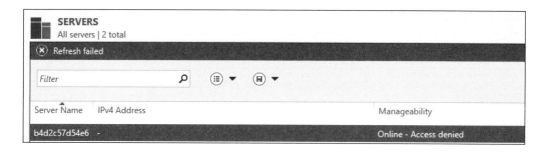

現在你可以用滑鼠右鍵點一下伺服器清單中剛新增連線的容器，再選**管理身份⋯**（**Manage As**），以便提供本機管理員的帳號身份。你必須指明主機名稱以取代帳號前綴的網域名稱部分。先前以指令稿在容器內建立的本機使用者名稱是 **serveradmin**，因此我輸入認證身份時就得鍵入 `b4d2c57d54e6\serveradmin`。

現在連線成功了，你可以看到伺服器管理員呈現的容器資料，例如事件紀錄、Windows 服務、以及所有安裝的角色和功能等等：

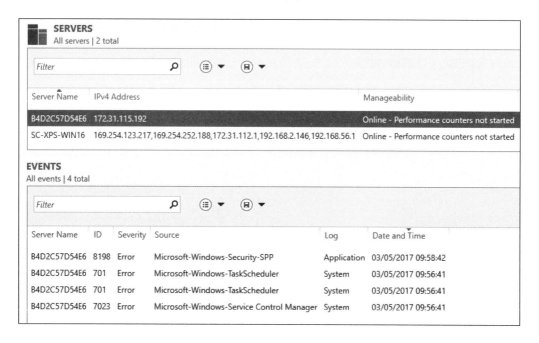

你甚至還可以藉著遠端伺服器管理員介面，為容器添加功能——但此舉並不合適。就像其他圖形介面管理工具，最好只用來探索調查，但不要直接進行更改，更改應以 Dockerfile 為之。

用 Docker 工具來管理容器

各位已經學到如何使用既有的 Windows 工具來管理容器,但這些工具能做的事並不一定能滿足 Docker 的需求。容器裡也許只有一個網頁應用程式在運行,因此 IIS 管理員的階層式瀏覽並不一定有用。在伺服器管理員中檢視事件紀錄也許很有用,但是把紀錄資料轉到控制台會更好用,因為如此就可以直接從 Docker API 看到它們。

此外還需要特別設定映像檔、公佈通訊埠、新增使用者、並啟動額外的 Windows 服務,才能讓遠端管理工具連進容器運作。這些都使得運行中容器的受攻擊層面越益擴大。你應當只把這些既有工具視為開發和測試環境中的有用除錯工具,而不應運用在正式環境當中。

Docker 平台為容器中運行的任何應用程式類型都提供了一個一致的 API,因此便造就了新型管理用介面的機會。在本章接下來的內容裡,筆者會檢視各種支援 Docker 的管理工具,這些工具都具備 Docker 指令的替代管理介面。我會先從一些開放原始碼的工具開始介紹,然後再繼續介紹商業版 Docker EE 上的 **Containers-as-a-Service**（**CaaS**）平台。

Docker visualizer

visualizer 是一個非常簡單的網頁介面,它可以顯示 Docker swarm 裡所有節點和容器的基本資訊。這個開放原始碼專案可以在 GitHub 上找到,它的原始碼倉庫名稱就是 dockersamples/docker-swarm-visualizer。這支應用程式係以 Node.js 撰寫,而且也有封裝好的 Docker 映像檔可供 Linux 和 Windows 使用。

在我的 Azure 混合式 swarm 裡,我可以在 manager 節點上用 Linux 容器運行一個 visualizer。然後用以 Docker for Windows 連入 swarm 執行以下指令:

```
docker service create `
  --name=viz `
  --publish=8080:8080/tcp `
  --constraint=node.role==manager `
  --mount=type=bind,src=/var/run/docker.sock,dst=/var/run/docker.sock `
  dockersamples/visualizer [2]
```

譯註 2　這是一個 Linux 映像檔,所以作者是在他自己的 Azure swarm 上,用 Linux 當 manager 節點來執行。

以上的條件語句（constraint）會確保相關容器只會運行在 manager 節點上，而且由於我的 manager 節點使用的是 Linux，我可以利用 mount 選項讓容器與 Docker API 溝通。在 Linux 裡，你可以把 sockets 當成檔案系統掛載點來看待，因此容器就能直接應用 API 的 socket，毋須透過**傳輸控制協定（TCP）**來公開。

> 當然你也可以在一個純 Windows 的 swarm 裡運行 visualizer。Windows 目前還不支援把具名管線（named pipes）掛載成卷冊的做法，但是在 visualizer 專案的文件裡仍有詳述替代的做法。

藉著 visualizer，你可以用唯讀的方式檢視 swarm 裡的容器。其介面會顯示主機和容器的狀態，並讓你可以迅速看出 swarm 裡的工作負載配置。下圖就是我在 Azure 上的 swarm 部署了 NerdDinner 堆疊後的樣貌：

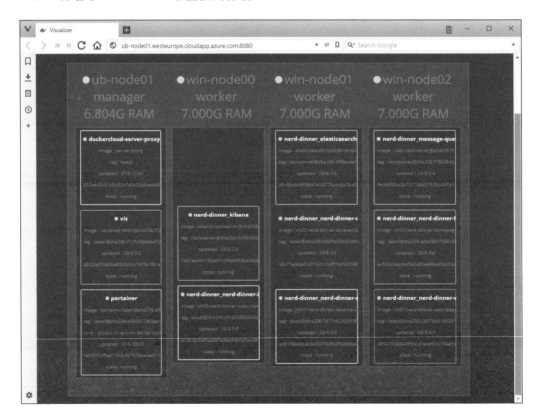

我只需一瞥就可以看出所有的節點和容器都很健康，而且 Docker 已把容器盡量平均分配到 swarm 當中。visualizer 使用了 Docker 服務的 API，它會把所有的 Docker 資源都以 RESTful 的介面公佈出來。

Docker API 也提供寫入操作，因此你可以建置自己的更新資源。 有一個名為 **Portainer** 的開放原始碼專案，就是專門用這種 API 來進行管理的。

Portainer

Portainer 是一種輕量型的 Docker 管理介面。它也一樣以容器運行，不但能管理個別的 Docker 主機，也能管理 swarm 模式的叢集。它也是開放原始碼專案，你可以在 GitHub 的 portainer/portainer 倉庫找到它。Portainer 是以 Go 撰寫的，因此它可以跨平台使用，你可以選擇以 Linux 或 Windows 容器來運行。

在我的混合式 swarm 裡，我使用 manager 節點來運行 Portainer 的容器：

```
docker service create `
 --name portainer `
 --publish 9000:9000 `
 --constraint 'node.role == manager' `
 --mount type=bind,src=//var/run/docker.sock,dst=/var/run/docker.sock `
 portainer/portainer -H unix:///var/run/docker.sock
```

> Docker Hub 上的 portainer/portainer 映像檔是一個多重架構映像檔，亦即同一個映像檔既可用在 Linux、也可以用在 Windows 上，Docker 自己會根據寄居主機的作業系統來選用符合的映像檔。雖然你沒法在 Windows 上掛載 Docker socket，但是 Portainer 文件會教大家如何在 Windows 中取用 Docker API。

當你初次瀏覽 Portainer 時，你需要提供管理員密碼。然後服務會連接 Docker API，並把所有資源的詳情都和盤托出。在 swarm 模式下，我可以看到 swarm 裡所有的節點、它們的運算容量、Docker 的版本和各自的狀態等等：

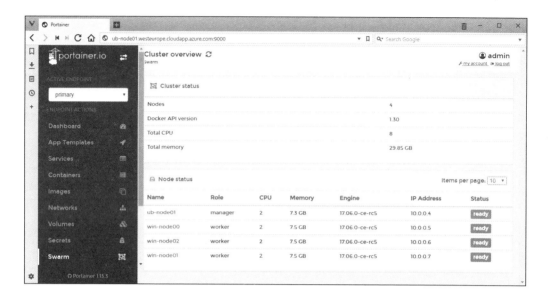

從 **Services** 檢視表就可以看出所有正在運行的服務,而且從這裡還可以繼續深入檢視各服務的細節,而且還有快速連結可以用來縮放服務的規模:

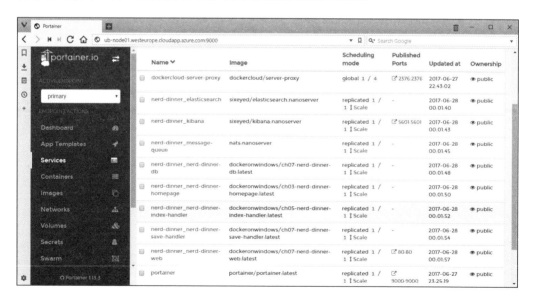

你可以用 Portainer 來建立容器和服務，但在目前的版本裡（1.13 版），你沒法用 compose 檔案部署堆疊、或是管理 swarm 裡的堆疊。

Portainer 是個好工具，也是相當活躍的開放原始碼專案，但其中有些功能你必須先了解其資料來源何在──有些檢視表會顯示 Portainer 所連接的節點狀態，而非以 swarm 做為整體來顯示。像 **Services** 檢視表就會顯示全部的服務，但 **Volumes** 和 **Containers** 這兩個檢視表卻只會顯示 Portainer 本身所在節點的資源。

你可以在 Portainer 裡建立多個使用者和團隊，然後為資源加上存取控制。你可以建置一個服務，但只讓特定團隊取用。認證由 Portainer 本身管理，因此所有的使用者資料都位於 Portainer 的資料庫裡，沒法跟外部的身份服務結合。

在正式環境裡，你也許需要支援才能使用軟體。Portainer 雖為開放原始碼，但它還是擁有商用支援服務選項。如果要在企業或是安全程序控管嚴密的環境中部署，改用 Docker EE 的功能會較為完整。

Docker EE 的 CaaS

Docker EE 是 Docker, Inc. 提供的商業版本，隨附在管理套件裡的標準和進階功能，合稱為 **Docker Datacenter**（**DDC**）。DDC 是 Docker 的 CaaS 平台，它充分運用了 Docker，做為單一介面來管理任意數量主機上的所有容器。

DDC 是一項企業級的產品，讓你可以在自有資料中心內、或是在雲端運作機器叢集。叢集功能所採用的是 Docker 的 swarm 模式，因此在正式環境中，你可以架設內有 100 個節點的叢集做為應用程式平台，而且跟你用來開發的筆電裡架設的單節點 swarm 所構成的應用程式平台是一模一樣的。

DDC 內有兩個部分。其一是 **Docker Trusted Registry**（**DTR**），它就像你自己經營的私人 Docker Hub 一樣，一樣具備映像檔簽署和安全掃描等功能。我會在**第 9 章了解** **Docker 的安全風險和好處**探討 Docker 的安全性時再介紹 DTR。另一部分則是稱為 UCP 的管理元件，是一種新型態的管理介面。

了解 UCP

UCP 是一個網頁式介面，可以用來管理 swarm 的節點、映像檔、服務和容器。UCP 本身也是分散式應用程式，同樣也是以容器的形式平均地運作在 swarm 所含的服務上。UCP 提供單一介面，以一致的方式管理所有的 Docker 應用程式。它具備角色式資源存取控管，讓你可以細部調節存取方式，決定誰可以使用什麼東西。

DDC 也一樣以 swarm 模式運作。你可以用 compose 檔案把應用程式部署為堆疊，而 UCP 會據此在叢集裡建立服務。UCP 具備全面的管理功能──你可以隨意建立和移除服務、或是縮放服務規模，也可以檢視和連接到運行服務的作業，並管理構成 swarm 的節點。所有你所需要的額外資源，包括 Docker 網路和卷冊，都會呈現給 UCP，以便一併管理。

你可以運行一個混合式的 DDC 叢集，由 Linux 節點擔任 UCP 和 DTR，而 Windows 節點則擔任一般的工作負載。如果你還向 Docker 訂購了支援服務，就能擁有 Docker 團隊提供的支援，協助建置叢集、並處理任何包括 Windows 和 Linux 節點的問題。

瀏覽 UCP 的介面

你可以從首頁登入 UCP。可以使用 DDC 內建的認證方式、從 UCP 手動管理使用者，或是把 DDC 串連到任何 **Lightweight Directory Access Protocol（LDAP）**的認證機制。亦即你可以設定讓 DDC 採用組織內的 AD 資料庫，這樣就可以用 Windows 帳號直接登入。

UCP 首頁是一個如同儀表板的畫面，上面會顯示叢集內各種關鍵性效能指標，以及各節點、服務、以及當下運行的容器的數量，還有叢集的整體運算利用率：

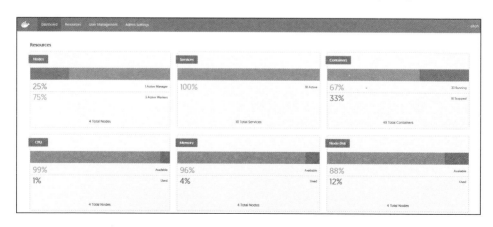

你可以從儀表板瀏覽資源檢視表，讓你依照資源類型存取：服務、容器、映像檔、節點、網路、卷冊、以及密語資料等等。對於大部分的資源類型，你都可以列出既有的資源加以調查、甚至刪除和重新建立。

對於所有的 Docker 資源，UCP 為都提供所謂的**角色式存取控管**（**Role Based Access Control (RBAC)**）。你可以替任何資源加上許可權標籤，然後根據標籤來保護存取權限。團隊也可以透過標籤來取得許可權——從不得使用到完全控制都可以——這樣就能確保團隊成員都能取用帶有特定標籤的所有資源。

管理節點

節點檢視表會顯示叢集中所有的節點，同時列出它們的作業系統和 CPU 架構、節點的狀態、以及節點 manager 的狀態：

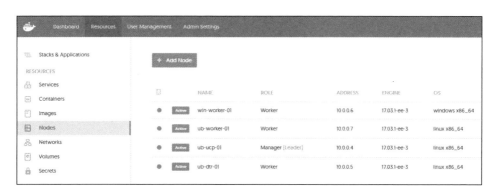

我的叢集裡一共有 4 個節點，兩個是負責運作 DDC 的 Linux 節點——亦即 UCP 和 DTR 服務——另外則是負責使用者工作負載的一個 Windows 節點和一個 Linux 節點。就像在 swarm 模式裡一樣，我可以設定 DDC，讓 manager 節點不要分攤使用者工作負載——負責 DTR 的節點也可以比照辦理。這是隔離 DDC 服務、為它保留運算能力的好辦法。

在管理節點時，你可以用圖形介面檢視和管理你有權使用的 swarm 伺服器。也可以任意把節點切換為排除模式（drain mode），以便為該節點進行 Windows 更新或 Docker 升級。當然也能把 workers 升任成為 managers，或反向把 managers 降為 workers，並檢視新增 swarm 節點所需的 tokens。

如果深入節點檢視，還能看到伺服器的整體 CPU、記憶體和磁碟使用量，以及用圖表顯示的現行使用狀況與過往紀錄：

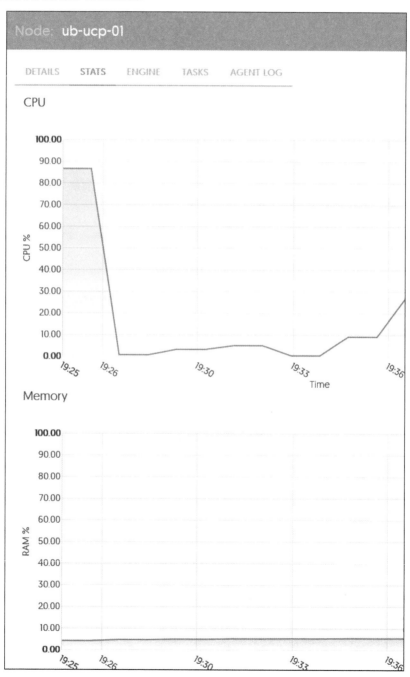

你還可以列出每個節點上運行的作業，以便遍覽節點上所有運行中的服務容器：

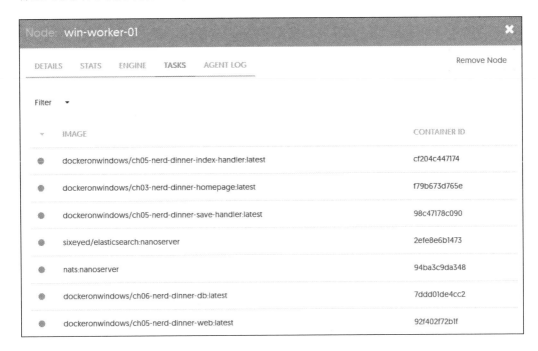

你可以從每個作業瀏覽容器檢視畫面，接下來就要介紹到它。

卷冊

卷冊所在的層級是節點而非 swarm，但是你可以用 UCP 跨越所有 swarm 來管理卷冊。在 swarm 裡管理卷冊的方式，端看你所使用的卷冊類型而定。如果屬於本地卷冊，代表它適合用在會把日誌和測量值寫入到磁碟、並隨後集中轉發的場合，例如通用式服務（global services）。

至於以叢集化服務運行的永久性資料儲存，也可以採用本地端儲存。你可以在每一個節點上建立一個本地端卷冊、但會特別標記那皆具備高容量 RAID 陣列的伺服器。當你建立資料服務時，就可以用標籤做為條件，將服務侷限在具有 RAID 的節點上，這樣其他的節點就不會被分配到相關的作業，而執行相關作業的節點，資料必定會寫到位於 RAID 陣列的卷冊裡。

但對於自有資料中心和雲端架構來說，你可以改用具備卷冊 plugins 的共享式儲存。藉由共享式儲存，就算容器移動到不同的 swarm 節點上，服務也還是可以繼續取用資料。服務作業會從卷冊讀寫資料，而資料是永久存在共享式儲存裝置上的。Docker Store 上有很多種卷冊 plugins 可以選用，包括專供 AWS 和 Azure 等雲端服務使用的版本、或是專供 HPE 和 Nimble 使用的實體基礎設施版本、以及 vSphere 這種虛擬化平台專用的版本等等。

Docker 平台極可能在日後推出原生的共享式儲存，而不需再仰賴特定的 plugin。Docker 剛剛併購了一家名叫 **Infinit** 的分散式儲存公司，他們的專長正是建置點對點傳輸機制。在併購聲明中，Docker 說明了他們如何計畫將分散式儲存整合至 Docker 平台當中，這樣就可以從任何一個採用 swarm 共享儲存的叢集節點上取用資料卷冊。

卷冊的選項並不多，所以建立卷冊時只需指定驅動器（driver）、並加上相關選項即可：

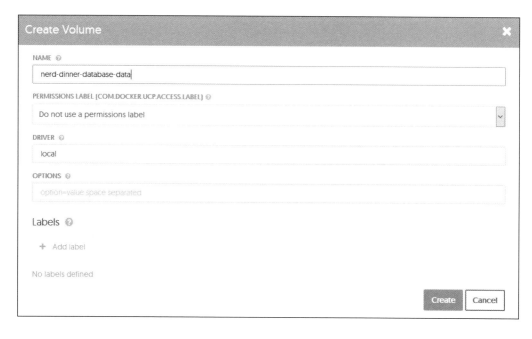

卷冊也可以像其他資源一樣，加上許可權標籤，以便用角色式存取控管（RBAC）來管制卷冊的可用與否。

映像檔

UCP 並非映像檔登錄所—— DTR 才是在 DDC 中扮演企業自有登錄所的角色。在映像檔檢視表中，UCP 會顯示有哪些映像檔已下載到叢集的節點中，你也可以透過 UCP 下載新的映像檔。

在 Docker **社群版**（**Community Edition (CE)** ）裡的 swarm 模式有一個缺點，就是下載而來的映像檔並非通行於整個叢集。在 CE 版的 swarm 裡，你必須連進每一個節點分別一一下載，然後才能載入服務啟動時所需的映像檔。但是企業版的 UCP 就沒這個限制——你可以用 UCP 裡的 **Pull image** 功能，把映像檔下載到每個節點裡：

Docker 的映像檔會經過壓縮以便於發送，而 Docker 引擎則會在映像檔下載完畢後將映像檔的各層解開。不同的作業系統都有自己的最佳化做法，以便在下載完畢後儘速啟動容器，這也是何以你不能在 Linux 主機上下載 Windows 的映像檔，反之亦然。UCP 會嘗試在每一台主機下載映像檔，但如果因為映像檔與主機的作業系統不符合而導致下載失敗，UCP 就會為剩下的節點繼續下載映像檔。

在映像檔檢視表裡，你可以深入檢視映像檔的詳細資料，包括層層堆疊的過往歷史、健康檢查、任何環境變數、以及公佈的通訊埠。基本資料也會告訴你映像檔的作業系統平台、虛擬容量、以及建置的日期：

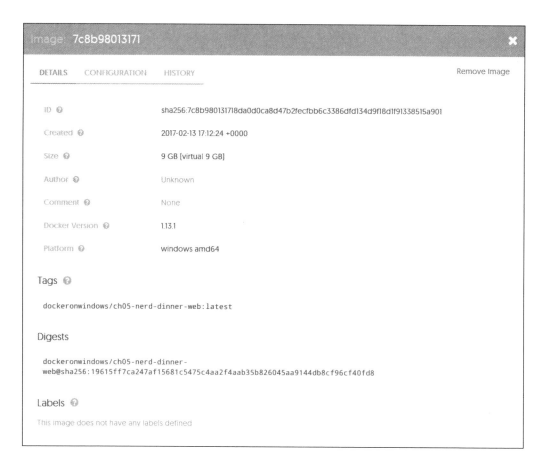

在 UCP 裡，你也可以從叢集中移除映像檔。你可以自訂一個策略，叢集中只保留目前這一版和前一版的映像檔，以便做為還原時使用。其他的映像檔則可以放心地從 DDC 節點中移除，其他早先的映像檔版本只需留在 DTR 裡，這樣一來，需要它們時還是可以很快地取得。

網路

在 UCP 裡管理網路非常直接，因為呈現的介面和其他類型的資源都一樣。網路清單會顯示出叢集中所有的網路，而且都可以加上標籤，以便搭配 RBAC 進行權限管理，因此你只能看到你有權觀看的網路。

網路有好幾個選項，包括可以設定 IPv6、以及自訂 MTU 封包大小等等。swarm 模式還支援加密網路，亦即節點間的流量會自動加密，而且透過 UCP 就可以啟用。在 DDC 的叢集裡，網路通常都會採用覆蓋網路驅動器（overlay driver），以便讓每種服務都能透過橫跨叢集節點的虛擬網路彼此溝通：

Create Network

NAME ⓘ

nerd-dinner-network

PERMISSIONS LABEL [COM.DOCKER.UCP.ACCESS.LABEL] ⓘ

Do not use a permissions label ▾

DRIVER ⓘ

overlay

MTU ⓘ

1500

OPTIONS ⓘ

option=value space separated

☐ Encrypt communications between containers on different nodes ⓘ

☐ Allow any container to attach to this network ⓘ

☐ Enable IPv6 networking

☐ Internal network ⓘ

☐ Enable hostname based routing ⓘ

IPAM

IPAM DRIVER ⓘ

default

＋ Add IPAM Configuration

Docker 還支援一種特殊類型的 swarm 網路，稱為**入口網路**（**ingress network**）。入口網路擁有負載平衡的功能，也能替外來的請求執行服務尋找（service discovery）動作。這使得通訊埠的公佈更富於彈性。在一個由 10 個節點構成的叢集裡，你可以替一個有三份抄本的服務公開 80 號通訊埠。如果有一個節點接收到對內的 80 號通訊埠請求，而這個節點上恰好沒有運行任何跟 80 號通訊埠相關服務的作業，Docker 就會很聰明地把請求重導給正在運行相關服務作業的節點。

> 入口網路是一個非常強大的功能，但在本書付梓前，Windows 的網路堆疊還無法支援此一功能。對它的支援已在規劃當中，但將來它應該會包含在 Windows 更新中、而非放在新版的 Docker 裡。

你也可以透過 UCP 刪除網路，但前提必須是當下沒有任何容器掛在該網路上。如果你有服務定義在該網路上運作，那麼當你嘗試刪除該網路時就會收到警示。

部署堆疊

在 UCP 裡部署應用程式的方法有兩種，分別對應到 docker service create 指令的個別服務部署法、以及 docker stack deploy 指令的完整 compose 檔案部署法。堆疊部署起來最簡單，況且還可以沿用先前在測試環境驗證過的 compose 檔案。只需進入堆疊與應用程式（stacks and applications）檢視表，點選 **Deploy**，就可以匯入 YML 格式的 compose 檔案了：

UCP 會一一驗證其內容，並標註出任何潛在問題——在本例中它便標出了 env_file 選項。在 UCP 裡，你沒法像 Docker Compose 工具那樣運用環境變數檔。使用 Docker Compose 時，環境變數檔必須先存在於你執行 docker-compose 指令的用戶端機器上。但 UCP 對叢集部署 compose 檔案時卻不會用到 Docker Compose，因此沒有一個用戶端上會有環境變數檔的存在。同樣地，像是 build 這樣的選項也不受支援，硬性使用它只會收到錯誤訊息罷了。

有效的 compose 檔案便會部署為堆疊，而你會在 UCP 裡看到所有部署的資源：包括網路、卷冊、以及服務等等。部署堆疊比直接部署服務的方式更受歡迎，因為前者可以沿用已知的 compose 檔案格式，而且它會讓所有資源部署都自動化。但堆疊也並非萬靈丹。在部署堆疊時，你無法保證服務建立的順序；因為 Docker Compose 所仰賴的 depends_on 選項在此不適用[3]。這個設計決策並非率爾操觚，主要是考慮到服務原本就應該是具有恢復能力的（resilient），但問題是並非所有服務都是如此。

現代的應用程式應該要建置成有能力處理故障狀況。如果某個網頁元件無法連接到資料庫，它就應該按照某一條具備重複嘗試機制的規範，一再試著重新連線，而非就以無法啟動結束。傳統的應用程式通常會預期它們所依存的對象已經一切齊備，因此完全不懂得如何重新嘗試連線。NerdDinner 就是如此，因此當我依照 compose 檔案部署堆疊時，網頁應用程式可能會在資料庫服務準備好前就先嘗試啟動了，而此時它就會啟動失敗。

在以上案例中，只要所有曾啟動失敗的作業都已成功重啟、並各自找到自己的依存對象，應用程式就等於已準備好提供服務了。如果這種重啟動作可能會對你的老舊應用程式造成問題，你就可能傾向於自己手動建立服務、而非部署堆疊。UCP 同樣也支援後者的做法，而且還讓你可以先確認所有的依存對象都已在運行，然後才啟動每一個服務。

建立服務

docker service create 指令有成打的選項。這些選項全都可以從有引導的 UCP 圖形介面加以支援，只需從服務檢視表的 **Create a Service** 就可以開始操作。首先你需要指定基本的細節——包括服務要使用的映像檔名稱、服務的名稱（這也是其他服務藉以發現它的依據）、抄本的模式、以及抄本的數量：

譯註 3　第 164 頁提過，swarm 模式確實不支援 compose 檔裡的 depends_on 屬性。

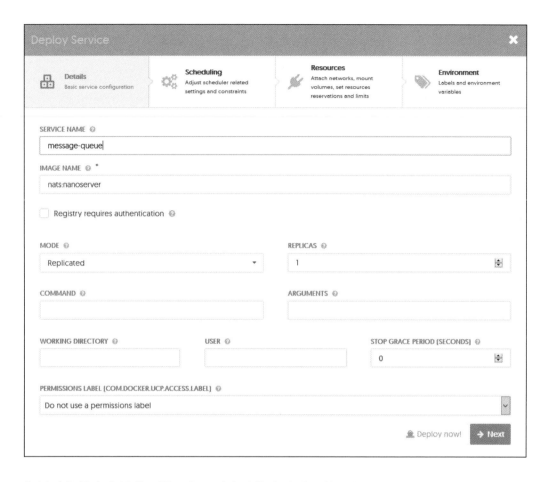

如果映像檔倉庫並非公開，你可以在此指定連線用的身份，以備取得映像檔時使用。
你也可以在此覆蓋在服務裡建立的工作目錄、啟動指令、以及容器的引數，這樣就有
充足的彈性可以用不同的方式運用映像檔。接著你可以設定要如何在 swarm 模式中分
配服務的運行方式：

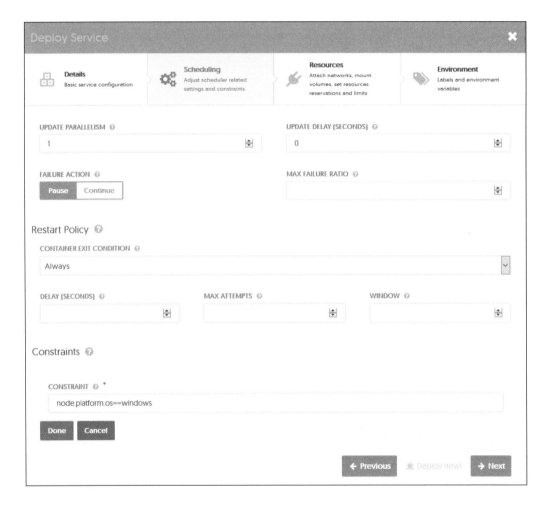

Restart Policy 的預設值是 **Always**。這個設定值是配合抄本數目一起運作的，因此如果有任何作業失敗或停止，就會重新啟動以便維持一定的服務等級。你還可以設置更新設定值以便自動展開更新，而且還能加上與分配有關的條件語句。條件語句會配合節點標籤運作，以便規範哪些節點才能用來運行服務作業。這樣就可以把作業限制在高容量的節點、或是擁有嚴格存取控制的節點上。

Swarm 節點目前仍無法在分配作業時先評估主機的平台類型，因此它可能會試著在一個 Linux 節點上運行 Windows 映像檔，或是在一個 Windows 節點上運行 Linux 映像檔。如果預先加上一個限制分配方式的條件語句就可以預防這一點。你可以利用 Docker 在節點加入 swarm 時加上的內建標籤來建構條件語句，例如 `node.platform.`

os==windows，就可以限定只有 Windows 節點才適用，或是用 node.platform.os==linux
來限定只有 Linux 節點才適用。

接下來你可以設定服務如何整合叢集中其他資源，包括網路和卷冊等等：

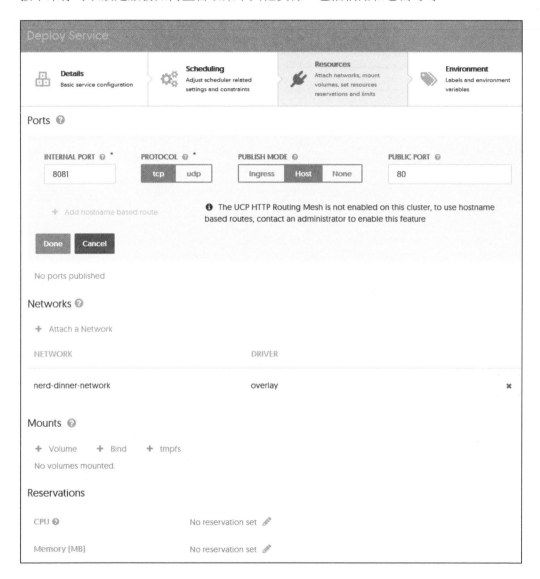

對於原本就是分散式應用程式一部分的服務來說，你可以選擇把它掛載到既有的覆蓋
網路（overlay network）上，這樣服務就可以彼此溝通。在這樣的網路裡，服務不需

要對外公佈通訊埠，因此網頁應用程式不需要靠對外公開通訊埠也能和資料庫溝通。
但如果要對外服務，就需要對外公開通訊埠，並選擇對應的外部主機通訊埠和公佈的
模式。你可以在資源段落指定需要保留的運算和限制條件，並限制服務只能佔用定量
的 CPU 和記憶體，或是反過來要求要有最起碼的 CPU 和記憶體分配量。

最後一段是設定服務的環境：

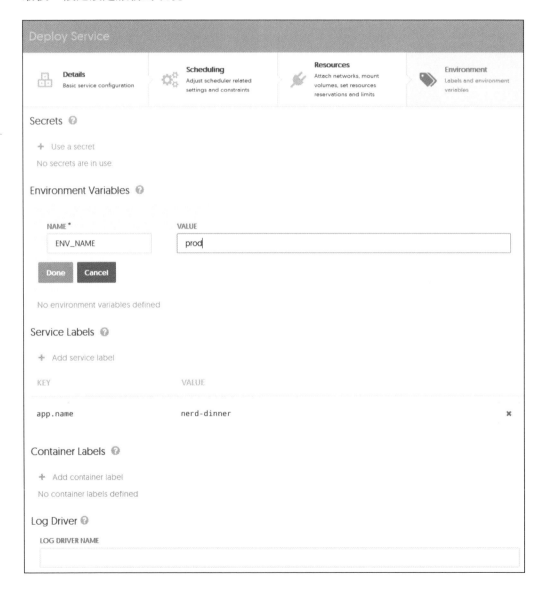

在此你可以替服務的容器加入所需的環境變數，以及套用在全體服務上的、或是只套在容器上的標籤。置入的日誌架構也在此處公佈，你甚至可以指定自訂的日誌驅動器（log driver）。這裡也可以選用要提供給服務容器的密語資料。

當你部署服務時，UCP 會負責把映像檔下載到任一需要它的節點，並啟動既定數量的容器。如果是通用式服務（global services），就是一個節點分配一個容器；如果是抄本式服務（replicated services），就會分配特定數量的服務作業給一個節點。

監視服務

不論是透過堆疊的 compose 檔案、還是透過建置服務的方式，UCP 都允許你以相同的方式部署任何類型的應用程式。應用程式可以使用混合各種技術的多項服務——新版的 NerdDinner 堆疊有一部分可以運行在 Linux 上，因此我可以利用混合式的叢集。然後我就能在同一個叢集裡把 Java、Go 和 Node.js 等元件部署為 Linux 容器，但把 .NET Framework 和 .NET Core 元件部署為 Windows 容器。

所有這些不同的技術平台，在 UCP 裡的管理方式都是一致的。服務檢視表裡會顯示所有服務的基本資訊，像是整體狀態、作業數量、先前回報錯誤的時間點等等。你可以深入檢視任何服務的詳情，並看到和服務初建時的畫面雷同的資訊：

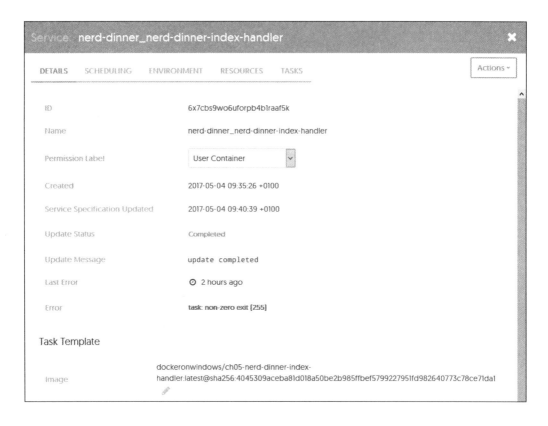

你可以在這個檢視表裡檢視服務的整體狀態，並進行更改——例如加上環境變數、更改網路與卷冊、以及調整分配的條件語句等等。任何對於服務定義的變更，都會在重啟服務後才生效，因此你必須了解這種變更對於服務的影響。無狀態（stateless）的、或是可以正常處理短暫故障的應用程式，都可以在活動的同時進行修正，但是應用程式還是會有停機時間——端看解決方案的架構而定。

即使不重啟現有的作業，也一樣可以擴展服務的規模。只需在 **Scheduling** 分頁裡指定服務的新規模等級，UCP 就會據以建立或移除容器，以符合新訂的服務等級：

Service: nerd-dinner_nerd-dinner-index-handler

DETAILS **SCHEDULING** ENVIRONMENT RESOURCES TASKS

Mode	Replicated
Scale	5

當你擴大規模時,既有的容器仍會繼續存在、而新容器會加入,因此應用程式的可用性(availability)並不受影響,除非該應用程式在個別的容器裡還保留有狀態資訊。不論如何,由於運作中的抄本不只一份,因此你可以在工作清單中看到它們:

Service: nerd-dinner_nerd-dinner-index-handler

DETAILS SCHEDULING ENVIRONMENT RESOURCES **TASKS**

Actions ▾

5 / 5 RUNNING TASKS

Filter ▾

● 5 Active ○ 0 Updating ● 4 Errored ● 1 Inactive

	NAME ▲	IMAGE	NODE	CREATED	
●	bedf06a32298	nerd-dinner_nerd-dinner-index-handler.4	dockeronwindows/ch05-nerd-dinner-index-handler:latest	win-worker-01	2017-05-04 11:31:53 +0100	started
●	3081d2af6dad	nerd-dinner_nerd-dinner-index-handler.2	dockeronwindows/ch05-nerd-dinner-index-handler:latest	win-worker-01	2017-05-04 11:31:53 +0100	started
●	5d8e2c4bc3c4	nerd-dinner_nerd-dinner-index-handler.1	dockeronwindows/ch05-nerd-dinner-index-handler:latest	win-worker-01	2017-05-04 09:39:38 +0100	started
●	18d4f238b00e	nerd-dinner_nerd-dinner-index-handler.3	dockeronwindows/ch05-nerd-dinner-index-handler:latest	win-worker-01	2017-05-04 11:32:25 +0100	started
●	68df63b22fff	nerd-dinner_nerd-dinner-index-handler.5	dockeronwindows/ch05-nerd-dinner-index-handler:latest	win-worker-01	2017-05-04 11:31:53 +0100	started

你可以在此選擇一個作業，然後深入檢視容器，這就是何以一致的管理體驗能讓管理 Docker 化的應用程式變得更直覺易懂的原因。執行容器的每一個細節都呈現出來，你甚至可以與容器互動。**DETAILS** 分頁會顯示關鍵細節，像是對外公佈的通訊埠、環境變數、以及活動中的程序等等：

Container: nerd-dinner_nerd-dinner-index-handler.1.8agaudqsriclyuhkbyaa7hmqy

DETAILS　📄 LOGS　📊 STATS　>_ CONSOLE　　　　　**Container Actions**

Environment　4 variables　　　　　　　　　　　　　　　　　　　−

ELASTICSEARCH_URL	http://elasticsearch:9200
MESSAGE_QUEUE_URL	nats://message-queue:4222
DOTNET_VERSION	1.0.3
DOTNET_DOWNLOAD_URL	https://dotnetcli.blob.core.windows.net/dotnet/preview/Binaries/1.0.3/dotnet-win-x64.1.0.3.zip

Labels　8 labels　　　　　　　　　　　　　　　　　　　　　　+

Networks　nerd-dinner_nd-net　　　　　　　　　　　　　　　+

Ports

Processes　14 processes　　　　　　　　　　　　　　　　　　−

NAME	PID	CPU	PRIVATE WORKING SET
smss.exe	11180	00:00:00.000	200.7 kB
csrss.exe	10672	00:00:00.015	340 kB

在 **LOGS** 分頁裡,你可以在此看到容器所有的輸出──以本例來說,其實就是從我的 .NET Core 應用程式寫到 Docker 控制台的輸出,但也可能是來自 IIS 的日誌、或是轉給控制台顯示的事件紀錄:

STATS 分頁以圖形的方式顯示容器使用了多少 CPU 和記憶體,而 **CONSOLE** 分頁則允許你直接連到容器裡所運行的指令介面(command shell):

UCP 提供一個介面,讓你可以從叢集的整體健康狀態一路深入,直到所有運行中服務的狀態,再到特定節點上運行的個別容器。你輕易就能監看自己應用程式的整體健康狀態、檢視應用程式日誌、並連到容器以便除錯──這些全都在同一個管理介面下就做得到。也可以下載 **client bundle**,以便從遠端的 Docker **指令列介面**(**Command-Line Interface (CLI)**)用戶端管理叢集。

所謂的 client bundle 其實包含一個指令稿，它會把你的本機 CLI 指向在遠端叢集上運行的 Docker API，並設置用戶端憑證（certificates）以便保護通訊安全。憑證會在 UCP 中辨識出特定的使用者，不論他們是在 UCP 裡建立的、還是由外部 LDAP 管理的。因此，使用者可以登入 UCP 介面、也可以使用 docker 指令集來管理資源，無論何者，他們都擁有 UCP 由 RBAC 原則所定義的相同存取權。

RBAC

UCP 的授權可以協助你微調所有 Docker 資源的存取控制。個別的使用者都有預設的存取原則，從**無權存取**（**No Access**），亦即清單中完全看不到事件資源，到**全權存取**（**Full Control**），亦即有權讀寫每個項目，但 UCP 管理設定例外。RBAC 是以小組層級（team level）來定義的──對於不同的許可權標籤，每個小組都可以有不同的存取等級。

在我的 UCP 執行個體裡，我設立了一個名叫 **Content Management System (CMS) Admins**（**內容管理系統 (CMS) 管理員**）的小組。姑且就說 NerdDinner 首頁已被執行在 Docker 上的 CMS 所取代，而特定的使用者需要用它來管理 CMS：

在這個小組裡的使用者，對於任何帶有 **cms** 許可權標籤的資源，都擁有**全權存取**權限。亦即他們有權停止容器、縮放服務規模、以及刪除卷冊，只要這些資源都帶有 **cms** 許可權標籤即可。這個小組的使用者同時還對帶有 **nerd-dinner** 許可權標籤的資源擁有**唯讀**（**View Only**）許可權，因此他們才能檢視 NerdDinner 的資源，並深入觀察細節，但他們無權修改任何資源。此外他們也無權接觸任何帶有 **finance** 許可權標籤的資源──甚至連在介面中看到這種資源的機會都沒有。

你應該先在 **User Management** 的 team 區段裡新增許可權標籤。然後才能在建立或更新資源時，拿它們來授權使用。下例中我就加上了一個 **cms** 標籤，並套用在 **cms** 服務上：

我另外還設置了一個小組，他們是使用 CMS 的人，對於 **cms** 標籤只擁有讀取權。他們可以登入 UCP，並檢視服務的狀態，但不得進行變更。擁有預設無權存取權限的使用者，如果他們身為 CMS 使用者小組成員，就可以看到帶有 **cms** 許可權標籤的服務，但其他還是啥也看不到：

此外請注意這裡沒有 **Images** 選項。映像檔檢視表不會開放給只具備預設 **No Access** 權限的使用者。在服務檢視表裡，使用者可以瀏覽服務、觀看其作業、以及檢視日誌與資源使用量，但不能做任何更改。如果他們企圖移除某服務或是連接相關的容器，就只會收到拒絕存取的錯誤提示而已。

小組可以對不同的資源標籤擁有多種許可權,而使用者也可以隸屬於多個小組。資源標籤本身可以用任意字串命名,因此 UCP 裡的授權系統十分有彈性,可以適應多種不同的安全模型。你可以採行 DevOps 的手段,並為特定的專案加上標籤,讓所有的小組成員都對專案的資源有完整的控制權。又或者你可以指定一個專屬的管理小組,讓它擁有每件事物和每個開發團隊的完整控制權,而開發團隊成員對自己進行的應用程式反而控制權有限。

RBAC 是 UCP 的主要特徵,而它補足了 Docker 的安全層面,這部分的題材會在**第 9 章了解 *Docker* 的安全風險和好處**裡再加以說明。

總結

本章專注於運行 Docker 化解決方案的營運層面。筆者向各位展示了如何以現有的管理工具搭配 Docker 容器,以及如何使用它們來調查和除錯。主要的焦點則在於管理與監視應用程式的新手法——以 UCP 的統一方式來管理所有的工作負載。

各位已學到如何以既有的 Windows 管理工具(例如 IIS 管理員和伺服器管理員)來管理 Docker 容器,也知道了這種手法的侷限之處。當你初探 Docker 時,熟悉的工具自然有助於你進入狀況,但真正的容器管理專用工具才是你的目標。

筆者介紹了兩款開放原始碼的容器管理選項:包括簡單的 visualizer 和較為先進的 Portainer。兩者本身都以容器運作,都會連結 Docker API,而且都是跨平台的應用程式,兼具 Linux 和 Windows 兩種 Docker 映像檔封裝。

最後筆者帶各位遍覽了 Docker EE 版用來管理正式環境工作負載的產品。我展示了如何以 UCP 做為統一的介面,管理容器化應用程式的每個範疇,也說明了如何以 RBAC 來控制所有 Docker 資源的存取安全。

下一章的重點是安全性。以容器運行的應用程式其實提供了不一樣的攻擊途徑。你必須了解這些風險,但 Docker 平台其實一開始就以安全考量為中心。Docker 讓你可以輕易地建立點對點的安全特性,並由執行平台來實施安全原則控制——如果沒有 Docker 會很難辦到。

9

了解 Docker 的安全風險和好處

Docker 是新型態的應用程式平台,在設計時就十分注重安全性。你可以把既有的應用程式封裝成一個 Docker 映像檔,並在 Docker 容器中運行它,毋須更改任何程式碼,就能享受到明顯的安全優勢。

一支目前仍運行在 Windows Server 2003 上的 .NET 2.0 WebForms 應用程式,不需更改程式碼就能輕鬆寫意地執行在一個以 Windows Server Core 2016 為基礎、含有 .NET 4.5 的 Windows 容器裡,一下子就能填滿長達 14 年的安全修補內容!

Docker 的安全性牽涉到的題材為數甚眾,筆者將在本章中逐一探討。我會從安全角度來說明容器和映像檔,**Docker Trusted Registry**(**DTR**)裡的延伸功能,以及在 swarm 模式下的 Docker 安全組態設定。

在本章中,我會探討 Docker 的若干內部詳情,並展示 Docker 如何實現安全功能,包括以下內容:

- 以一個主機不知道的使用者身份來執行容器程序,藉以減少攻擊層面
- 容器執行時可以設定資源限制條件,以避免耗盡主機資源
- 映像檔應予以最佳化,以便縮小應用程式的受攻擊面
- 映像檔應經過弱點掃描和數位簽章,以便紀錄出處
- Docker swarm 會將節點間的通訊加密,儲存的密語資料也會加密

認識容器安全性

運行在 Windows Server 容器中的應用程式程序，其實是運行在主機上。如果你用容器同時執行多個 ASP.NET 應用程式，在主機的工作清單裡就會看到同時有好幾個 w3wp.exe 程序正在執行。Docker 容器之所以如此有效率，就是因為容器之間彼此共用作業系統核心的緣故，容器自己並不會載入核心，因此它的啟動和關閉時間都極為短暫，而其執行平台所耗的資源也甚少。

在容器裡運行的應用程式也許也會有安全弱點，因此資安人員對於 Docker 最大的疑問就是，容器間隔離的程度究竟有多安全？如果某個 Docker 容器裡的應用程式遭到破解，是否就意味著有一個主機程序遭到突破？攻擊者是否會利用這被破解的程序進而突破其他程序，然後劫持主機、或是主機上其他運行中的容器？

如果作業系統核心中有弱點、又正好被攻擊者利用，那麼穿過容器並突破其他容器與主機，並非毫無可能。Docker 平台是根據安全縱深理論而建置的，因此就算它可能被突破，平台還是提供了數種方式來減輕被突破後的損害。

> Docker 平台在 Linux 和 Windows 之間有相近的功能，而在 Windows 這一方尚有若干缺口有待修補。但 Docker 在 Linux 上的正式環境部署已經行之有年，除了資訊不虞匱乏外，還有像是 Docker Bench 和 CIS Docker Benchmark 等 Linux 專屬的工具襄助。能了解 Linux 這一方自然有所助益，但是其中許多項目仍不適用於 Windows 容器。

容器的程序

所有的 Windows 程序都是由某一個使用者帳號所擁有和啟動的。使用者帳號的權限就決定了某個程序能否取用檔案和其他資源，以及是否能加以修改、或是只能看不許碰。在 Docker 的 Windows Server Core 基礎映像檔裡，有一個預設帳號叫做 **container administrator**。任何在容器中啟動的程序，都是用這個帳號進行的：

```
> docker container run microsoft/windowsservercore whoami
user manager\containeradministrator
```

你可以試著運行一個互動式容器、並從中啟動一個 PowerShell，然後試著找出容器管理員帳號的 user ID（SID）：

```
> docker container run -it --rm microsoft/windowsservercore powershell

> $user = New-Object
System.Security.Principal.NTAccount("containeradministrator"); `
  $sid = $user.Translate([System.Security.Principal.SecurityIdentifier]); `
  $sid.Value
S-1-5-93-2-1
```

你會發覺，這個容器使用者的 SID 始終一樣，是 S-1-5-93-2-1，因為這帳號原就是 Windows 映像檔的一部分，因此每個由它而起的容器自然都擁有一樣的屬性。容器裡的程序其實都執行在 Docker 主機上，但主機上卻沒有任何一個容器管理員使用者帳號。事實上，如果你從主機端觀察容器程序，就會發現程序的使用者名稱是空白的。以下我就啟動一個持續執行的 ping 程序，並檢查它在容器中的 process ID（PID）：

```
> docker container run -d --name ping microsoft/windowsservercore ping -t
localhost
f8060e0f95ba0f56224f1777973e9a66fc2ccb1b1ba5073ba1918b854491ee5b

> docker container exec ping powershell Get-Process ping -IncludeUserName
Handles  WS(K)  CPU(s)  Id    UserName                  ProcessName
-------  -----  ------  --    --------                  -----------
69       3828   0.00    8264  User Manager\Contai...    PING
```

這是一個運行在 Docker on Windows Server 2016 上的 Windows Server 容器，因此 ping 程序會直接執行在主機端，而容器內的 PID 會跟主機端的 PID 一致。在伺服器裡，我可以如此檢查同一個 PID 8264 的詳情：

```
> Get-Process -Id 8264 -IncludeUserName
Handles  WS(K)  CPU(s)  Id    UserName   ProcessName
-------  -----  ------  --    --------   -----------
69       3828   0.00    8264             PING
```

如你所見，使用者名稱（username）是空白的，這是因為容器的使用者沒法對應到主機端的任何一個使用者的緣故。事實上，主機端的程序是以一個無名的（anonymous）使用者身份來執行的，而且它在主機端沒有任何權限，只有在單一容器的沙盤環境裡才有效。就算真的有某個 Windows Server 弱點會讓攻擊者突破該容器，他們也只能運行一個對主機資源毫無權限的主機程序。

當然也有可能出現更極端的弱點，讓主機端的無名使用者能夠取得更大的權限——但這樣就會成為核心 Windows 權限堆疊的一大漏洞，微軟自然不能坐視不管。採用無名主機端使用者的手法，是限制潛在弱點造成任何可能影響的良好緩衝手法。

容器裡的使用者帳號與 ACLs

在 Windows Server 容器裡，預設的使用者帳號稱為容器管理員（container administrator）。這個帳號隸屬於容器內的管理員群組，因此它對容器內的全部檔案系統及一切資源都擁有完整權限。在 Dockerfile 裡由 CMD 或是 ENTRYPOINT 等指示語句指定執行的程序，都會以這個容器管理員帳號的身份執行。

萬一應用程式內有弱點存在，這就可能形成問題。應用程式也許會遭到突破，儘管攻擊者翻越容器的機會微乎其微，但仍可在應用程式容器內大舉破壞。取得管理權限意謂著攻擊者得以從網際網路下載惡意軟體，進而在容器中執行、或是把容器內的狀態資訊複製到外在位置。

要抑制這種破壞程度並不難，只需改以非管理用的使用者帳號來運行容器程序即可。微軟提供內含 **Internet Information Services**（**IIS**）與 ASP.NET 的映像檔便是如此。對外的程序是 IIS 這個 Windows 服務，使用 IIS_IUSRS 群組裡的本機帳號執行。這個群組有權讀取 IIS 的根目錄 C:\inetpub\wwwroot，但無權寫入。因此即便是攻擊者突破了網頁應用程式，也仍然無權寫入檔案，於是下載惡意軟體的能力也隨之銷聲匿跡。

有時網頁應用程式仍然需要寫入權限，以便儲存狀態資訊，但此舉可藉由在 Dockerfile 內仔細調校授權來達成目的。例如說，有一種稱為 Umbraco 的開放原始碼版本**內容管理系統**（**content management system**（**CMS**）），可以封裝成 Docker 映像檔，但其中的 IIS 使用者群組需要內容資料夾的寫入權限。你可以在 Dockerfile 裡用 RUN 指示語句這樣設置 ACL 權限：

```
RUN $acl = Get-Acl $env:UMBRACO_ROOT; `
    $newOwner = [System.Security.Principal.NTAccount]('BUILTIN\IIS_IUSRS');
`
    $acl.SetOwner($newOwner); `
    Set-Acl -Path $env:UMBRACO_ROOT -AclObject $acl; `
    Get-ChildItem -Path $env:UMBRACO_ROOT -Recurse | Set-Acl -AclObject
$acl
```

> 筆者在此不會多談 Umbraco，但各位可以在我的 GitHub 倉庫 https://github.com/sixeyed/dockerfiles-windows 裡找到相關的 Dockerfile 範例。

你應當使用無管理權限的使用者帳號來執行程序，而且要把 ACL 設定得越嚴謹越好。這樣便可限制攻擊者在容器中竊取程序權限後的行動範圍，但你仍然需要考慮到來自容器外部的攻擊方式。

限制容器的資源條件

你可以在不設限的情況下運行 Docker 容器，如此一來容器程序就會任意取用主機上的資源。這是預設模式，但也可能成為攻擊手段之一，惡意使用者可以故意對容器中的應用程式製造大量負載，造成 100% 的 CPU 與記憶體耗用量，進而拖垮主機上其他的容器。如果你運行為數上百的容器、負擔眾多應用程式運作時，就能造成顯著的負面影響。

Docker 擁有可以防堵個別容器濫用過量資源的機制。你可以明訂條件來限制容器啟動後能使用的資源，確保沒有一個容器能把主機的資源消耗殆盡。你可以指定容器只能使用特定數量的 CPU 核心和記憶體。

我在 ch09-resource-check 資料夾裡放了一個簡單的 .NET 控制台應用程式和封裝它的 Dockerfile。這個應用程式會耗盡運算資源，而我故意以容器運行它，藉此展示 Docker 如何侷限惡質應用程式的影響範疇。我可以分配 600 MB 的記憶體給應用程式，如下所示：

```
> docker container run dockeronwindows/ch09-resource-check /r Memory /p 600
I allocated 600MB of memory, and now I'm done.
```

容器裡的控制台應用程式會取得 600 MB 的記憶體，相當於讓 Windows Server 容器從主機獲得了 1 GB 的記憶體。由於我運行容器時並未設限，因此應用程式就能從主機任意取用記憶體，有多少用多少。如果我限制只給容器 500 MB 的記憶體，那麼應用程式在容器中就無法取得 600 MB 的記憶體：

```
> docker container run --memory 500M dockeronwindows/ch09-resource-check /r
Memory /p 600
Unhandled Exception: OutOfMemoryException.
```

這個示範應用程式也會耗用 CPU。它會計算圓周率到指定的小數點後位置，這是相當消耗資源的運算。在一個不設限的容器裡把圓周率計算到小數點後 2 萬位數，在我的開發用筆電上大約只需 1 秒鐘多一點：

```
> docker container run dockeronwindows/ch09-resource-check /r Cpu /p 20000
I calculated Pi to 20000 decimal places in 1013ms. The last digit is 8.
```

同樣地我也可以限制 CPU 用量，而 Docker 就會據此限制容器可以使用的運算資源，把 CPU 保留給其他作業。於是同樣的計算就得花上兩倍時間：

```
> docker container run --cpus 1 dockeronwindows/ch09-resource-check /r Cpu
/p 20000
I calculated Pi to 20000 decimal places in 2043ms. The last digit is 8.
```

要驗證資源條件的存在並不容易。因為在底層計算 CPU 和記憶體用量的 Windows APIs，都是透過作業系統核心運作的，而這作業系統核心屬於 Docker 主機。核心回報的是完整的硬體規格，因此在容器中你看不出來有任何限制條件存在，但它們確實有效。你可以試著用 WMI 來檢查限制條件，但輸出的結果或許不如預期：

```
> docker container run --cpus 1 --memory 1G microsoft/windowsservercore
powershell `
 "Get-WmiObject Win32_ComputerSystem | select NumberOfLogicalProcessors,
TotalPhysicalMemory"

NumberOfLogicalProcessors   TotalPhysicalMemory
-----------------------   -------------------
                       8              17078218752
```

你瞧，就算我已限制容器只能取用一顆 CPU 和 1 GB 的 RAM，它還是回報有八顆 CPU 和 16 GB 的 RAM。限制條件確實有效，但它們運行的層面超過 WMI 呼叫所能探知的層面。如果容器裡運行的某個程序嘗試取得超過 1 GB 的 RAM，它就會失敗。

> 記住，只有 Windows Server 容器有權取用主機全部的運算資源，而容器內的程序其實是運行在主機上。在 Windows Server 10 裡，Docker 使用的是 Hyper-V 容器，因此每個容器其實是一個輕型的虛擬機器，而程序運行其中。這個虛擬機器擁有自己的 CPU 和記憶體限制，因此容器能取用的範圍就只限於虛擬機器所擁有的。

以有限能力運行容器

Docker 平台有兩種好用的功能，可以限制應用程式在容器裡的行為。目前只適用於 Linux 容器，但如果你需要處理混合環境的工作負載，這仍然值得鑽研一番，況且未來的 Windows 版本也可能會支援它們。

Linux 容器可以用唯讀（read-only）旗標來運行，這會產生一個內含唯讀檔案系統的容器。該選項適用於任何映像檔，而且它會如常般啟動容器和相同的進入程序（entry process）。差別只在於容器不具備可寫入的檔案系統層，因此你無法在容器中加入或更改檔案，容器也無法更改映像檔的內容。

這是一個很有用的安全功能。一個有弱點的網頁應用程式，可能會讓攻擊者藉以趁機在伺服器中執行程式碼，但唯讀的容器完全限制住了攻擊者的做為。他們沒法更改應用程式組態檔、也不能更改使用權限、下載新的惡意軟體、或是取代應用程式的二進位本體。

唯讀的容器還可以搭配 Docker 卷冊來使用，因此應用程式可以寫入到某個已知的位置，以便紀錄或是暫存資料。如果你的應用程式需要寫入檔案系統，就只能以這種方式在唯讀容器中運行，不必修改其運作功能。但你得注意，原本日誌只寫到標準輸出讓 Docker 平台參考時，攻擊者無法觸及日誌內容，但如果你把日誌檔寫到卷冊裡的檔案，而攻擊者能接觸到卷冊檔案系統，他們就有可能讀到日誌紀錄。

當你運行 Linux 容器時，還可以明確地加入或去除容器內的系統功能。你可以啟動一個不具備 chown 功能的容器，這樣一來容器內就沒有一個程序可以更改檔案權限。同樣地，你也可以限制綁定網路通訊埠或寫入核心日誌的能力。

像 read-only、cap-add 和 cap-drop 等選項，對 Windows 容器都無效，但未來的 Docker on Windows 版本還是可能支援。

> Docker 有一個優點，就是免費的社群版會轉化成有正式支援的企業版。你可以在 GitHub 的 moby/moby 倉庫提出功能要求和追蹤臭蟲，這裡是 Docker 社群版的原始碼所在地。一旦 Docker 社群版中做出了新功能，隨後的企業版裡就一定也會提供相同功能。

Hyper-V 容器的隔離性

Docker on Windows 擁有一個安全優勢，是 Docker on Linux 所沒有的，那就是 Hyper-V 容器帶來的額外隔離性。運行在 Windows Server 2016 上的容器，使用的是主機端作業系統的核心。當你運行容器時，容器裡的程序都會出現在主機端的**工作管理員**（**Task Manager**）中。

但是在 Windows 10 上的行為模式便不一樣了。Windows 10 沒有像 Windows Server 那種核心，因此當你在 Windows 10 上運行 Docker 容器時，每個容器其實自己都含有一個 Windows Server 核心。

擁有自己核心的容器，稱為 **Hyper-V** 容器。它們其實是以具有 server 核心的輕型虛擬機器製成，但這並不是完整的虛擬機器、也沒有虛擬機器造成的典型負荷。Hyper-V 容器可以使用正常的 Docker 映像檔和 Docker 引擎，但它們不會出現在 Hyper-V 管理員裡，因為它們並不是完整的虛擬機器。

Hyper-V 容器也可以運行在 Windows Server 上，只需加上 isolation（隔離）選項即可。以下指令就會以 Hyper-V 容器運行一個 IIS 映像檔，同時公開 80 號通訊埠：

```
docker container run -d -p 80 --isolation=hyperv microsoft/iis:nanoserver
```

這個容器的行為完全如常。外部使用者一樣可以瀏覽主機的 80 號通訊埠、流量會如常般導向容器。在主機端，你可以執行 docker container inspect 找出容器的 IP 位址，由此直接通往容器。其他功能如 Docker 網路、卷冊、以及 swarm 模式等等，都和 Hyper-V 容器一樣。

Hyper-V 容器的額外隔離性也提供了額外的安全性。由於核心並非共享，因此就算惡意容器應用程式利用核心弱點掌控了主機端，這個主機端也不過是一個精簡型的、運行在自己的核心上的虛擬機器層而已。這個核心上沒有任何其他的程序或容器在運行，因此攻擊者也就無從突破侵入其他的工作程序。

由於 Hyper-V 容器具備個別的核心，會造成額外的負載自不可免。它們通常啟動會比較慢，而且天生就有記憶體限制，亦即在核心層就設下了容器無法踰越的記憶體限制。在某些場合裡，這種代價是值得的。在同時承載多數虛擬環境的情況下，你只能假設每個環境都是陌生不可信的，這時額外隔離性就會成為有用的藩籬。

> Hyper-V 容器的授權方式並不一樣。一般的 Windows Server 容器是依主機層來授權的，因此你需要為主機伺服器準備授權，但隨後可以運行任意數量的容器。Hyper-V 容器則因為每個都有自己的核心，授權程度會限制你在每台主機上運行的容器數量。

以安全的 Docker 映像檔來保護應用程式

我已談過各種在執行平台保護容器的觀點，但 Docker 平台其實在每個容器啟動前就已提供了深層安全防護。你可以藉著保護映像檔，進而保護封裝在其中的應用程式。

建置最精簡的映像檔

雖說攻擊者不太可能突破你的應用程式並進佔容器，但你仍應在建置映像檔時設法預防，以便萬一真的發生時可以減少損害。建置精簡的映像檔就是關鍵。理想的 Docker 映像檔應該只包含應用程式本身和它運行所需的依存條件，除此一概不要。

Windows 應用程式要達到這種程度，會比 Linux 應用程式難上一些。一個 Linux 應用程式的 Docker 映像檔，可以用最精簡的散佈版（distribution）做為基礎，然後只把應用程式封裝在最上層。這樣一來映像檔的受攻擊層面就會極小，就算攻擊者佔據了容器，到頭來他們也只能侷限在一個功能貧乏的作業系統裡，完全施展不開。

相較之下，使用 Windows Server Core 的 Docker 映像檔仍以一個功能齊備的作業系統為基礎。最精簡的版本是 Nano Server，它大幅縮減了 API、但仍裝有 PowerShell，這是攻擊者可資利用的最大功能來源。從理論上說，你可以把功能移除、關閉 Windows 服務、甚至從 Dockerfile 刪除 Windows 的二進位程式，以便限制最終產出映像檔的能力。目前這部分還沒有成熟的選項可資運用。

> Docker 對專家及社群領導者的認可，是透過執行官計劃（Captain's program）來實現的。Docker Captains 就像 Microsoft MVPs，而 Stefan Scherer 是二刀流的佼佼者，既是 Captain 又是 MVP。Stefan 就曾經實驗過這種壯舉，嘗試以空檔案系統加上最少量的 Windows 執行檔來縮減 Windows 映像檔容量。

你沒法輕易達到限制基礎 Windows 映像檔功能的效果，但你可以節制加諸其上的內容。你應盡可能地只植入應用程式的內容、以及最精簡的應用程式執行平台，讓攻擊者無從著手竄改。有些程式語言對此支援優於他者，例如以下所列：

- Go 應用程式可以編譯成原生的二進位執行檔，這樣就只需把可執行的內容封裝到 Docker 映像檔裡就好，不需 Go 的執行平台輔助。

- .NET Core 應用程式可以用集合（assemblies）的形式發佈，這樣就只需封裝 .NET Core 的執行平台就能執行它們，不需用到完整的 .NET Core SDK。

- 要在容器裡執行 .NET Framework 應用程式，需要在映像檔中安裝相應的 .NET Framework，但你依然可以儘量精簡封裝的應用程式內容。記住應以釋出模式編譯應用程式，以免把除錯用檔案一併納入。

- Node.js 使用 V8 兼充直譯器和編譯器，因此若要在 Docker 裡執行該應用程式，必須安裝完整的 Node.js 執行平台，並將完整的應用程式原始碼封裝在內。

如此一來你會受到應用程式堆疊支援範圍的限制，但精簡的映像檔才是最終目標。如果你的應用程式能在 Nano Server 上運行，就不要越級使用 Windows Server Core。完整的 .NET 應用程式沒法在 Nano Server 上運行，但 .NET 標準發展十分快速，因此將你的應用程式移植到 .NET Core 上也是一個可行的選擇，因為後者是可以在 Nano Server 上運行的。

當應用程式在 Docker 上運行時，你的運作單位是容器，而你是透過 Docker 來管理和監視它。底層作業系統並不影響你如何與容器互動，因此精簡作業系統並不會侷限你處理應用程式的方式。

Docker 的安全性掃描

精簡的 Docker 映像檔仍有可能帶有內藏弱點的軟體。Docker 映像檔使用標準、開放的格式，亦即你可以建置可靠的工具來檢視映像檔的各個層面。Docker Security Scanning 便是這樣的工具，它會檢查 Docker 映像檔裡的軟體弱點。

Docker Security Scanning 會遍閱每一個二進位檔，不論是在映像檔裡、在應用程式依存環境裡、在應用程式框架裡、甚至在作業系統裡。每一個二進位檔都會跟多個 **Common Vulnerability and Exploit（CVE）**資料庫比對，以找出已知的弱點。如果發現任何問題，Docker 就會提報詳情。

在 Docker Hub 的官方倉庫、或是 Docker Cloud 的私人倉庫、乃至於 DTR 的私人登錄所裡，都支援 Docker Security Scanning。這些系統的網頁式介面會顯示每個掃描的結果。像 Alpine Linux 這樣精簡的映像檔，就完全沒有弱點可尋：

官方的 nats 映像檔也有 Nano Server 的版本，各位可以看到它的映像檔裡仍有弱點存在：

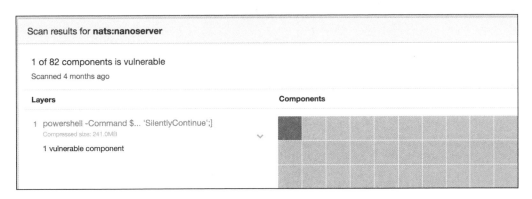

只要有弱點，你就可以深入檢查是哪一個二進位檔案被標記有問題，連結會通往 CVE 資料庫，並詳盡描述弱點。以 nats:nanoserver 映像檔為例，弱點源自於 Nano Server 基礎映像檔中封裝的 SQLite 版本：

如果你發覺映像檔裡有弱點存在，你可以清楚地知道它們位於何處、還有該如何因應。如果你有自動化測試套件，可以讓你確認應用程式在移除與弱點相關的二進位檔案後還能正常運作的話，不妨嘗試移除它們。或者你能確認應用程式沒有途徑通往弱點程式碼的話，也可以放著保持原狀。

不論如何你都可以作主，了解自己的應用程式堆疊弱點絕對有利無弊。Docker Security Scanning 在每次上傳時都會進行檢測，因此你馬上就可以得知新版是否帶有任何弱點。該工具也可以定期執行，這樣一來只要有新的弱點出現，而且影響到既有的映像檔時，你就能透過定期檢測得知。這樣就能知道舊版依存環境的問題所在，你就可以更新封裝在 Dockerfile 裡的依存環境版本以解決問題。

管理 Windows 更新

用來管理 Docker 映像檔中應用程式堆疊更新的程序，也適用於 Windows 更新。你不會連到一個運行中的容器去更新它使用的 Node.js 版本，也不會在容器裡執行 Windows 更新。

微軟會對 Windows 釋出整組的安全修補程式和其他 hotfix，通常是每月進行一次 Windows 更新。在此同時他們也會在 Docker Hub 上發行新版的 Windows Server Core 和 Nano Server 基礎映像檔、以及任何相關的映像檔。映像檔標籤中的版號就會呼應釋出的 Windows 版本。

當你在 Dockerfile 的 FROM 指示語句引用 Windows 版本，或是安裝任何依存環境時，都應明確地敘述版本資訊，才是良好的習慣。這樣一來日後你建置的 Dockerfile 才能時時保持精準，確保映像檔的內容名實相符。

指定 Windows 版本也有助於管理 Docker 化應用程式的 Windows 更新。一個 ASP.NET 應用程式的 Dockerfile 開頭也許會像這樣：

```
FROM microsoft/aspnet:windowsservercore-10.0.14393.1066
```

這樣便可標示出映像檔使用的是 Windows Server 2016 release 1066。只要釋出了新版的基礎映像檔，你就可以修改 FROM 指示語句裡的標籤，以便更新應用程式，下例便是將版本改為 release 1198 並重建映像檔的方式：

```
FROM microsoft/aspnet:windowsservercore-10.0.14393.1198
```

本章稍後會談到如何自動化建置和部署。只要有良好的 CI/CD 管線，你就能以新版 Windows 重建映像檔，並執行一切測試以確保更新不影響任何功能。然後你就可以指定新版本的應用程式映像檔，並透過 `docker stack deploy` 或是 `docker service update` 指令，對所有運行中的應用程式套用更新，完全零停機時間。全程自動化，IT 管理員深為所苦的週二修補日在 Docker 上將不復見。

以 DTR 保護軟體供應鏈

DTR 是 Docker 延伸企業版（EE）功能的第二部分（我在**第 8 章管理和監視** *Docker* **化解決方案**中已介紹過 **Universal Control Plane（UCP）**）。DTR 其實是一個私有的 Docker 登錄所，它為 Docker 平台加上了整體安全性中重要的一環：一個安全的軟體供應鏈。

你可以在 DTR 裡替 Docker 映像檔加上數位簽章，DTR 讓你指定哪些人可以上傳和下載映像檔，並把所有使用者套用在映像檔上的數位簽章安全地保存起來。它也可以配合 UCP 實施內容信任設定。透過 Docker 的內容信任設定（Content Trust），你可以設定叢集，讓它只能以特定使用者或團隊簽署過的映像檔運行容器。

這是一個威力十足的功能，能夠滿足許多業界法規的稽核需求。有的公司也許會要求要能證明，正式環境裡運行的軟體確實是以源自倉庫的程式碼所建置的。如果沒有軟體供應鏈襄助，這個目的會很難達到的；你必須靠著人為程序和文件紀錄才能做到。但有了 Docker，你就可以在平台層面實施這種控管，以自動化的流程來達成稽核的要求。

倉庫和使用者

DTR 的認證模式和 UCP 一樣，因此你既可以利用既有的 **Active Directory（AD）**帳號來登入，也可以利用建立在 UCP 裡的帳號來登入。但 DTR 也有自己的認證模式。對於 DTR 裡的映像檔倉庫、以及 UCP 中以這些映像檔運行的服務，使用者可以擁有完全不同的使用權限。

DTR 認證模式中有一部分和 Docker Hub 及 Docker Cloud 十分類似。使用者可以擁有公開或私人兩種倉庫，都以帳號名稱做為命名前綴（prefixed）。管理員可以建立組織，而組織持有的倉庫也可以細分成各種控制層級、讓使用者使用。

筆者曾在**第 4 章**從 *Docker* 登錄所上傳和下載映像檔介紹過映像檔登錄所和倉庫。倉庫全名由登錄所主機、持有者和倉庫名稱合組而成。我自己就曾在 Azure 上用 Azure Marketplace 設置過一個 Docker Datacenter。我在 DTR 執行平台裡，建立了一個名為 **elton** 的使用者。該使用者擁有一個私人倉庫，可以上傳及下載映像檔：

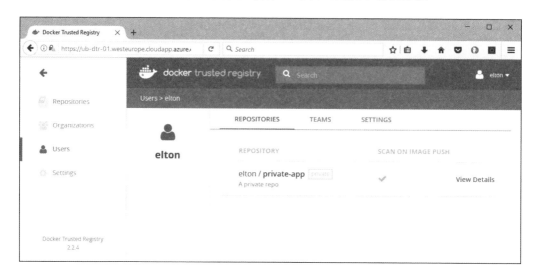

要讓使用者 elton 在倉庫裡上傳和下載名為 **private-app** 的映像檔，我必須先在倉庫名稱裡加上完整的 DTR domain 標籤。我的 DTR 執行平台運行在 ub-dtr-01.westeurope. cloudapp.azure.com 上，因此完整的映像檔名稱就必須是 ub-dtr-01.westeurope. cloudapp.azure.com/elton/private-app：

```
docker image tag microsoft/iis:nanoserver `
  ub-dtr-01.westeurope.cloudapp.azure.com/elton/private-app
```

這是一個私有的倉庫，因此只有使用者 elton 可以取用。DTR 呈現的 API 就跟其他 Docker 登錄所沒有什麼兩樣，因此我可以指定以 DTR 網域名稱做為登錄所位址，用平常的 docker login 指令登入：

```
> docker login ub-dtr-01.westeurope.cloudapp.azure.com/elton/private-app
Username: elton
Password:
Login Succeeded

> docker image push ub-dtr-01.westeurope.cloudapp.azure.com/elton/private-app
```

```
The push refers to a repository [ub-dtr-
01.westeurope.cloudapp.azure.com/elton/private-app]
...
```

如果我把倉庫公開，那麼任何能接觸 DTR 的人就都可以下載映像檔，但由於這是個人所有的倉庫，所以就只有 elton 的帳號可以上傳。

這跟 Docker Hub 一樣，因為 Docker Hub 也是讓任何人都可以從我的 sixeyed 使用者自有倉庫下載映像檔，但只有我可以上傳。對於有多人需要上傳映像檔的共用專案而言，你需要改用組織而非使用者倉庫。

組織和團隊

組織是為共同持有倉庫而設計的。組織和它所持有的倉庫使用權限，是和同倉庫的使用者權限分開的，某些使用者擁有管理權限，其他則只有唯讀權限，特定團隊則可能擁有讀寫權限。

> DTR 的使用者和組織模式是和 Docker Cloud 一樣的。如果你不需要完整的 Docker EE 企業用套件，但又需要私人倉庫和共用權限，不妨改用 Docker Cloud。

我自己就設立了一個名為 **nerd-dinner** 的組織，它擁有的倉庫收容了本書中所有示範應用程式的映像檔。組織代表一個擁有多項元件的專案，而專案團隊的成員各自都對每個元件有不同的使用權限：

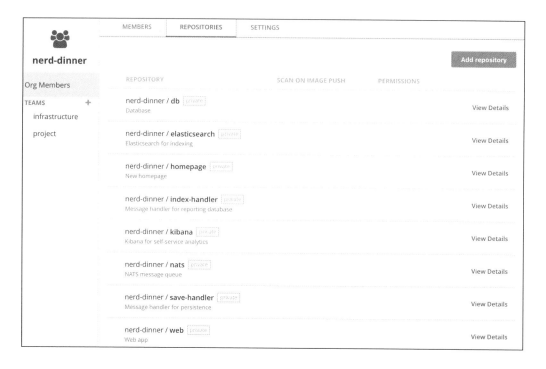

這裡有各式各樣的映像檔。有訊息佇列 nats、Elasticsearch 以及 Kibana 等基礎設施元件，在 NerdDinner 專案裡它們屬於不會變更的主幹映像檔。原本都來自 Docker Hub，但我更改了它們的標籤並將其上傳至 DTR，這樣我就可以擁有自己的簽署、掃描和內容信任等功能。

取用這些主幹元件和取用其他自製應用程式映像檔不同，因為它們分別由不同的一群使用者管理。在組織裡我有 **infrastructure**（**基礎設施**）和 **project**（**專案**）兩組人馬。在這種場合下，基礎設施的組員對 nats、Elasticsearch 和 Kibana 等映像檔擁有讀寫權，因此組員可以下載和上傳不同版本的映像檔：

專案團隊的組員則只對基礎設施倉庫擁有唯讀權限，例如 Elasticsearch：

這意謂著共用的元件可以由專門團隊管理，因此 nats 或是 Elasticsearch 的更新版可以經由基礎設施團隊組員批准發行。NerdDinner 專案的成員都擁有讀取權限，所以他們一定可以下載到最新版的基礎設施映像檔，用來運行完整應用程式，但他們無權上傳基礎設施更新。

相反地，專案團隊組員則對網頁應用程式映像檔擁有讀寫權限，而基礎設施團隊組員對此便只有唯讀權限。這表示只有專案團隊組員可以上傳應用程式更新，而基礎設施團隊組員便只能下載應用程式映像檔，以便在完成新版 nats 時有完整的堆疊可供運行和測試。

DTR 可以設定的權限，分成管理、讀寫、唯讀和全無權限等等。它們可以針對團隊或個別使用者套用在倉庫上。DTR 和 UCP 彼此相容但各自分離的認證模式，意謂著開發人員可以全權在 DTR 上傳和下載映像檔，但在 UCP 就只有唯讀權限，只能檢視運行中的容器。

映像檔的簽署和內容信任

DTR 同時也可以利用由 UCP 管理的用戶端憑證，以數位簽章來簽署映像檔，從這些簽章都可以追溯到已知的使用者帳號。使用者從 UCP 下載用戶端套件，其中就含有用戶端憑證的公鑰與私鑰，可以讓 Docker 指令列介面引用。

你可以藉由環境變數來開啟 Docker 的內容信任（Content Trust），然後當你將映像檔上傳至登錄所時，Docker 就會以你的用戶端套件裡的密鑰簽署映像檔。內容信任只對特定的映像檔標籤有效，對預設的 latest 標籤則無效，因為簽署都是跟標籤綁在一起儲存的。

我可以替自己的映像檔加上 vNext 標籤，並在 PowerShell 會談中啟用內容信任，然後把加註標籤的映像檔上傳至 DTR：

```
> docker image tag ub-dtr-01.westeurope.cloudapp.azure.com/nerdx-dinner/
index-handler `
                    ub-dtr-01.westeurope.cloudapp.azure.com/nerdx-dinner/
index-handler:vNext

> $env:DOCKER_CONTENT_TRUST=1

> docker image push ub-dtr-01.westeurope.cloudapp.azure.com/nerdx-dinner/
index-handler:vNext
```

上傳映像檔的動作會加上數位簽章，而上例就是以 elton 這個帳號的憑證做為簽章。DTR 會紀錄每一個映像檔標籤的簽章，而使用者上傳映像檔時則可以加上自己的簽章。這樣一來核准管道並得以建立，獲得授權的人可以下載映像檔、執行任何必要的測試，然後再重新上傳，以此做為核准。

DTR 使用 Notary 來管理存取密鑰及簽章。就像 SwarmKit 和 LinuxKit 一樣，Notary 也是開放原始碼專案，由 Docker 整合在商業產品之中，並加上功能與支援。如果想領略一下實際運作中的映像檔簽章和內容信任，可以參考作者的 Pluralsight 課程 *Getting Started with Docker Datacenter*。

UCP 結合了 DTR 來驗證映像檔簽章。你可以在管理設定（Admin Setting）裡設定 UCP，讓它只能使用特定人員簽署的映像檔來運行容器。

由於我已設定了 Docker 的內容信任，所以只有經過 Sys Admins、UAT、以及發行團隊等成員簽署過的容器，UCP 才會運行。這就等於已經明確地呈現出了發行核准流程、以及執行的平台。即使身為管理員，也不得從未經特定團隊簽署的映像檔運行容器。

黃金版映像檔

最後一個對於映像檔和登錄所的安全考量，就是應用程式映像檔裡引用的來源基礎映像檔。以 Docker 做為正式運作環境的公司，通常會限制開發人員能採用哪些基礎映像檔，也就是基礎設施或是資安的相關人員核准的版本。這一組可供使用的黃金映像檔也許只見於書面敘述中，但很容易在私有登錄所中實施。

Windows 環境裡的黃金版映像檔可能只有兩種選擇：其一是 Windows Server Core 版本，另一則是 Nano Server 版本。除了允許使用者引用 Microsoft 公開映像檔以外，Ops 團隊也可以自行以微軟的基礎映像檔來自製映像檔。自製的映像檔內也許會加上更多跟安全或效能有關的微調內容，或是一些適用於所有應用程式的的設定預設值，像是把公司自有憑證發行機構（Certificate Authority）發行的憑證封裝進去之類。

藉由 DTR，你可以設立一個名為 **base-images** 的組織，並准許 Ops 團隊有權讀寫該組織擁有的倉庫，而所有其他使用者對此便只有唯讀權限。在 CI/CD 過程裡，要確認這類映像檔確實使用了有效的基礎映像檔，也就是確認 Dockerfile 中的確有在使用來自基礎映像檔發佈組織的映像檔，這類測試項目是很容易自動化的。

此一功能可能很快就會見於 Docker 企業版。Docker 公司已在 DockerCon 中公開展示了新的原則引擎，可以同時在 UCP 和 DTR 上運作。你可以明訂一個原則，要求映像檔必須零弱點。如果映像檔符合原則所述，該引擎就會自動把映像檔從測試用倉庫提升到正式倉庫，然後把更新部署到運行中的服務。由於此一功能已趨成熟，原則中自然可以設定納入對於來源映像檔的檢查。

> DockerCon 是一場由 Docker 舉辦的容器大會。它每年在歐美兩地舉行，伴隨著各種專題討論會和會談，內容從黑帶等級的 Docker 內情、到全球企業的正式環境運用案例都有。Docker 的周邊應用也會參與 DockerCon，它堪稱是你見識過最富教育意義、最有趣、也具啟發性的大型會議。

瞭解 swarm 模式下的安全性

Docker 的安全縱深防禦手法涵蓋了整個軟體生涯的各個面向，從建置時的映像檔簽署和掃描、到執行平台的容器隔離和管理，都一應俱全。在本章的結尾，筆者要來談談 swarm 模式下實作的安全功能。

分散式軟體提供了眾多的攻擊面。像是元件之間的通訊就可能遭到攔截和竄改。居心不良的代理程式可能會進入網路，進而取得資料、或是運行自己的工作負載。分散式的資料儲存也可能遭到突破。Docker 的 swarm 模式係以開放原始碼的 SwarmKit 專案建構，它就是為了在平台層面克服上述攻擊面而設計的，因此你的應用程式一開始便已運作在安全的基礎上。

節點和加入 swarm 用的 tokens

你只需執行 docker swarm init 就能切換到 swarm 模式。這道指令的輸出會提供一個 token 給你,以便用來讓其他節點加入 swarm。對於 workers 和 managers 等角色有不同的 tokens。節點若沒有 token 便無法加入 swarm,因此你必須妥善保管 token,就像保管其他安全密語資訊那樣。

加入 swarm 用的 tokens 分別由前綴 (prefix)、格式版本、根密鑰的雜湊 (hash)、以及難以破解的隨機字串構成。

Docker 在 token 裡採用混合式的 SWMTKN 前綴,以便使用自動化檢查來確認它是否曾不慎被放在原始碼裡分享出去、或是曾在哪個公開場所曝光過。萬一 token 遭到破解,惡意的節點只需接觸到你的網路就可以加入你的 swarm。swarm 模式可以使用特定的網路來傳遞節點流量,因此你應該使用不公開的網段。

加入用的 tokens 可以循環使用,指令是 join-token rotate,不論是 worker token 還是 manager token 都可以處理:

```
> docker swarm join-token --rotate worker
Successfully rotated worker join token.

To add a worker to this swarm, run the following command:

    docker swarm join --token SWMTKN-1-0ngmvmnpz0twctlya5ifu3ajy3pv8420st...
10.211.55.7:2377
```

token 循環是一個完全由 swarm 掌控的操作,現有的節點都會隨著更新,而任何可能的錯誤狀況,例如節點離線、或是在循環時加入,都可以妥善地處理。

加密和密語資料

發生在 swarm 節點之間的通訊,都是以 **Transport Layer Security**(TLS)加密過的。當你建立 swarm 時,swarm 的 manager 會把自己設定成憑證發行機構(certification authority),而 manager 則會在每個節點加入時,自動替它們產生憑證。在 swarm 裡節點間的通訊,就是用雙向 TLS 加密的。

雙向 TLS 意謂著節點可以安全地通訊並相信彼此，因為每一個節點都有可信的憑證可以識別自己的身份。每個節點都會分配到一個隨機的 ID，並用在憑證當中，因此 swarm 不需倚賴主機名稱之類的屬性來識別，因為名稱是可以冒充的。

節點間的可靠通訊，是 swarm 模式下 Docker 密語的基礎。密語都經過加密、儲存在 managers 的 Raft 日誌裡，只有當 worker 準備運行容器、而容器又需要用到密語時，密語才會傳遞給 worker。密語傳遞時必定經過雙向 TLS 加密。在 worker 節點上，密語會還原成純文字、並儲存在臨時的記憶體模擬磁碟裡，而這個磁碟是藉由卷冊掛載提供給容器的。密語資料本身絕不會以純文字型式保存。

> Windows 沒有原生的記憶體模擬磁碟（RAM drive）可用，因此它實作密語資料的方式，是將密語資料儲存在 worker 節點的磁碟裡，並按照建議使用 BitLocker 來防護系統磁碟。此一限制會在將來的 Docker 版本中解決，讓 Windows 也可以用 RAM drive 來儲存密語。

在容器裡，只有特定的使用者帳號可以取用密語資料檔案。在 Linux 裡你可以指定哪些帳號有權取得密語，但在 Windows 裡你只有固定名單可資參考。我在**第 7 章利用 Docker Swarm 來協調分散式解決方案**裡就已為 ASP.NET 網頁應用程式使用過密語，大家可以看到當時我曾把 IIS 的 application pool 設定改成用有權取得密語的帳號來執行。

當容器停止、暫停、或是移除時，容器的密語便會從主機端移除。目前在 Windows 裡的密語都是存放在磁碟裡，如果主機被迫關機，那麼密語就會在主機重啟後被移除。

節點標籤和外部使用

一旦節點加入到 swarm 裡，它就會成為候選的工作負載承擔對象。許多正式環境部署都會使用條件限制來確保應用程式會在正確的節點上運行，Docker 會試著把你指定的條件拿來和節點標籤做比對。

在一個有條理的環境裡，你也許會需要讓應用程式只能在符合特定稽核等級的伺服器上運行，例如處理信用卡所需的 PCI 規範之類。你可以從標籤辨識出合乎規範的節點，並使用條件限制來確保應用程式只會在這些節點上運行。swarm 模式會協助確認這些條件限制都正確地實施。

在 swarm 模式裡的標籤有兩種。其一是由機器在 Docker 服務的組態當中所設置的引擎標籤，因此如果有一個 worker 被攻破，攻擊者就能自己加入標籤、並讓原本不合規範的機器看似合格。另一個則是由 swarm 設定的節點標籤，只能由有權操作 swarm manager 的使用者來製作。節點標籤意謂著你並非仰賴個別節點自己主張的身份來識別它，因此就算節點被突破，影響也有限。

要隔離使用應用程式時，節點標籤也很方便。你可以指定某些 Docker 主機只能從內部網路操作，其他則可以接觸到公開的網際網路。你可以透過標籤明確地紀錄某主機的特點，而且按照標籤的限制條件運行容器。你還可以用容器運行一個僅對內部公開的內容管理系統，但可透過網頁代理對外公開。

總結

本章探討了 Docker 和 Windows 容器對於安全性的考量。各位學到了 Docker 平台完全依安全縱深概念打造，而容器的執行平台安全性只不過是其中一環而已。由安全性掃描、映像檔簽署、內容信任、以及安全的分散式通訊構成的組合，建置了真正安全的軟體供應鏈。

各位看過了 Docker 裡運行應用程式的實際安全層面，也學到了 Windows 容器中的程序是如何運行在一個攻擊者難以踰越的環境當中，令其無法跨出容器侵入其他程序。容器裡的程序可以使用它們所需的所有運算資源，但我也展示了如何限制 CPU 和記憶體用量，以便防止惡性容器耗盡主機運算資源。

在 Docker 化的應用程式裡，你還有更多空間可以施加安全控制。筆者說明了為何精簡映像檔有助於保障應用程式安全，以及如何透過 Docker Security Scanning 來替應用程式依存條件可能帶有的任何弱點示警。你還可以為映像檔加上數位簽章並設定 Docker 以便強化安全，這樣容器便只能用可靠人員簽發的映像檔運行容器。

最後我介紹了 Docker swarm 模式的安全實作。在所有的協調層裡，swarm 模式擁有的安全性最為深入，而它也提供了紮實的基礎，讓你安全地運行自己的應用程式。利用密語資料來儲存敏感的應用程式資料、並以節點標籤來識別主機，都讓你得以輕鬆地運行安全解決方案。

在下一章裡，我們要開始面對分散式應用程式及 CI/CD（持續整合與持續交付）的管線建置。你可以把 Docker 服務設定成接受遠端操作 API，這樣就能輕鬆地把 Docker 部署和建置用系統串連起來。甚至連 CI 伺服器本身都可以用 Docker 容器運行，也可以把 Docker 當成建置媒介，這樣就不需重複 CI/CD 的複雜設定程序。

用 Docker 來強化
持續部署的管線

Docker 能夠以個別元件的方式建置和運行軟體，便於分散與管理。該平台同時也可以做為開發環境，在這環境中，原始碼版本控制、建置用伺服器、建置用媒介（build agents）、以及測試用媒介（test agents），全都可以在 Docker 裡用標準映像檔衍生的容器來運行。

使用 Docker 來進行開發，讓你可以把眾多專案整合在單一硬體中，但仍能保持一定程度的區隔。你可以用 Docker swarm 的高可用性組態運行 Git 和映像檔登錄所等服務，然後供給眾多專案使用。每個專案都擁有自己的建置用伺服器、有自己的管線、以及專屬的建置設定，都用輕巧的 Docker 容器來運作。

要在這樣的環境中設立一個新專案，只需建立一個原始碼版本控制倉庫、一個登錄所帳號、還有一個負責建置過程的新容器就夠了。這些步驟全都可以自動化，因此專案登場其實不過是一個僅需幾分鐘的簡單過程，而且沿用既有的硬體。

本章要帶大家學習如何用 Docker 設定**持續整合與持續交付**（**continuous integration and continuous delivery (CI/CD)**）管線，包括以下內容：

- 用 Docker 容器運行分享服務，如 Git 伺服器和自動化伺服器
- 用多段式建置法來編譯和封裝 .NET 應用程式，不用靠 MSBuild 或是 Visual Studio
- 點對點測試分散式解決方案，不論應用程式還是測試媒介，全都以容器運行
- 上傳到本地和外部的 Docker 登錄所，並部署到遠端的 Docker swarm 上

用 Docker 來設計 CI/CD

管線可以全程支援持續整合──當開發人員把程式碼上傳到共用的原始碼倉庫時，就會觸發一個建置動作，並產出一份候補釋出版本。候補釋出版本其實是存放在本地登錄所、一個有標籤的 Docker 映像檔。CI 工作流程會從建置用映像檔開始，把解決方案部署成容器，然後執行點對點的測試套件。

筆者示範的管線中有一個手動品管關卡。如果測試過關，映像檔版本就會上傳到公開的 Docker Hub 上，而管線就會開始替公開 QA 環境進行滾動式升級。

管線的每個階段都可以透過以 Docker 容器運行的軟體來實現：

- **原始碼版本控制**：Bonobo 是一個簡單的開放原始碼 Git 伺服器，使用 ASP.NET 撰寫而成
- **建置用伺服器**：Jenkins，是一種以 Java 撰寫的自動化工具，透過 plugins 來支援多種工作流程
- **建置用媒介**：MSBuild 會封裝到 Docker 映像檔當中，以便在容器裡編譯程式碼
- **測試用媒介**：NUnit 也會封裝到 Docker 映像檔之中，以便對部署的節點進行整合測試或點對點測試

Bonobo 和 Jenkins 都可以用長期運行的容器來運作，在 Docker swarm 上或是在個別的 Docker 主機上都行。建置用和測試用的媒介則都屬於任務型容器，它們都由 Jenkins 來運行，完成管線中的步驟，然後便結束。候補釋出版本會部署到一組容器上，一旦測試完畢，這些容器便會被清除。

要搞定這一切，唯一的要求就只有遠端存取 Docker API ──不論是開發用環境還是 QA 環境皆然。我在**第 1 章** *Docker on Windows 初探*就已介紹過 API 遠端存取，當時是以 `stefanscherer/dockertls-windows` 映像檔來產生憑證，以保證 API 通訊安全。你需要先設定好遠端存取，這樣 Jenkins 容器才能在開發環境中建立容器，同時替 QA 環境做滾動式升級。

管線工作流程從開發人員將程式碼上傳至 Git 伺服器開始，這裡的 Git 伺服器使用的就是同樣以 Docker 容器運行的 Bonobo。Jenkins 則設定成會去查詢 Bonobo 倉庫，如果發覺有任何變動，便會發起建置動作。解決方案裡的所有自訂元件都使用多段式的 Dockerfile，這些 Dockerfile 同樣也存放在 Git 的專案倉庫裡。Jenkins 會一一對每個 Dockerfile 執行 `docker image build` 指令，在 Docker 主機上建置出映像檔，而且就是以容器運行 Jenkins 的同一台 Docker 主機。

一旦建置完畢，Jenkins 便會以容器形式把解決方案部署到同一台本地 Docker 主機上。然後它會執行點對點測試，測試的內容同樣也封裝在一個 Docker 映像檔裡，並跟受測解決方案一樣以容器形式運行在同一個 Docker 網路上。如果測試都過關，那麼管線的最後一步便是將這些映像檔上傳至本地登錄所，做為候補釋出版本，而登錄所本身也以一個 Docker 容器運作。

當你在 Docker 上運行自己的開發工具時，享有的好處就跟在 Docker 上運行的正式工作負載完全一樣。亦即整個工具鏈都是可攜的，你可以在任意的場合（只要有 Docker）運行它，而且僅需最起碼的運算要求。

在 Docker 上運行共用的開發服務

像原始碼版本控制和映像檔登錄所之類的服務，都是適合讓眾多專案共用的對象。它們對於高可用性和可靠的儲存都有類似的要求，因此可以部署在空間充足、能夠容納眾多專案的叢集上。CI 伺服器本身也可以做為共用服務，或是讓每個小組或專案擁有自己專屬的 CI 伺服器執行個體。

筆者在*第 4 章從 Docker 登錄所上傳和下載映像檔*時便已介紹過，如何用 Docker 容器運行一個私人登錄所。在此我會介紹如何在 Docker 上運行一套 Git 伺服器和 CI 伺服器。

把 Git 伺服器封裝到 Windows Docker 映像檔

Bonobo 是一套很受歡迎的開放原始碼版本 Git 伺服器。它是用 ASP.NET 和完整的 .NET Framework 撰寫而成，你可以輕易地把它封裝在一個以 Windows Server Core 為基礎的 Docker 映像檔裡。Bonobo 屬於簡易版 Git 伺服器；它支援 HTTP 和 HTTPS 的遠端倉庫操作功能，也有網頁式介面。它也支援 Windows 認證，但我在此不討論這項功能。

Windows 容器沒有加入網域，但你在 Docker 容器裡還是可以使用 Windows 認證。你得先在 Active Directory 中建立一個名為 **group Managed Service Account**（**gMSA**）的帳號，接著賦予它取用 Docker 主機的權限。然後你可以在運行容器時加上額外的安全選項，這樣一來任何在容器中透過 Local System 或是 Network Service 帳號運行的程序，實際上都是用 gMSA 在運行的。

把 Bonobo 封裝到 Docker 映像檔裡很容易。因為它是一個完整的 .NET Framework 應用程式，因此我的 Docker 映像檔會以 microsoft/aspnet:windowsservercore 為基礎。沒有任何額外的依存項目要安裝。在 dockeronwindows/ch10-bonobo 的 Dockerfile 裡，我以尋常的方式下載了封裝的 ZIP 檔案，將它解開、然後移除 ZIP 檔案（我把 Bonobo 的版本編號輸入到環境變數裡）：

```
RUN Invoke-WebRequest
"https://bonobogitserver.com/resources/releases/$($env:BONOBO_VERSION).zip"
`

  -OutFile 'bonobo.zip' -UseBasicParsing; `
Expand-Archive bonobo.zip; `
Remove-Item bonobo.zip
```

在 ZIP 檔案裡有該應用程式所需的 Web.config 檔案，這個設定檔裡包含了預設組態值。預設值會把狀態儲存在本地 C 磁碟機裡，我會修改這部分以便把 Git 倉庫相關的資料庫及內容都存放到 Docker 卷冊裡。你可以在介面中自行修改設定，但我要的是一個完全設定妥當的 Docker 映像檔，因此我的 Dockerfile 會更改 Web.config 的設定值。

當你想要更改應用程式封裝裡某部分的組態設定值、但又不想為此另外維護一個組態檔時，這個方法就很好用。一開始就把我自己的組態檔複製到封裝裡當然比較簡單，但我想要讓組態檔能跟著應用程式改版而隨時保持更新。如果只覆寫其中部分組態值，我就可以藉此保留其他的預設組態值。我利用 RUN 指示語句，在 PowerShell 裡讀取 XML 格式的組態檔，並更新部分基本資料值：

```
RUN $file = $env:BONOBO_PATH + '\Web.config'; `
    [xml]$config = Get-Content $file; `
    $repo = $config.configuration.appSettings.add | where {$_.key -eq
'DefaultRepositoriesDirectory'}; `
    $repo.value = 'G:\repositories'; `
    $db = $config.configuration.connectionStrings.add | where {$_.name -eq
'BonoboGitServerContext'}; `
    $db.connectionString = 'Data
Source=G:\Bonobo.Git.Server.db;BinaryGUID=False;'; `
    $config.Save($file)
```

我把資料庫檔案路徑和倉庫目錄設定成使用 G 磁碟機。容器中並沒有 G 磁碟機的存在，但自然有妙招可以因應，就是**符號連結**（**symbolic link (symlink)**）[1]。

譯註 1　參閱第 4 章。

Docker 容器裡的卷冊會以符號連結目錄的方式顯示，就像 \\?\ContainerMappedDirecto
ries\01BA2580-95DA-48B9-94F2-B397D00CD0A1 這樣。如果應用程式試圖解譯這個路徑（其
實是指向主機中的某個位置）就會失敗。解決的辦法是建立一個 Docker 卷冊，然後
用登錄檔把卷冊位置對應成一個磁碟代號：

```
ENV DATA_PATH="C:\data"
VOLUME C:\data
RUN Set-ItemProperty -Path 'HKLM:\SYSTEM\CurrentControlSet\Control\Session
Manager\DOS Devices' `
    -Name 'G:' -Value "\??\$($env:DATA_PATH)" -Type String
```

從對應得來的 G 磁碟機就不再是符號連結的形式，因此應用程式可以直接對它寫入，
不必先解譯路徑。Windows 檔案系統則是用 C:\data 而非 G，而檔案系統呼叫是可以
正確配合符號連結目錄運作的。Bonobo 會把資料寫到 G 磁碟機的目錄裡，但其實寫
入的是位於主機端的 Docker 卷冊位置 [2]。

設定作業到此只剩最後一片拼圖。Bonobo 會將暫存檔寫到 App_Data 資料夾裡，就像
一般的 ASP.NET 應用程式一樣。Dockerfile 指令會以容器管理員帳號執行，因此當
App_Data 目錄從 ZIP 檔解出後，該帳號就會成為 App_Data 目錄的所有人。Bonobo 網站
會在 **Internet Information Services**（IIS）上運行，因此 IIS 的使用者帳號必須另外授
權以便寫入該目錄。我用一個檔名為 Set-OwnerAcl.ps1 的簡單 PowerShell 指令稿來設
定**存取控制清單**（**access control list (ACL)**）：

```
$acl = Get-Acl $path; `
$newOwner = [System.Security.Principal.NTAccount]($owner); `
$acl.SetOwner($newOwner); `
Set-Acl -Path $path -AclObject $acl; `
Get-ChildItem -Path $path -Recurse | Set-Acl -AclObject $acl
```

在 Dockerfile 裡，我呼叫這個指令稿，把 IIS 使用者群組指定為 App_Data 的所有人：

```
RUN $path = $env:BONOBO_PATH + '\App_Data'; `
    .\Set-OwnerAcl.ps1 -Path $path -Owner 'BUILTIN\IIS_IUSRS'
```

映像檔建置完畢後，我就擁有一個可以在 Windows 容器上運作的 Git 伺服器了。

譯註 2　同樣參閱第 4 章。

在 Docker 上運行 Bonobo Git 伺服器

運行 Bonobo 就跟運行其他脫勾容器（detached container）沒什麼兩樣，也是對應到 HTTP 通訊埠，並使用主機掛載把資料儲存到容器以外的場所：

```
docker run -d -p 80:80 `
 -v C:\bonobo:C:\data `
 dockeronwindows/ch10-bonobo
```

請瀏覽容器 IP 位址下的 /Bonobo.Git.Server（如果你是從外部連線的話，用 Docker 主機的 IP 位址也可以），就會看到一個登入畫面。預設的使用者名稱是 admin、密碼也是 admin，這樣就可以登入 Bonobo 首頁了：

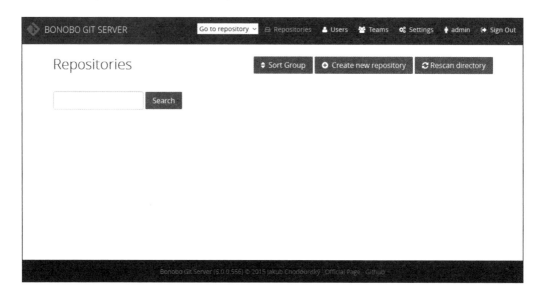

使用的第一步應該是建立一個新管理者帳號、並賦予較安全的密碼，然後改以該帳號登入，接著把預設的管理帳號砍掉。再來就是到設定頁面調整 Bonobo 並建立倉庫。Bonobo 把所有的倉庫都存放在同一個根層面，但你可以替倉庫指派一個群組標籤，然後用標籤來安排倉庫的排序顯示方式：

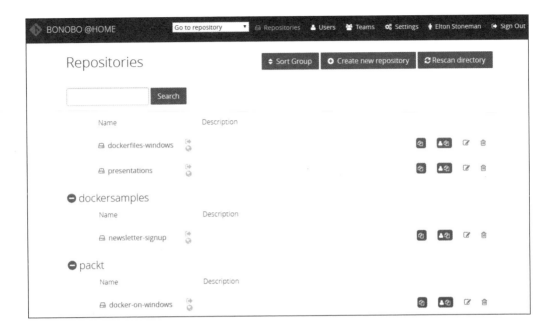

現在你可以使用這套運行在 Docker 容器上的 Bonobo，用起來跟遠端的 Git 伺服器一
樣無甚差別——就像 GitHub 或 GitLab 那樣。Windows 伺服器在我的家用網路上的位
址是 192.168.2.160，因此我可以把 Bonobo 指定為我的遠端 Git 倉庫，就像這樣：

```
git remote add bonobo
http://192.168.2.160/Bonobo.Git.Server/docker-on-windows.git
```

接下來我們就能使用 `git push bonobo` 和 `git pull bonobo` 來操作遠端倉庫了。以
Docker 容器運行的 Bonobo 既穩定又輕巧。我的執行個體通常都只佔用 200 MB 的記
憶體，待機時的 CPU 消耗還不到 1%。

 就算你原本就已使用像 GitHub 或 GitLab 之類的代管服務，能
運行自己的本地端 Git 伺服器也不賴。儘管很罕見，但代管服務
總會有停機的時候，其影響還是不小。自己弄一套備用的 Git 伺
服器，成本並不高，但卻可以保護你不受代管服務停機的影響。

接下來就該在 Docker 上運行一套 CI 伺服器了。

將 CI 伺服器封裝在 Windows Docker 映像檔

Jenkins 是一套十分受歡迎的 CI/CD 自動操作伺服器，它可以透過多種觸發類型來自訂工作流程。這是一套以 Java 撰寫的應用程式，很容易就可以封裝在 Docker 裡──雖然要把 Jenkins 的設定完全自動化並沒那麼容易。

在本章的原始程式碼中，我替 dockeronwindows/ch10-jenkins-base 這個基礎映像檔製作了一個 Dockerfile。這個 Dockerfile 內封裝了一份新安裝的 Jenkins，以官方的 OpenJDK 映像檔製作而成，而且源頭係從 Jenkins 網頁備存檔案區下載而來（這裡使用了環境變數來提供 Jenkins 的版本和 SHA hash 等資訊）：

```
WORKDIR C:\jenkins
RUN Invoke-WebRequest
"https://repo.jenkins-ci.org/.../$($env:JENKINS_VERSION)/jenkins-war-$($env
:JENKINS_VERSION).war" `
 -OutFile 'jenkins.war' -UseBasicParsing; `
 if ((Get-FileHash jenkins.war -Algorithm sha256).Hash.ToLower() -ne
$env:JENKINS_SHA256) {exit 1}
```

就像 Bonobo 的映像檔一樣，我也在 C:\data 建立了一個 Docker 卷冊，並透過 Windows 登錄檔設定，把路徑對應到 G 磁碟機。一旦有了主要儲存位置，要設定 Jenkins 就很容易；只需在 Dockerfile 裡賦值給環境變數 JENKINS_HOME 即可：

```
ENV JENKINS_HOME="G:\jenkins"
```

新安裝的 Jenkins 並不具備什麼有用的功能；幾乎所有的功能都必須在 Jenkins 設定完成後，透過事後安裝的 plugins 來提供。有些 plugins 還會安裝自己所需的相依元件，但其他則否。以筆者的 CI/CD 管線為例，我還需要在剛裝好的 Jenkins 裡安裝一份 Git 用戶端，這樣才能連接 Bonobo 運行的 Git 伺服器，另外我還需要 Docker 指令列介面，這樣才能在建置時引用 Docker 指令。

當然我可以把這些相依元件全都放到 Jenkins 的 Dockerfile 裡，但這樣映像檔就會過於肥大，也較難於管理。相反地，我把這些工具分開來，各自放在自己的 Docker 映像檔裡，然後再用多段式建置法把它們串起來。dockeronwindows/ch10-git 就是把 Git 用戶端封裝到 Windows Docker 映像檔裡，而 dockeronwindows/ch10-docker 則是把 Docker 和 Docker Compose 用戶端封裝到第二個映像檔裡。

我用這兩個映像檔、再加上 Jenkins 的基礎映像檔，就能建置出我所需的最終 Jenkins 映像檔。dockeronwindows/ch10-jenkins 的 Dockerfile 是從多個 FROM 指示語句開始的：

```
FROM dockeronwindows/ch10-git AS git
FROM dockeronwindows/ch10-docker AS docker
FROM dockeronwindows/ch10-jenkins-base
```

要把 Git 用戶端搬到最終的 Jenkins 映像檔裡，我設置了一個目錄，並把它加入到路徑環境變數中，接著從 Git 映像檔把內容搬進去：

```
RUN New-Item -Type Directory 'C:\git'; `
    $env:PATH = 'C:\git\cmd;C:\git\mingw64\bin;C:\git\usr\bin;' +
$env:PATH; `
    [Environment]::SetEnvironmentVariable('PATH', $env:PATH,
[EnvironmentVariableTarget]::Machine)

COPY --from=git C:\git C:\git
```

要置入 Docker 指令列工具的過程也是如法炮製，從 Docker 映像檔把它搬到 Jenkins 映像檔裡：

```
RUN New-Item -Type Directory 'C:\docker'; `
 $env:PATH = 'C:\docker;' + $env:PATH; `
 [Environment]::SetEnvironmentVariable('PATH', $env:PATH,
[EnvironmentVariableTarget]::Machine)

COPY --from=docker C:\docker\docker.exe C:\docker
COPY --from=docker C:\docker\docker-compose.exe C:\docker
```

用不一樣的 Dockerfiles 來一一處理相依元件，最後就能得到一個具備所有必需元件的 Docker 映像檔，但還附帶一個易於管理的 Dockerfile、和一組可以重複使用的來源映像檔。現在我可以用容器運行 Jenkins，然後安裝 plugins 來完成設定。

在 Docker 裡運行 Jenkins 自動操作伺服器

Jenkins 的網頁介面使用 8080 號通訊埠，因此你可以用以下這道指令從範例映像檔運行容器——它會對應通訊埠，並把本地資料夾掛載成為 Jenkins 的根目錄：

```
docker run -d -p 8080:8080 -v C:\jenkins:C:\data --name jenkins
dockeronwindows/ch10-jenkins
```

在你瀏覽網頁介面之前,請先檢視 Jenkins 容器的日誌,找出每次重新部署 Jenkins 時
所產生的管理員密碼:

```
> docker logs jenkins
...
**************************************************************
Jenkins initial setup is required. An admin user has been created and a
password generated.
Please use the following password to proceed to installation:
969fe9f8b2894d75b5950e267564fcf2
This may also be found at: G:\jenkins\secrets\initialAdminPassword
**************************************************************
```

現在你可以用容器 IP 位址或是 Docker 主機 IP 位址來瀏覽 8080 號通訊埠;請輸入剛
剛找到的新產生密碼,然後就可以加入所需的 Jenkins plugins。做為一個最起碼的示
範,我只從建議選項裡選用了 **Folders Plugin** 和 **Git plugin** 這兩個 plugin 來示範如何
安裝它們:

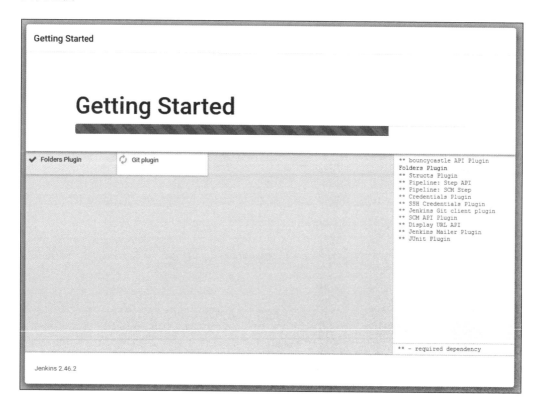

我還需要其他的 plugin 才能在建置作業中執行 PowerShell 指令稿。這個 plugin 並非建議安裝的一部分，因此當 Jenkins 啟動後，我得自己到 *Manage Jenkins...Manage Plugins*（管理 *Jenkins…* 管理 *Plugins*），然後從 **Available**（**現有**）清單裡找出 **PowerShell plugin**，然後點選 **Install without restart**（**安裝但不重啟**）：

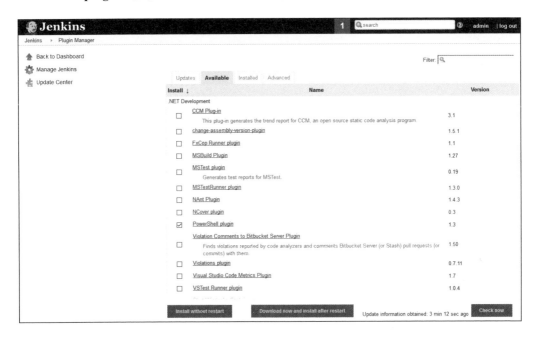

當然你可以把安裝 Jenkins plugin 的動作全都自動化，但那樣就需額外下載一些內容，而且需要對 Jenkins API 做一些指令稿處理。況且就算使用自動安裝，也不見得能處理得好 plugin 的相依性，因此較安全的作法是手動設定 plugins 和你的使用帳號，然後用 `docker container commit` 指令把容器匯出成另一個自訂映像檔。

這些都完成後，我便擁有運行 CI/CD 管線所需的一整套基礎設施服務了。

要完成全部設定，我在自己的伺服器上用一個 Docker Compose 檔案來設定 Jenkins、Bonobo 和 Docker 登錄所，而不再個別一一運行容器。這並不是一個容器需要彼此直接存取的分散式解決方案，但這些服務都具備相同的 SLA，因此用一個 compose 檔來定義它們，我就能一口氣啟動全部的服務。

在 Docker 裡用 Jenkins 來設定 CI/CD

現在我要設定這個建置內容，讓它查詢 Git 倉庫，並以 Git pushes（Git 上傳）做為觸發新建置的條件。

Jenkins 會透過 Bonobo 的倉庫 URL 連到 Git，然後從建置、測試、到部署解決方案，所有的動作都以 Docker 容器來執行。Bonobo 伺服器和 Docker 引擎使用的認證方式並不一樣，但 Jenkins 支援多種認證類型，因此我可以設定建置作業，讓它安全地取用主機上的原始碼倉庫和 Docker。

設置 Jenkins 的身份

Bonobo 提供基本的使用者名稱 / 密碼認證，也就是我設置的使用方式。在正式環境裡，我則替 Bonobo 改用 HTTPS，你可以把 **Secure Sockets Layer**（**SSL**）憑證封裝到映像檔裡，或是在 Bonobo 前面再加上一個代理伺服器。在 Bonobo 介面的使用者（Users）段落裡，我建立了一個 Jenkins CI 使用者，並賦予它讀取權限，以便讀取 docker-on-windows 這個 Git 倉庫，也就是我用來存放示範 CI/CD 作業的地方：

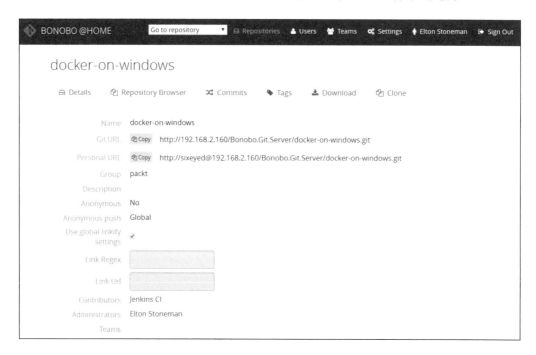

我在 Jenkins 裡加入了使用者名稱和密碼,做為通用身份:

一旦輸入密碼,Jenkins 便不會再顯示它,而且 Jenkins 會紀錄所有使用該身份進行的作業,因此這是一個安全的認證方式。

要與 Docker 認證,我必須使用先前產生過、用來保護 Docker 引擎的 **Transport Layer Security**(**TLS**)憑證。憑證一共有三個——**Certificate Authority**(**CA**)憑證、伺服器憑證和密鑰。它們需要以檔案路徑的方式傳遞給 Docker 指令列介面,而 Jenkins 支援以密語資料檔案儲存的身份來認證。我已把內含身份的 PEM 檔案上傳做為通用身份,因此我的 Jenkins 執行個體就有登入 Git 和 Docker 的身份了:

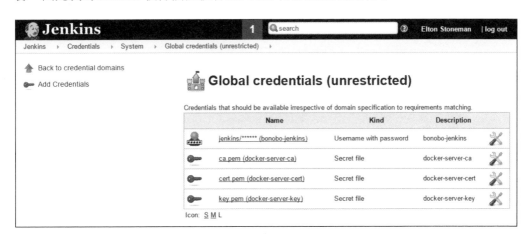

設定 Jenkins 的 CI 作業

本章示範的解決方案都放在 ch10-newsletter 資料夾下。這是一個簡單的分散式應用程式，源自 GitHub 上的一個 Docker 示範解決方案——dockersamples/newsletter-signup。我已在 Jenkins 裡建立了一個自訂作業，以便進行建置、並設定 Git 來管理程式原始碼。設定 Git 很簡單——我使用了跟先前我自己在筆電上使用 Git 倉庫時同樣的倉庫 URL，並讓 Jenkins 透過 Bonobo 裡定義的身份取用：

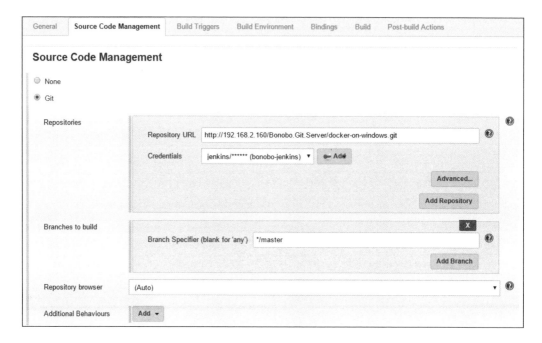

Jenkins 是以 Docker 容器運行的，而 Bonobo 也是在同一個 Docker 網路上運行的容器。我可以使用容器名稱而非主機 IP 位址，而 Docker 自己會解譯出服務何在。但這樣就會限制我必須在同一個 Docker 網路上運行容器，而且也意謂著我必須在 CI 伺服器和用戶端使用不一樣的倉庫 URL，因此最好還是使用完整的 URL。

Jenkins 支援多種類型的建置觸發開關。在這個例子裡，我會用既定的時程查詢 Git 伺服器。我採用了 H/5 * * * * 做為排程頻率，亦即 Jenkins 會每 5 分鐘檢查一次 Bonobo 倉庫。如果從上次建置後有新提交的內容，Jenkins 就會執行作業。

我需要賦予這個作業明確的密語資料檔案權限，檔案裡存有放在 Jenkins 上的 Docker 專用 TLS 憑證。在 **Build Environment** 頁面裡，我特別指定了要使用的密語資料檔案，而且每一個憑證檔案都有相關的鍊結（binding），用以選用相關的憑證檔案，並賦予一個變數名稱：：

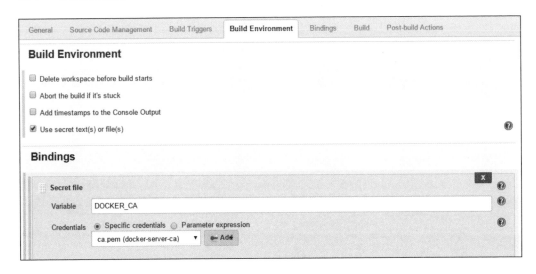

憑證會以暫存檔的形式呈現給作業步驟，而變數名稱則含有暫存檔的路徑。在本例中，環境變數 DOCKER_CA 內含有的就是 Docker 引擎使用的 CA 憑證所在路徑。這樣就完成所有必需的作業設定，現在所有的建置步驟都會以 Docker 容器來運行了。

在 Jenkins 裡使用 Docker Compose 建置解決方案

所有的建置步驟都將使用 PowerShell，以簡單的指令稿執行，這樣就不必仰賴更複雜的 Jenkins plugins。有些 Docker 專屬的 plugins 會把好幾種作業包裝在一起，例如建置映像檔、並將其上傳至登錄所等等，但是我只需靠著基本的 PowerShell 步驟就能完成我所需的每個動作。打造整個解決方案的第一步就是使用 Docker Compose：

```
cd source\ch10\ch10-newsletter

$config = '--host', 'tcp://192.168.160.1:2376', '--tlsverify', `
  '--tlscacert', $env:DOCKER_CA,'--tlscert', $env:DOCKER_CERT, '--tlskey',
```

```
$env:DOCKER_KEY
& docker-compose $config `
 -f .\app\docker-compose.yml -f .\app\docker-compose.build.yml build
```

這裡需要好幾個組態設定，才能安全地連接遠端的 Docker 引擎。我把它們集中在
PowerShell 的陣列變數裡，再傳遞給 Docker Compose 指令，這樣變數內容就不至於
打亂重要的 Compose 指令。組態選項如下：

- host：Docker 閘道器的 IP 位址
- tlsverify：確保使用 TLS 模式、憑證也檢查過
- tlscacert：CA 憑證檔的位置
- tlscert：伺服器憑證檔案的位置
- tlscacert：伺服器密鑰檔案的位置

TLS 憑證路徑使用的是 Jenkins 建置組態的環境變數。每個憑證都存放在一個不同的
暫存檔案位置，而環境變數裡就含有路徑資訊。當 Jenkins 執行 Docker CLI 時，它會
從暫存檔讀取憑證，其內容就是 Jenkins 從通用密語資料檔複製到作業裡的。

Docker 使用多段式 Dockerfiles 來建置映像檔，每一個建置步驟都會在一個 Docker 容
器裡執行。Jenkins 本身也以容器執行，而它的映像檔裡就包含了 Docker 和 Docker
Compose 的指令列介面。要讓容器裡的指令列介面連接到主機運行的 Docker 引擎，
我需要提供主機位址——但並非主機的外部 IP 位址。

我的 Docker 伺服器位址是 192.168.2.160，但是 Docker 從容器中無法取用這個位址。
相反地，你必須使用閘道器位址，這是容器解譯存取主機的方式。要找出閘道器位址
的方式有兩種。從主機端你可以用 PowerShell 取得 vEthernet 介面卡的 IP 位址：

```
> Get-NetIPAddress | `
 Where {$_.InterfaceAlias -Like 'vEthernet*' -and $_.AddressFamily -eq
'IPv4'} | `
 Select IPAddress

IPAddress
---------
192.168.160.1
```

抑或是從容器中用 Get-NetRoute 指令取得預設閘道器：

```
> docker exec -it jenkins powershell "Get-NetRoute -DestinationPrefix
'0.0.0.0/0' | Select NextHop"

NextHop
-------
192.168.160.1
```

兩個資料值應該相同，以我的範例來說，位址是 192.168.160.1。剛好是 Docker 主機使用的位址。

我是用 Docker Compose 來建置的，因此我可以用一道指令建置所有的元件。我在 Docker Compose 裡引用了覆蓋手法（我在**第 6 章利用** *Docker Compose* **來安排分散式解決方案裡介紹過這個手法**）來分隔各種疑慮。基本的 docker-compose.yml 檔案指定了所有服務和各自的組態。它描述了解決方案的架構，而且適用於每一種環境。我同時也製作了一個名為 docker-compose.build.yml 的覆蓋檔，它會加上我的映像檔所需的建置組態：

```yaml
version: '3.3'
services:

  signup-app:
    build:
      context: ../
      dockerfile: ./docker/web/Dockerfile

  signup-save-handler:
    build:
      context: ../
      dockerfile: ./docker/save-handler/Dockerfile

  signup-index-handler:
    build:
      context: ../
      dockerfile: ./docker/index-handler/Dockerfile
```

這些 Dockerfiles 都含有多段式建置，第一階段會先在容器中用 MSBuild 編譯應用程式，然後第二階段會把編譯好的應用程式搬到最終的 Docker 映像檔裡。

CI 管線裡的多段式建置

先前我設定 Jenkins 時，並未把任何建置媒介含括進來；在 Jenkins 的 Docker 容器裡，沒有 MSBuild、沒有 NuGet、也沒有 Visual Studio 等元件。所有建置應用程式所需的一切都要在 Docker 裡設定。以下就是 dockeronwindows\Ch10\ch10-newsletter\docker\save-handler 映像檔的 Dockerfile 的開頭，這個映像檔含有一個示範的 .NET 控制台應用程式：

```
# escape=`
FROM sixeyed/msbuild:netfx-4.5.2 AS builder

WORKDIR C:\src\SignUp.MessageHandlers.SaveProspect
COPY src\SignUp\SignUp.MessageHandlers.SaveProspect\packages.config .
RUN nuget restore packages.config -PackagesDirectory ..\packages

COPY src\SignUp C:\src
RUN msbuild SignUp.MessageHandlers.SaveProspect.csproj `
    /p:OutputPath=c:\out\save-prospect\SaveProspectHandler
```

這是建置的第一階段。它在 FROM 語句引用了 sixeyed/msbuild，並賦予這個階段 builder 的名稱。這是一個來自 Docker Hub 的公開基礎映像檔，其中已封裝了 MSBuild、.NET Framework 4.5.2 Developer Pack 和 NuGet。也就是說這個映像檔已經擁有在 Docker 容器裡建置 .NET Framework 應用程式所需的一切條件。

在 Dockerfile 裡，我先使用了 NuGet —— 我把封裝組態搬進來，然後執行 nuget restore（基礎映像檔已經設定好所有指令列工具的路徑了）。然後我把剩下的原始碼搬進來，並執行 msbuild，完成整個專案的編譯。

我在此把 NuGet 和 MSBuild 的部分分開，是因為這樣我就能充分利用 Docker 的映像檔分層快取。用 NuGet 還原封裝的動作相當耗時，因此我不想在每次建置時都重來一次。如果只把 packages.config 檔案搬進來並執行 nuget restore，我就能建立一個映像檔層，而且它會留在快取區當中，直到下次 packages.config 檔案的內容有變動為止。除非我更改了專案中的封裝組態，不然就一直都可以從快取區調用內有已還原 NuGet 封裝的映像檔層。

MSBuild 的映像檔層也一樣可以進入快取區，除非原始碼檔案有所變動。你可以一再地執行建置，只要程式碼沒變，這動作就會在幾秒內完成。對於 CI 程序而言，迅速地建置尤為重要，因為好幾個開發人員都會上傳他們的變更部分。你會希望建置過程儘量減少動作，以便在最短時間內產生出最終的產品，而 Docker 的映像檔分層快取，讓這個動作變得輕而易舉。

映像檔的 Dockerfile 還沒結束，接下來是另一個 FROM 指示語句，代表這是另一階段建置的開始。這是最後的完成階段，因此產生的就是最後我所需要的應用程式映像檔：

```
FROM microsoft/windowsservercore
SHELL ["powershell", "-Command", "$ErrorActionPreference = 'Stop';"]

RUN Set-ItemProperty -path
'HKLM:\SYSTEM\CurrentControlSet\Services\Dnscache\Parameters' -Name
ServerPriorityTimeLimit -Value 0 -Type DWord

WORKDIR /save-prospect-handler
CMD .\SignUp.MessageHandlers.SaveProspect.exe

ENV MESSAGE_QUEUE_URL="nats://message-queue:4222" `
 DB_MAX_RETRY_COUNT="5" `
 DB_MAX_DELAY_SECONDS="10"

COPY --from=builder C:\out\save-prospect\SaveProspectHandler .
```

這個元件是一個訊息處理器，以 .NET Framework 控制台應用程式的形式運行。它被封裝到一個 Windows Server Core 映像檔裡，並以尋常的 Dockerfile 指示語句切換到 PowerShell，同時關閉 Windows 的 DNS 快取。CMD 指示語句會執行這支控制台應用程式，而 ENV 指示語句會指定訊息佇列和 SQL Server 連線所使用的預設環境變數。

Dockerfile 的最後一行把兩個階段串連起來。COPY --from=builder ... 會告訴 Docker，要把內容從前一個名為 builder 的階段搬到映像檔裡。編譯好的應用程式，會從建置階段臨時映像檔的已知位置搬到應用程式最終映像檔裡的目標位置。

在示範解決方案裡還有其他的自製映像檔—— dockeronwindows/ch10-newsletter-index-handler 和 dockeronwindows/ch10-newsletter-web，也都遵照完全一樣的方式製作。它們都以相關的 MSBuild 映像檔為建置階段的基礎，並在最終階段封裝完整的應用程式。這樣我就能得到一組良好有效率、同時還能重複運用的建置結果。應用程式映像檔完全不含任何多餘的元件，因為建置工具完全都隔離在建置階段中。只要手邊有 Docker on Windows，任何人都可以建置這個應用程式；完全不需其他相依條件。

sixeyed/msbuild 映像檔有好幾個變種，可以支援不同的專案類型。基礎映像檔可以支援 .NET Framework 應用程式，而其他變種還能建置 Visual Studio 網頁專案和 SQL Server 資料庫專案。

你瞧，僅需一道 docker-compose 指令就可以建置整套解決方案，下一步就是在 Jenkins 的建置功能裡部署和驗證解決方案了。

運行與驗證解決方案

在 Jenkins 裡的下一個建置步驟，便是把解決方案部署到建置伺服器身上，並以 Docker 容器運行，好驗證建置結果是否正常動作。這個步驟要用到另一個 PowerShell 指令稿，它一開頭就是用 Docker Compose 部署應用程式：

```
cd source\ch10\ch10-newsletter

$config = '--host', 'tcp://192.168.160.1:2376', '--tlsverify', `
  '--tlscacert', $env:DOCKER_CA,'--tlscert', $env:DOCKER_CERT, '--tlskey',
$env:DOCKER_KEY

& docker-compose $config `
  -f .\app\docker-compose.yml -f .\app\docker-compose.local.yml up -d
```

就像以前一樣，我把閘道器 IP 位址和 TLS 憑證路徑等等遠端連接 Docker 主機的詳細資訊用組態用的陣列變數傳遞進來。Jenkins 作業的每個步驟都會用一個獨立的會談來執行，因此每次我都需要設置這些資料值。除了基礎的 compose 檔案以外，我還加上了覆蓋檔 docker-compose.local.yml，其中公佈了通訊埠、也指定了在本地端執行時的網路組態：

```
version: '3.3'
services:

  signup-app:
    ports:
      - 80

  kibana:
    ports:
      - 5601

...
networks:
  app-net:
    external:
      name: nat
```

筆者在此並未指定公佈主機通訊埠，因此 Docker 會採取隨機對
應（應用程式容器的 80 號通訊埠也許會對應到主機的 33504 號
通訊埠）。由於通訊埠是珍貴的資源，因此這個動作很重要。如
果你公佈的是常用通訊埠，就等於限制了建置用伺服器的延展
性，被應用伺服器公佈的 80 號通訊埠綁住，其他的專案就再也
不能使用 80 號通訊埠。隨機對應通訊埠代表我可以執行任意數
量的容器，只要主機能承擔就行。

docker-compose 指令會以脫勾容器的方式啟動整個解決方案。網頁應用程式會以 Entity
Framework Code-First 來部署資料庫架構，因此當容器啟動時，還需要完成一些額外
的設定。在網頁應用程式的 Dockerfile 裡有一段 HEALTHCHECK 指示語句，因此容器會啟
動設定動作，但在設定完成前不會開始進行自動測試；不然的話建置動作就可能因為
時間因素而失敗。

在部署的步驟裡，我依然加上了一段短短的休眠時間，讓設定動作有時間完成，然後
才取得網頁容器的 IP 位址，並發出一個驗證呼叫，藉此檢查網站是否可用：

```
Start-Sleep -Seconds 20

$ip = & docker $config inspect --format '{{
.NetworkSettings.Networks.nat.IPAddress }}' app_signup-app_1

Invoke-WebRequest -UseBasicParsing http://$ip/SignUp
```

進行至此，應用程式已經啟動執行，我也驗證過首頁確實可用了。建置步驟完全都是
控制台指令，因此輸出的訊息都會寫到 Jenkins 的作業日誌裡。全新建置的完整輸出
會包括：

- Docker 下載 sixeyed/msbuild 映像檔
- 編譯應用程式的 NuGet 和 MSBuild 等步驟
- Docker 建置應用程式的映像檔
- Docker Compose 會啟動應用程式的容器
- PowerShell 會對應用程式發出網頁請求

Powershell 指令 `Invoke-WebRequest` 是一個很簡單的建置結果驗證方式。如果收到驗證錯誤，建置就會失敗，但就算驗證成功，也不一定代表應用程式就是完全運作正常的。如果要進一步確認建置效果，必須在下一個建置步驟裡執行點對點整合測試才行。

在 Docker 裡執行點對點測試

我的示範解決方案裡還有一個測試專案元件，它使用模擬的瀏覽器與網頁應用程式互動，然後檢查是否能從 SQL Server 得到預期中的輸出。

SignUp.EndToEndTests 專案用 SpecFlow 來定義功能測試，並描述解決方案預期該有的行為。SpecFlow 的測試係透過 selenium 執行自動化的瀏覽器測試，而 SimpleBrowser 則代表一個無人操作的瀏覽器。這些網頁測試全都可以從控制台執行，因此完全不需要使用者介面元件，而且測試都可以由 Docker 容器來執行。

我用一個 Dockerfile 來建置 dockeronwindows/ch10-newsletter-e2e-tests 映像檔 [3]，其中採用了多段式建置法來編譯測試專案，然後把測試組件封裝起來。 建置的最後階段會以編譯好的測試組件設定 NUnit，然後從前半建置階段把輸出搬出來：

```
FROM sixeyed/nunit:3.6.1
SHELL ["powershell", "-Command", "$ErrorActionPreference = 'Stop';"]

RUN Set-ItemProperty -path
'HKLM:\SYSTEM\CurrentControlSet\Services\Dnscache\Parameters' -Name
ServerPriorityTimeLimit -Value 0 -Type DWord

WORKDIR /e2e-tests
CMD nunit3-console SignUp.EndToEndTests.dll

COPY --from=builder C:\out\tests\EndToEndTests .
```

Jenkins 建置的下一步驟就會執行這些點對點測試。這也是一個簡單的 PowerShell 指令稿，它會建置出一個 Docker 映像檔並據以運行一個容器。測試容器會跟應用程式運行在同一個 Docker 網路上，這樣測試瀏覽器就可以透過含有容器名稱的 URL 接觸到網頁應用程式。

譯註 3 這個 Dockerfile 範例在 DockeronWindows\Ch10\ch10-newsletter\docker\e2e-tests 底下。

```
cd source\ch10\ch10-newsletter

$config = '--host', 'tcp://192.168.160.1:2376', '--tlsverify', `
 '--tlscacert', $env:DOCKER_CA,'--tlscert', $env:DOCKER_CERT, '--tlskey',
$env:DOCKER_KEY

& docker $config build -t dockeronwindows/ch10-newsletter-e2e-tests -f
docker\e2e-tests\Dockerfile .

& docker $config run --env-file app\db-credentials.env
dockeronwindows/ch10-newsletter-e2e-tests
```

> 每個測試的步驟都是以單獨的 PowerShell 會談來進行的，因此
> 每一步驟的開頭都需要加上切換到來源目錄的動作，並設定組態
> 用的陣列變數。每一道 docker 和 docker-compose 指令在操作時都
> 需要用到陣列裡的 TLS 和主機設定資訊，而陣列中的資訊就會
> 被 PowerShell 的 & 語法展開及取出。

執行該步驟時，它會對應用程式執行多達 26 項的一連串測試。每個測試都透過模擬
的瀏覽器，對網頁表單輸入詳細資料，然後查詢 SQL Server 並驗證資料是否已正常
寫入。在 Jenkins 建置的輸出訊息中，你會看到測試執行的結果如下：

```
Run Settings
 DisposeRunners: True
 WorkDirectory: C:\e2e-tests
 ImageRuntimeVersion: 4.0.30319
 ImageTargetFrameworkName: .NETFramework,Version=v4.5.2
 ImageRequiresX86: False
 ImageRequiresDefaultAppDomainAssemblyResolver: False
 NumberOfTestWorkers: 2

Test Run Summary
 Overall result: Passed
 Test Count: 26, Passed: 26, Failed: 0, Warnings: 0, Inconclusive: 0,
Skipped: 0
 Start time: 2017-05-30 22:41:37Z
 End time: 2017-05-30 22:41:58Z
 Duration: 20.622 seconds

Results (nunit3) saved as TestResult.xml
```

測試套件使用一組固定的資料。通常這是整合測試的問題之一，因為資料庫必須先處於一個已知的狀態，然後才可以執行測試，不然就沒法確知你所驗證的輸出結果究竟屬於這一輪、還是前一輪測試。但是在 Docker 裡這個問題不復存在，因為每次測試時都會用容器運行一個全新的 SQL Server 資料庫。當測試完畢後，資料庫容器和其他所有的應用程式容器就都會在測試步驟的結尾被移除：

```
& docker-compose $config -f .\app\docker-compose.yml -f .\app\docker-compose.
local.yml down
```

現在我擁有一套通過測試、而且確知功能正常的應用程式映像檔了。但映像檔還位在建置用伺服器上，下一步就是要把它們上傳到本地登錄所去。

在 Jenkins 裡標記並上傳 Docker 映像檔

在 Jenkins 的建置過程中，你可以自己決定如何將映像檔上傳至登錄所。你可以先把每個映像檔都用版本編號標記、然後把它們一一上傳，做為 CI 建置的一部分。如果專案使用效率良好的 Dockerfiles，那麼每個版本之間的差異就會很小，你就能藉著快取的映像層獲益，而且登錄所的儲存空間也不會使用過量。

如果你的專案規模龐大，開發動作很頻繁、釋出的步調又快，那麼儲存的需求就會增加，你就得改採定期上傳的方式，每天替映像檔標記，然後把最新的映像檔版本上傳至登錄所。或者如果你的管線裡有一個人工品管關卡，只會到最終釋出階段才上傳至登錄所的話，那麼就只有有效的候補釋出版本才是你唯一會儲存的映像檔。

以我的 CI 作業範例來說，只要每一輪測試過關，我就會把 Jenkins 的建置版號當成映像檔標籤來標記成功的建置版本，然後上傳至本地登錄所。負責標記和上傳的 Jenkins 建置步驟係由另一個 PowerShell 指令稿負責，它透過 Jenkins 內建的環境變數來標記：

```
$config = '--host', 'tcp://192.168.160.1:2376', '--tlsverify', `
 '--tlscacert', $env:DOCKER_CA,'--tlscert', $env:DOCKER_CERT, '--tlskey',
$env:DOCKER_KEY

& docker $config `
 tag dockeronwindows/ch10-newsletter-web
"registry.sixeyed:5000/dockeronwindows/ch10-newsletter-web:$($
env:BUILD_TAG)"

& docker $config `
 push "registry.sixeyed:5000/dockeronwindows/ch10-newsletter-web:$($
env:BUILD_TAG)"
```

這一小段代碼顯示了要上傳的網頁應用程式映像檔，上傳訊息處理器映像檔時也使用同樣的程序。

> 我在主機檔案裡替登錄所取了別名，也就是用 registry.sixeyed 做為主機名稱。在負責運行登錄所容器的 Docker 伺服器上，registry.sixeyed 會被解譯成容器的 IP 位址。但在遠端機器上，registry.sixeyed 這個名稱則會被解譯成 Docker 伺服器。如此我就能在每台機器上使用一致的映像檔標籤了。

完成幾份建置後，我就可以從自己的開發用筆電對登錄所 API 發出一個 REST 呼叫，藉以查詢 dockeronwindows/ch10-newsletter-web 倉庫裡的標籤。這個 API 會傳回一份清單，內有我自製網頁應用程式映像檔的全部標籤，這樣就可以驗證 Jenkins 有沒有正確地上傳它們：

```
> Invoke-RestMethod
http://registry.sixeyed:5000/v2/dockeronwindows/ch10-newsletter-web/tags/list |
Select tags

tags
----
{jenkins-docker-on-windows-ch10-ch10-newsletter-20,
 jenkins-docker-on-windows-ch10-ch10-newsletter-21,
 jenkins-docker-on-windows-ch10-ch10-newsletter-22}
```

Jenkins 的建置標籤裡有映像檔建置作業的完整歷程。我也可以另外利用 Jenkins 提供的環境變數 GIT_COMMIT，改以提交代碼（commit ID）來標記映像檔。這樣一來標籤就會簡短得多，但 Jenkins 的建置標籤有個好處，就是它會隨著建置版本編號遞增，這樣我只要把標籤排序，就可以找出最新的版本。Jenkins 網頁介面會顯示每一個建置版本的提交代碼，因此很容易就可以從作業編號回溯到正確的來源版本。

現在建置全程的 CI 部分已經完備了。每當有新內容上傳至 Git 伺服器時，Jenkins 就會編譯、部署和測試應用程式，然後把驗證完好的映像檔上傳到本地登錄所。下一個部分就是把解決方案部署到 QA 環境裡。

用 Jenkins 部署到遠端的 Docker swarm

我的應用程式範例工作流程裡有一個人為把關步驟，可以把內外產品界線分得一清二楚。每次上傳原始程式碼時，解決方案會自動部署在本地端，並進行測試。如果測試過關，映像檔就會儲存在本地登錄所。最後的部署階段便是把這些映像檔上傳至外部登錄所，然後把應用程式部署到公開的 QA 環境裡。這模擬出了一般專案的執行方式，在內部進行建置、然後把核准發行的版本上傳到外部去。

在這個範例裡，我會使用 Docker Hub 上的公開登錄所，並部署到微軟 Azure 上，一個由單一 Windows VM 運行的單節點 Docker swarm 裡。我會繼續沿用 PowerShell 指令稿，並執行基本的 docker 和 docker-compose 指令。其原理就跟把映像檔上傳至其他登錄所，再部署到規模更大的 Docker swarms、甚至部署到 **Docker 企業版**（**Docker Enterprise Edition (Docker EE)**）執行的 **Universal Control Plane**（**UCP**）上時完全一樣。

我為部署的步驟定義了一個新的 Jenkins 作業，並將其參數化（parameterized）以便取得要部署的版本編號。版本編號源自 CI 建置的作業編號，因此任何時候我都可以部署一個已知的版本。在這個新定義的 Jenkins 作業裡，我需要一些額外的身份資訊。我替 swarm manager 的 TLS 憑證製作了密語資料檔，以便連接到運行在 Azure 上的 Docker swarm manager 節點。

我也會把映像檔上傳至 Docker Hub 的動作當成釋出步驟的一部分，因此我在 Jenkins 作業裡也加上了使用者名稱和密碼等身份資料，以便讓 Docker Hub 驗證身份。為了在釋出作業步驟裡達成驗證，我又在部署作業中加上了與身份相關的 binding，它會把使用者名稱和密碼化為環境變數：

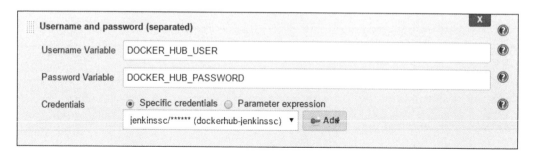

最後我設定了指令組態，並在 PowerShell 的建置步驟裡使用 docker login，同時透過環境變數來指定身份資料：

```
$config = '--host', 'tcp://192.168.160.1:2376', '--tlsverify', `
 '--tlscacert', $env:DOCKER_CA,'--tlscert', $env:DOCKER_CERT, '--tlskey',
$env:DOCKER_KEY

& docker $config `
 login --username $env:DOCKER_HUB_USER --password
"$env:DOCKER_HUB_PASSWORD"
```

 筆者在這裡仍然使用自己的本地 Docker 伺服器，連接的則是閘道器 IP 位址。對我來說這就是我的內部環境，也就是上傳到外部 Docker Hub 倉庫的源頭。

現在我要從本地登錄所一一下載自製映像檔，加上 Docker Hub 的標籤，然後再上傳到 Hub。開頭的下載動作，是為了預備當我要部署先前建置的版本、而本地伺服器快取在建置完成後已被清空時，確保能從本地登錄所取得正確的映像檔。對於上傳 Docker Hub 的內容，我則使用了較簡單的標籤格式，也就是只加上版本編號。

下例就是網頁映像檔上傳的部分，訊息處理器的映像檔也遵照相同樣式處理：

```
& docker $config `
 pull "registry.sixeyed:5000/dockeronwindows/ch10-newsletter-
web:jenkins-docker-on-windows-ch10-ch10-newsletter-$($env:VERSION_NUMBER)"

& docker $config `
 tag "registry.sixeyed:5000/dockeronwindows/ch10-newsletter-
web:jenkins-docker-on-windows-ch10-ch10-newsletter-$($env:VERSION_NUMBER)" `
 "dockeronwindows/ch10-newsletter-web:$($env:VERSION_NUMBER)"

& docker $config `
 push "dockeronwindows/ch10-newsletter-web:$($env:VERSION_NUMBER)"
```

以上步驟執行完畢後，映像檔就會公開在 Docker Hub 上。最後就只剩下用這些公開映像檔把最新版應用程式部署到遠端 Docker swarm 的作業了。我利用 Docker Compose 下載最新映像檔、然後編譯 QA 環境堆疊的部署用檔案，最後用 docker stack deploy 將它部署到 swarm 上：

```
cd source\ch10\ch10-newsletter

$config = '--host', 'tcp://dockerwintest.
westeurope.cloudapp.azure.com:2376', '--tlsverify', `
 '--tlscacert', $env:DOCKER_QA_CA,'--tlscert', $env:DOCKER_QA_CERT, '--
tlskey', $env:DOCKER_QA_KEY
```

```
& docker-compose $config `
 -f .\app\docker-compose.yml -f .\app\docker-compose.qa.yml pull

& docker-compose $config `
 -f .\app\docker-compose.yml -f .\app\docker-compose.qa.yml config >
docker-compose.stack.yml

& docker $config `
 stack deploy -c docker-compose.stack.yml newsletter
```

這個步驟設定了使用遠端 Docker 伺服器的組態，主機名稱就是 Azure 的 VM，而身份資料檔案則含有 QA 伺服器的憑證。只要應用程式經過升級，下載映像檔的動作就可以確保會取得最新版本，因為這只是一個單節點 swarm。覆蓋檔則包括了 QA 環境所需的額外設定。

要記得，Docker 堆疊採用的是 Docker Compose 的檔案格式，但是以套疊檔案覆蓋的方式卻不能拿來搭配 docker stack deploy 指令，因此我改以 docker-compose config 指令把基本的 compose 檔案和 QA 環境所需的覆蓋檔合併編譯成一個輸出檔，然後才用這個整合的組態檔來部署堆疊。

QA 覆蓋檔替所有的服務都指定了 DNS 輪詢端點模式，因為這是讓 Windows 容器能在覆蓋（overlay）網路中通訊的必要條件：

```
version: '3.2'
services:

  signup-db:
    deploy:
      endpoint_mode: dnsrr

  message-queue:
    deploy:
      endpoint_mode: dnsrr

  ...
```

此外還需在覆蓋檔裡公佈主機通訊埠，以便設定對外服務。如範例所示，Kibana 的覆蓋設定便公佈了 5601 號通訊埠：

```
kibana:
  ports:
    - mode: host
      target: 5601
      published: 5601
  deploy:
    endpoint_mode: dnsrr
```

在我所有的自製映像檔裡，全部服務都需要使用相同的網路組態，並在映像檔標籤中指明版本編號。Docker Compose 支援環境變數擴展，因此我用了 VERSION_NUMBER 這個環境變數來當成映像檔標籤。這是進行建置作業所產生的版本編號，同時也會回傳給 Jenkins，當成部署作業的參數：

```
signup-app:
  image: dockeronwindows/ch10-newsletter-web:${VERSION_NUMBER}
  ports:
    - mode: host
      target: 80
      published: 80
  deploy:
    endpoint_mode: dnsrr

signup-save-handler:
  image: dockeronwindows/ch10-newsletter-save-handler:${VERSION_NUMBER}
  deploy:
    endpoint_mode: dnsrr

signup-index-handler:
  image: dockeronwindows/ch10-newsletter-index-handler:${VERSION_NUMBER}
  deploy:
    endpoint_mode: dnsrr
```

最後是 QA 覆蓋檔，它含有應用程式網路的基本內容。亦即 Docker 會以預設的驅動器和範圍來定義網路。由於部署的目標是 Docker swarm，因此它會建立一個 overlay 網路：

```
networks:
  app-net:
```

一旦這個步驟也完成，更新過的服務就算是正式部署完畢了。Docker 會把堆疊的定義和運行中的服務拿來比較，就如同 Docker Compose 對容器的做法一樣，因此只有當定義變更時服務才會更新。當部署作業完成後，我就可以到 Azure 的 VM 上去看看應用程式更新的成果：

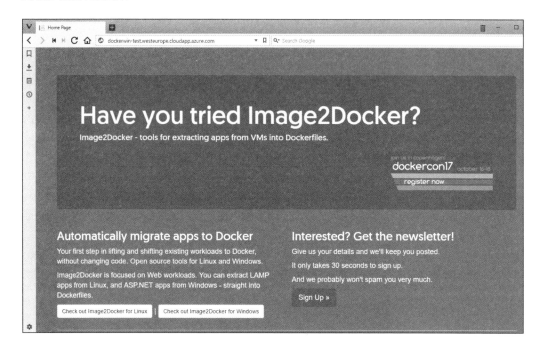

筆者的工作流程採用了兩個作業，因此我可以手動控制釋出到 QA 環境的動作。當然你也可以改成自動執行，以便構成完整的持續交付（CD）設定，你還可以在 Jenkins 作業裡輕鬆地建置並新增更多功能，像是顯示測試的輸出和覆蓋範圍等，並把建置動作加入到管線裡，並且把作業打散成可以重複使用的部件等等。

總結

本章談到了 Docker 裡的 CI/CD，以及用 Jenkins 設定的一套部署工作流程範例。筆者所展示過程中的每一部分都是用 Docker 容器執行的，包括 Git 伺服器、Jenkins、建置媒介、測試媒介和本地登錄所皆是如此。

各位學到了用 Docker 運行你自己的開發基礎設施是多麼直覺、以及它如何能取代代管服務。把這種服務用在自己的開發工作流程時，不論是整套的 CI/CD、還是有人為把關步驟的個別工作流程，也一樣直覺。

各位也學到了如何在 Docker 裡設定和執行 Bonobo Git 伺服器、還有 Jenkins 自動執行伺服器，以便推動工作流程。我使用多段式建置來打造所有的應用程式映像檔，亦即我的 Jenkins 設定會十分簡單，毋須部署任何工具鏈或 SDK。

我的 CI 管線從開發人員把程式碼變更上傳至 Git 開始觸發，然後建置作業會下載原始碼，並編譯出應用程式元件，再建置成 Docker 映像檔，然後在 Docker 裡進行本地部署。接著用另一個容器進行點對點測試，如果通過就會替映像檔加上標籤，然後上傳到本地登錄所。

我也展示了手動部署的步驟，從使用者發起的作業開始，指定要部署的建置版本。作業會將建置好的映像檔上傳至公開的 Docker Hub，並在 Azure 運行的 Docker swarm 上部署堆疊，藉此把更新部署至 QA 環境。

筆者在本章所採用的任何技術，都沒有困難的相依性。我用 Bonobo、Jenkins 和開放原始碼登錄所實作出來的流程，就算改用像是 GitHub、AppVeyor 和 Docker Cloud 等代管服務，也一樣能輕鬆實現。過程中所有步驟都是以簡單的 PowerShell 指令稿來達成的，因此可以用在任何支援 Docker 的堆疊上。

在下一章裡，我要回到開發人員的體驗上，探討關於替容器裡的應用程式進行運行、除錯和故障排除時的實務問題。

應用程式容器的除錯和儀器化

Docker 能夠消除典型開發人員工作流程中的許多障礙，同時大幅縮短消耗在額外作業上的時間，例如相依性管理、環境設定等等。當開發人員用來驗證變更效果的環境，跟最終產品運行的應用平台完全一樣時，部署失誤的機會就會大為減少，而升級過程也會變得更直覺且容易清楚掌握。

在開發時便以容器運行你的應用程式，等於替你的開發環境加上額外的虛擬層。你會面對不同類型的虛擬環境，像是 Dockerfile 和 Compose 檔案等等，而你的 IDE 若是支援這些檔案類型的話，使用起來感覺會更方便。而且在 IDE 和你的應用程式之間還會有一層新的執行平台，因此除錯方式也會有所不同，需要修改工作流程才能完全發揮平台的優點。

本章會探討 Docker 上的開發流程，包括與 IDE 的整合及除錯，以及如何在 Docker 化的應用程式中加上儀器化效果。各位將學到：

- Visual Studio 2017、Visual Studio 2015 和 Visual Studio Code 如何支援 Docker
- 當你以容器執行應用程式時，如何進行除錯
- 如何以 Docker 容許的方式替程式碼加入儀器化效果
- 如何在不更改程式碼前提下替既有的專案加上執行平台計量數據（runtime metrics）
- Docker 上的錯誤修正流程概觀

在整合式開發環境裡使用 Docker

在前一章裡，筆者展示了一個容器化的外圍開發循環，亦即當開發人員上傳變更內容時，從集中原始碼控管場所觸發的編譯和封裝 CI 過程。所謂的**整合式開發環境**（**integrated development environments (IDEs)**），就是在內圍開發循環中支援容器化工作流程的起點，內圍開發循環涵蓋了上述將變更內容從集中原始碼控管場所上傳前的開發過程，包括應用程式的撰寫、測試執行和除錯等等。

Visual Studio 2017 具備對於各種 Docker 組件的原生支援，包括 IntelliSense 和自動補齊 Dockerfile 的程式碼內容等等。同時也支援 ASP.NET 專案執行平台在容器裡運行，包括 .NET Framework 和 .NET Core。在 Visual Studio 2017 裡，只需按下 *F5* 鍵，你的網頁應用程式就會自動在容器裡啟動，使用 Docker for Windows 運行。應用程式所使用的基礎映像檔和 Docker 執行平台，在所有其他環境裡也都一體適用。

Visual Studio 2015 靠一個 plugin 來支援各種 Docker 組件，而 Visual Studio Code 則擁有一個非常有用的 Docker 擴充功能（extension）。Visual Studio 2015 和 Visual Studio Code 並未替運行在 Windows 容器裡的 .NET 應用程式提供內建的 *F5* 除錯功能，但你可以手動設定，我也會在本章說明如何做到這一點。

當你在容器裡除錯時，有一點不得不妥協，就是要把內圍與外圍開發循環分開來。你的開發過程所使用的整組 Docker 組件，會和**持續整合**（**continuous integration (CI)**）過程有所不同，這樣才能在容器中加上除錯功能，並把應用程式組件對應到原始碼。這樣做的好處是，你可以在開發環境中使用相同的開發用建置映像檔來運行容器，除錯時的感受是完全一致的。缺點則是你的開發用 Docker 映像檔就不會和送交測試的映像檔完全一致。

有一個好方法可以緩和上述的差異，就是當你一再地修改某個功能時，使用本地端的 Docker 組件進行開發。但使用在本地端運行的 CI Docker 組件來進行最後建置和點對點測試，然後才上傳你變更的內容。

Visual Studio 2017 與 Docker

在所有 .NET 的 IDE 裡，Visual Studio 2017 對 Docker 的支援最為完備。你可以在 Visual Studio 2017 裡開啟一個完全由 ASP.NET 構成的 ASP.NET Web 專案，以右鍵點選專案，再點選 **Add**（**新增**）| **Docker Support**：

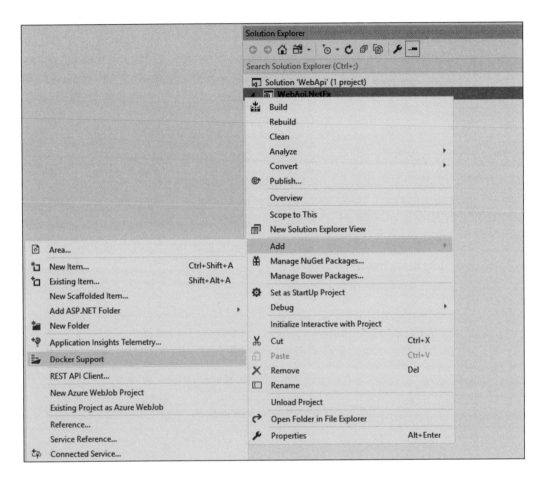

然後 Visual Studio 就會產生一連串的 Docker 組件。在 Web 專案裡，它會建立一個 Dockerfile，看起來會像這樣：

```
FROM microsoft/aspnet
ARG source
WORKDIR /inetpub/wwwroot
COPY ${source:-obj/Docker/publish} .
```

IntelliSense 完全支援 Dockerfile 的語法，因此你可以四處觀察各種指示語句的相關資訊，並利用 *Ctrl+* 空白鍵調閱所有指示語句的提示。

以上產生的 Dockerfile 會以 `microsoft/aspnet` 做為基礎映像檔,這個映像檔裡預裝了 ASP.NET 4.6、也已經設定完畢。它利用一個建置引數來指定原始碼資料夾的位置,然後把該資料夾的內容照搬到網頁根目錄 `C:\inetpub\wwwroot` 裡。

在這個解決方案的根目錄下,Visual Studio 建立了一組 Docker Compose 檔案。檔案為數不少,而 Visual Studio 就是以 Docker Compose 的 `build` 和 `up` 兩個指令來操作這些檔案,以便封裝和運行應用程式。如果你使用 *F5* 按鍵來運行應用程式,這一切就會在背後進行,但你還是該好好了解一下 Visual Studio 是怎麼運用 Docker Compose 檔案的;它可以顯現出如何為不同的 IDE 加上與此相仿的支援。

Visual Studio 2017 裡用 Docker Compose 進行除錯

你需要在解決方案層面選擇 **Show all**(**全部顯示**)檔案,才能觀察到 Visual Studio 2017 所產生的全部 Docker Compose 檔案。其中有一個基本的 `docker-compose.yml` 檔案,這個檔案負責把網頁應用程式定義成一個服務,同時也含有 Dockerfile 的建置細節:

```
services:
  webapi.netfx:
    image: webapi.netfx
    build:
      context: .\WebApi.NetFx
      dockerfile: Dockerfile
```

另外還有一個 `docker-compose.vs.debug.yml` 檔案,它透過 Docker 卷冊來提供 Visual Studio 除錯器的功能:

```
services:
  webapi.netfx:
  image: webapi.netfx:dev
  build:
    args:
      source: ${DOCKER_BUILD_SOURCE}
  volumes:
    - .\WebApi.NetFx:C:\inetpub\wwwroot
    - ~\msvsmon:C:\msvsmon:ro
  labels:
    - "com.microsoft.visualstudio.targetoperatingsystem=windows"
```

這裡有幾件事值得注意：

- Docker 映像檔使用 dev 標籤來區分與釋出建置版的差別
- 原始碼資料夾的建置引數是以環境變數 DOCKER_BUILD_SOURCE 擔任
- 以卷冊把容器裡的網頁根目錄對應到主機的專案資料夾
- 另一個卷冊則負責從主機端把 Visual Studio 的遠端除錯器（稱為 msvsmon）對應到容器裡

在除錯模式下，原始碼環境變數的引數是一個空白目錄。Visual Studio 也建置一個內含空白 web 目錄的 Docker 映像檔，然後從主機把原始碼資料夾對應到容器的網頁根目錄下，以便在執行平台匯出該目錄。

現在你可以按下 *F5* 按鍵，然後 Visual Studio 就會完成應用程式建置、並以 Windows Docker 容器運行它，同時還加上除錯器功能。

在本書付梓前，Visual Studio 2017 產生的 Docker 組件還不包括除錯器所需的通訊埠對應。在 ch11-webapi-vs2017 資料夾下所附的本章原始碼裡，你會看到我已在 Dockerfile 裡公佈了 3072 和 4022 號通訊埠，也在 Docker Compose 檔案裡公佈了它們。

一旦公佈了遠端除錯的通訊埠，你就可以加上中斷點，並在容器中直接進行除錯，再以 *F5* 按鍵運行測試：

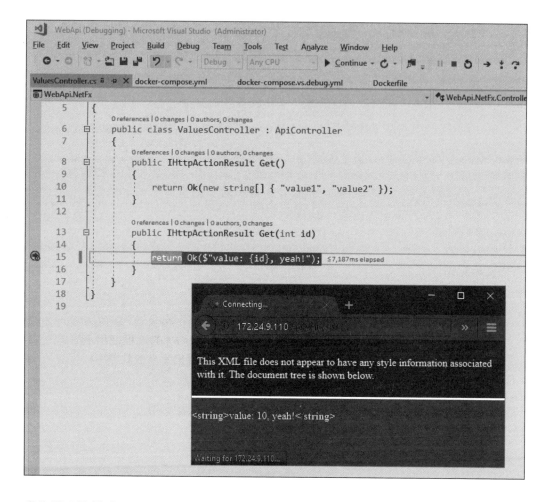

當你停止除錯時，Visual Studio 2017 仍會讓容器在背景執行。如果你修改了程式並重新建置，那麼使用的仍會是相同的容器，因此啟動不會有任何遲滯。如果把專案的原始碼位置掛載到容器中，那麼任何內容或二進位檔案的變化也都會反映到重新建置的結果當中。而從主機掛載遠端除錯器的做法，則可保障你的映像檔不必安裝任何開發用工具；因為工具都在 Docker 主機端。

以上都屬於內圍開發循環的過程，在這裡面你可以很快得到回應。一旦你更改和重建應用程式，就可以在容器裡看到效果。然而除錯模式的 Docker 映像檔並不能用在外圍開發循環的 CI 過程；因為除錯時應用程式並未搬到映像檔中；只有當你把本地原始碼來源掛載到容器裡時，除錯用的映像檔才能運作。

要支援外圍開發循環，就必須引進另一個 Docker Compose 覆蓋檔 docker-compose.vs.release.yml，供給釋出模式使用：

```
services:
  webapi.netfx:
  build:
    args:
      source: ${DOCKER_BUILD_SOURCE}
  volumes:
    - ~\msvsmon:C:\msvsmon:ro
  labels:
    - "com.microsoft.visualstudio.targetoperatingsystem=windows"
```

此處唯一的差異，就是它沒有用卷冊把本地端原始碼位置對應到容器的網頁根目錄。當你編譯釋出模式的映像檔時，環境變數 DOCKER_BUILD_SOURCE 的資料值會變成一個含有網頁應用程式的公開位置。Visual Studio 會把公開的應用程式封裝到容器中，並建置出釋出的映像檔。

> Visual Studio 2017 裡也有一個 Docker 輸出視窗，你可以在此觀察到 Visual Studio 所執行的所有指令。*F5* 的流程使用了 docker-compose build 和 docker-compose run 等指令來啟動應用程式，同時在容器裡執行 msvsmon 以便啟動遠端除錯器。然後它會取得容器的 IP 位址並啟動一個瀏覽器。

在釋出模式下，你還是可以在 Docker 容器裡運行應用程式，也還是可以替它除錯。但你卻無法擁有除錯模式下開發循環的迅速回應，因為 Visual Studio 必須要從頭建置 Docker 映像檔，並另行啟動一個新容器，才能完成應用程式變更的緣故。

這是一個適度的妥協，而 Visual Studio 2017 裡的 Docker 工具則為你提供了緊湊的開發體驗，同時也延伸到 CI 建置的基礎。Visual Studio 2017 目前還做不到一件事，就是不支援多段式建置，因此專案的編譯還是只能在主機端、而無法在容器裡進行。當然這樣一來 Visual Studio 2017 所產生 Docker 組件的可攜性就較差，而你就需要比 Docker 更多的工具才能在建置媒介裡打造出應用程式。

Visual Studio 2015 與 Docker

你可以從市面上取得 Visual Studio 2015 的 plugin，也就是 **Visual Studio Tools for Docker**。它能夠把 Dockerfile 裡的語法標示出來，但卻沒法把 Visual Studio 和 Docker 整合起來支援 .NET Framework 應用程式。透過 Visual Studio 2015，你可以在 .NET Core 專案中加入對 Docker 的支援，但你得自行替 .NET 架構撰寫 Dockerfile 和 Docker Compose 檔案。

此外，Visual Studio 2015 也並不具備替 Windows 容器內運行應用程式除錯的功能。當然你還是可以替運行在容器內的程式碼除錯，但是你得自己設定除錯功能。筆者會告訴大家如何做到這一點，辦法就跟 Visual Studio 2017 的做法一樣，但得做出一點相同的妥協。

在 Visual Studio 2017 裡，你可以從主機端把內含遠端除錯器的資料夾掛載到容器裡。當你運行專案時，Visual Studio 會啟動一個容器、並從主機執行 msvsmon.exe，這是遠端除錯器的代理程式。你不需要在映像檔裡安裝任何東西來提供除錯功能。

但是 Visual Studio 2015 裡的遠端除錯器的可攜度並不好。你可以從主機端把除錯器掛載到容器裡，但當你要啟動代理程式時，只會看到檔案不存在的錯誤訊息。因此，你得自行把遠端除錯器安裝到映像檔裡。

我已在 dockeronwindows/ch11-webapi-vs2015 這個映像檔裡做好相關設定。在這個映像檔的 Dockerfile 裡，我利用了建置時的引數，有條件地安裝了除錯器，這個條件就是 confuiguration 引數是否為 debug 模式。這樣一來，我可以在裝有除錯器的情況下在本地端進行建置，但是要建置部署用版本時，映像檔裡不會含有除錯器：

```
ARG configuration

RUN if ($env:configuration -eq 'debug') `
 { Invoke-WebRequest -OutFile c:\rtools_setup_x64.exe -UseBasicParsing -Uri
http://download.microsoft.com/download/1/2/2/1225c23d-3599-48c9-a314-f7d631
f43241/rtools_setup_x64.exe; `
 Start-Process c:\rtools_setup_x64.exe -ArgumentList '/install', '/quiet' -
NoNewWindow -Wait }
```

我採用了跟 Visual Studio 2017 一樣的做法，在以除錯模式運行時，把主機上的原始碼目錄掛載到容器內，但我卻建立了一個自製網站、而沒有引用預設的那一組：

```
ARG source
WORKDIR C:\web-app
RUN Remove-Website -Name 'Default Web Site';`
    New-Website -Name 'web-app' -Port 80 -PhysicalPath 'C:\web-app'
COPY ${source:-.\Docker\publish} .
```

如果沒有提供原始碼位置的相關引數，在 COPY 指示語句裡的 :- 語法就會指定預設的位置資料值。預設方式是，如果 build 指令裡沒有指定來源位置，就把公開的網頁應用程式照樣搬過來。我在核心檔案 docker-compose.yml 裡已定義了基本的服務，另一個 docker-compose.debug.yml 檔案[1] 則會把主機端的原始碼目錄掛載進來、對應除錯器的通訊埠、同時指定 configuration 環境變數：

```
services:
  ch11-webapi-vs2015:
    build:
      context: ..\
      dockerfile: .\Docker\Dockerfile
      args:
        - source=.\Docker\empty
        - configuration=debug
    ports:
      - "3702/udp"
      - "4020"
      - "4021"
    environment:
      - configuration=debug
    labels:
      - "com.microsoft.visualstudio.targetoperatingsystem=windows"
    volumes:
      - ..\WebApi.NetFx:C:\web-app
```

> 這個 compose 檔案裡所指定的標籤，把一對鍵 - 值附掛到容器中。這個標籤值不像環境變數，你在容器裡看不到它，但主機端的外部程序卻可以。在此例中，Visual Studio 會用它來識別容器的作業系統。

譯註 1　這檔案在範例的 Ch11\ch11-webapi-vs2015\src\Docker 底下。

要以除錯模式啟動應用程式，我會同時用這兩個 Compose 檔案來啟動它：

```
docker-compose -f docker-compose.yml -f docker-compose.debug.yml up -d
```

現在容器已經用本身所含的 **Internet Information Services（IIS）**來運行我的網頁應用程式了，而 Visual Studio 遠端除錯器的代理程式也已在執行中。我可以從 Visual Studio 2017 用容器的 IP 位址連到一個遠端程序：

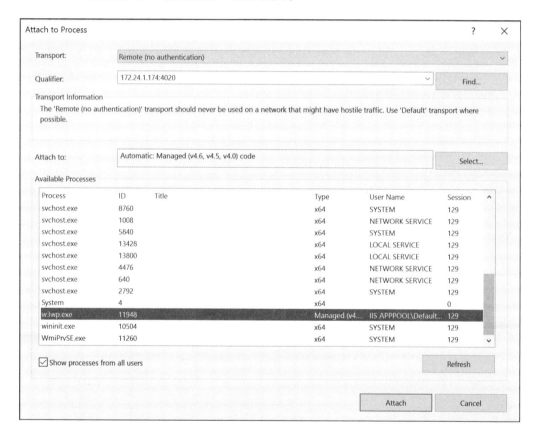

Visual Studio 裡的除錯器會附掛到容器中所運行的代理程式上，於是我可以加入中斷點並檢視變數狀態值，就像在替一個本地程序進行除錯一樣。在這種方式裡，容器會使用主機端的掛載來取得網站應用程式內容。我可以隨時把除錯器停下來進行變更、重建應用程式，然後用同一個容器來觀察效果，完全不必重新另起一個新容器。

但這個手法跟 Visual Studio 2017 內建的 Docker 支援有完全相同的優缺點。我以容器運行應用程式以便從本地端除錯，因此可以享有 Visual Studio 除錯器的所有功能，而且我的應用程式會運行在與其他環境相同的平台上。但我沒法使用同樣的映像檔，因為 Dockerfile 裡有分叉條件存在，因此會導致除錯模式和釋出模式有不一樣的輸出。

在你的 Docker 組件中手動建置除錯器支援仍有一個好處。那就是你可以用條件來建構自己的 Dockerfile，以便讓預設的 `docker image build` 指令產生出正式環境的映像檔，而不需要任何額外的組件。這個範例仍未使用多段式建置法，因此 Dockerfile 並非可攜，而且應用程式需要先編譯好才能進行封裝。

在開發時，你只需以除錯模式建置一次映像檔、用它運行容器，然後隨時把除錯器附掛進來。正式映像檔的建置和執行會由你的整合測試負責，因此只有內圍開發循環才會有額外的除錯器元件出現。

Visual Studio Code 裡的 Docker

Visual Studio Code 的原意是要做為專供跨平台語言開發使用的跨平台 IDE。C# 的擴充功能會安裝一個除錯器，以便附掛到 .NET Core 應用程式上，但它卻無法替完整的 .NET Framework 應用程式除錯。

Docker 的擴充功能會加上一些非常有用的特性，包括為現有專案加入 Dockerfile 和 Docker Compose 檔案的能力，但目前產生出來的檔案卻無法替 Windows 容器提供除錯支援。不過對於 Dockerfile 和 Docker Compose 檔案的語法標示、以及 Dockerfile 的 IntelliSense 等功能還是支援的。

此外也包括使用介面的整合，你可以用右鍵點選 Dockerfile，然後從選項中建置映像檔。也可以按下 *F1* 鍵，輸入 `Docker` 字樣，然後就會看到一連串有用的相關選項清單，可以用來運行容器、或是以 compose 檔案管理服務：

```
>docker

Docker: Add docker files to workspace
Docker: Attach Shell to a running container
Docker: Azure CLI
Docker: Build Image
Docker: Compose Down
Docker: Compose Up
Docker: Push
Docker: Remove Images
Docker: Run
Docker: Run Interactive
Docker: Show Logs
```

Visual Studio Code 所提供的專案運行及除錯系統極富彈性，因此你可以自行加上組態設定，以便替運行在 Windows 容器裡的應用程式提供除錯支援。你可以編輯 launch.json 檔案，在 Docker 中加上新的除錯用組態。

我在 ch11-webapi-vscode 資料夾裡準備了一個示範的 .NET Core 專案，它已設定好可以在 Docker 裡運行應用程式、並附掛一個除錯器。它採用的方式跟 Visual Studio 2017 一樣。.NET Core 的除錯器稱為 vsdbg，是隨著 Visual Studio Code 的 C# 擴充功能安裝的，因此我可以透過 docker-compose.debug.yml 檔案，把 vsdbg 資料夾和原始碼位置都從主機端掛載到容器裡：

```
volumes:
- .\bin\Debug\netcoreapp1.1\publish:C:\app
- ~\.vscode\extensions\ms-vscode.csharp-1.10.0\.debugger:C:\vsdbg:ro
```

 這種設置方式必須仰賴特定的 C# 延伸版本。筆者使用的是 1.10 版，但各位使用的版本也許較新，因此請到你的使用者目錄下的 .vscode 資料夾檢查 vsdbg.exe 的位置。

當你透過 Docker Compose 和除錯用的覆蓋檔案運行應用程式時，它會啟動一個 .NET Core 應用程式，從主機端調用除錯器並運行在容器當中。這些設定都放在 launch.json 檔案裡，目的就是要為 Visual Studio Code 提供除錯功能。Debug Docker container 這段組態設定就指出了要除錯的應用程式類型、以及要附掛的目標程序等等：

```
"name": "Debug Docker container",
"type": "coreclr",
"request": "attach",
"sourceFileMap": {
  "C:\\app": "${workspaceRoot}"
 },
"processName": "dotnet"
```

這段組態同時也把容器裡的應用程式根目錄對應到主機端的原始碼位置，這樣除錯器才能正確地把原始碼檔案和除錯檔案串連起來，除錯用組態設定還會指定如何對具名容器執行 docker container exec 指令，以便啟動除錯器：

```
"pipeTransport": {
  "pipeCwd": "${workspaceRoot}",
  "pipeProgram": "docker",
  "pipeArgs": [
    "exec", "-i", "webapinetcore_webapi_1"
    ],
  "debuggerPath": "C:\\vsdbg\\vsdbg.exe",
  "quoteArgs": false
}
```

要替我的應用程式除錯，首先得用 Docker Compose 配合除錯組態設定啟動一個容器：

```
docker-compose -f .\docker-compose.yml -f .\docker-compose.debug.yml up
```

接著我會利用除錯動作（Debug action）啟動一個除錯器，然後選擇 **Debug Docker container**（**為 Docker 容器除錯**）：

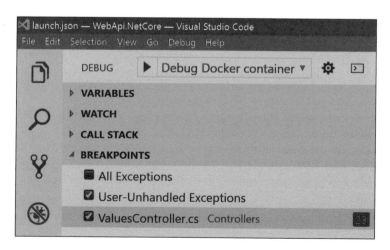

於是 Visual Studio Code 就會在容器裡啟動一個 .NET Core 除錯器 **vsdbg**，然後把它附掛到正在運行的 **dotnet** 程序上。你會看到 .NET Core 應用程式的輸出已被重導至 Visual Studio Code 的 **DEBUG CONSOLE** 視窗：

```
PROBLEMS    OUTPUT    DEBUG CONSOLE    TERMINAL

Loaded 'C:\app\System.ComponentModel.Annotations.dll'. Skipped loading symbols. Module is optimized and the debugger option
 'Just My Code' is enabled.
Loaded 'C:\packagecache\x64\microsoft.aspnetcore.http.extensions\1.1.2\lib\netstandard1.3\Microsoft.AspNetCore.Http.Extensio
ns.dll'. Skipped loading symbols. Module is optimized and the debugger option 'Just My Code' is enabled.

Microsoft.AspNetCore.Hosting.Internal.WebHost:Information: Request starting HTTP/1.1 GET http://172.24.9.127/api/values/12

Microsoft.AspNetCore.Mvc.Internal.ControllerActionInvoker:Information: Executing action method WebApi.NetCore.Controllers.Va
luesController.Get (WebApi.NetCore) with arguments (12) - ModelState is Valid
Microsoft.AspNetCore.Mvc.Internal.ObjectResultExecutor:Information: Executing ObjectResult, writing value Microsoft.AspNetCo
re.Mvc.ControllerContext.
Microsoft.AspNetCore.Mvc.Internal.ControllerActionInvoker:Information: Executed action WebApi.NetCore.Controllers.ValuesCont
roller.Get (WebApi.NetCore) in 8.2853ms
Microsoft.AspNetCore.Hosting.Internal.WebHost:Information: Request finished in 17.0881ms 200 text/plain; charset=utf-8
```

在本書付梓前，Visual Studio Code 還未完全與 Windows Docker 容器裡執行的除錯器整合。你可以在程式碼裡置入中斷點，除錯器也確實會在此暫停程序運行，但控制權卻無法傳回到 Visual Studio Code 手裡。Visual Studio Code 的研發進展神速，因此整合應該很快就會完成，有關消息可以參閱筆者的部落格 https://blog.sixeyed.com。

能夠在容器裡運行你的應用程式並同時使用熟悉的 IDE 來除錯，是一個非常大的優勢。這意謂著你的應用程式所運行的平台和部署組態，跟它在其他環境下並無二致，你可以輕易切入到程式碼中，就像在本地端執行時一樣。

各種 IDE 對 Docker 的支援進展十分迅速，因此筆者預計，本章以上所述的各種手動步驟，應該不久之後就會自動整合到產品和擴充功能當中。

Docker 化應用程式的儀器化計量

當程式邏輯運行不如預期、而你想要試著追查錯在何處時，就是除錯過程登場之時。當然你不會直接在正式環境內除錯，因此你得要讓應用程式能紀錄下自己的行為，好用來追查發生的任何問題。

儀器化計量常為人所忽略,但它其實應該是開發時不可或缺的一部分,因為這是你能了解應用程式在正式環境中的健康狀況及動作的最佳方式。如果應用程式在 Docker 中運行,就有機會引進中央式紀錄和儀器化計量,藉此為應用程式的各個部分建立一致的觀點,即使它們使用不同的程式語言和平台也無妨。

儀器化計量工具 Prometheus

環繞著 Docker 存在的生態系統既龐大又活躍,它們都利用了平台的開放標準和擴展性。由於這套生態系統已臻成熟,其中若干技術已經成為 Docker 化應用程式必備的候補成員。

Prometheus 是一種開放原始碼的儀器化框架(instrumentation framework)。它十分有彈性,可以用各種方式加以運用,但最常見的實現方式就是用 Docker 容器運行一個 Prometheus 伺服器,將它設定成可以從其他 Docker 容器的儀器化端點讀取各種計量參數。

你可以把 Prometheus 設定為輪詢所有的容器端點,它會把結果儲存在一個時序(time-series)資料庫裡。你只需加入一個 REST 端點,就可以在應用程式中加上 Prometheus 端點功能,它會回應 Prometheus 伺服器發出的 GET 請求,請求中就包含一連串你想蒐集的計量數據。

對於 .NET 專案,有一個現成的 NuGet 套件可以做到這一點,也就是替應用程式加上 Prometheus 端點功能。它預設就會提供一系列有用的計量數據,從關鍵的 .NET 統計數字到 Windows 效能計數器都一應俱全。你可以把 Prometheus 的支援功能直接加入到應用程式中,或是在應用程式外再平行執行一個 Prometheus exporter 也可以。

在 .NET 專案中加入 Prometheus 端點

名為 prometheus-net 的 NuGet 套件提供一系列的預設計量蒐集器及一個 MetricServer 的類別,兩者都可以做為 Prometheus 進入的儀器化計量附掛端點。透過這個套件,替任何應用程式加上 Prometheus 支援都很容易,而且計量數據都會經由內建的 HTTP 端點提供出來,你也可以替應用程式自訂你想紀錄的計量數據。

在 dockeronwindows/ch11-api-with-metrics 映像檔裡，我已為網頁 API 專案加上了 Prometheus 的支援。用來進行設定和啟用計量數據端點的程式碼，都包括在 PrometheusServer 這個類別裡 [2]：

```
public static void Start()
{
  _Server = new MetricServer(50505, new IOnDemandCollector[] {
    new DotNetStatsCollector(), new PerfCounterCollector()
  });
  _Server.Start();
}
```

這會啟動一個新的 MetricServer 執行個體，並傾聽 50505 號通訊埠，同時執行一個由 NuGet 套件提供的 .NET 統計與效能計數蒐集器。這些蒐集器都是視需求回應的（on-demand），亦即它們會在 Prometheus 伺服器呼叫端點時才會提供計量數據。

MetricServer 這個類別會傳回你在應用程式中自訂的任何計量數據。而在 ValuesController [3] 類別裡，我還設置了一些簡單的計數器，以便紀錄對於 API 的請求和回覆：

```
private Counter _requestCounter =
  Metrics.CreateCounter("ValuesController_Requests", "Request count",
"method",
  "url");

private Counter _responseCounter =
  Metrics.CreateCounter("ValuesController_Responses", "Response count",
"code",
  "url");
```

當控制器收到請求時，它的動作方法（controller action method）就會呼叫計數器物件的 Inc() 方法，以便累計對於 URL 的請求次數、也累計回覆代碼的狀態次數：

```
public IHttpActionResult Get()
{
  _requestCounter.Labels("GET", "/").Inc();
  _responseCounter.Labels("200", "/").Inc();
  return Ok(new string[] { "value1", "value2" });
}
```

譯註 2　Ch11\ch11-api-with-metrics\src\ApiWithMetrics\App_Start\PrometheusServer.cs

譯註 3　Ch11\ch11-api-with-metrics\src\ApiWithMetrics\COntrollers\ValuesController.cs

Prometheus 擁有各種類型的計量方式，讓你用來紀錄有關於應用程式的關鍵資訊。它同時也會根據隨意命名的標籤進行分類，以本例來說，我就替請求次數加上了 URL 和 HTTP 方法等標籤，也替回覆次數加上了 URL 和狀態碼等標籤。

我在 Web API controller 裡設立的計數器，提供了一組可以顯示哪些端點正在使用中、以及相關回覆狀態的自訂計量數據。這些都由 NuGet 套件裡的伺服器元件提供，再加上紀錄系統效能的預設計量內容。

在這個應用程式的 Dockerfile 裡，還需要另外兩行給 Prometheus 端點使用：

```
EXPOSE 50505
RUN netsh http add urlacl url=http://+:50505/metrics
user=BUILTIN\IIS_IUSRS; `
    net localgroup 'Performance Monitor Users' 'IIS APPPOOL\DefaultAppPool'
/add
```

第一行純粹只是公佈專供計量端點使用的自訂通訊埠。第二行起則指定了端點所需的許可權限。在本例中，由於計量的端點都存在 ASP.NET 應用程式中，因此 IIS 的使用者帳號需要有傾聽自訂的通訊埠，並取用系統效能計數器的權限。

你可以用這個 Dockerfile 建置映像檔，再用映像檔運行一個容器，並在運行時加上參數 -P 以便公開所有通訊埠：

```
docker container run -d -P --name api dockeronwindows/ch11-api-with-metrics
```

為了確認是否所有的計量數據都有紀錄下來並加以公佈，可以執行幾個 PowerShell 指令，取得容器的 IP 位址，再對 API 端點發出幾個呼叫，然後觀察計量數據的變化：

```
$ip = docker inspect -f '{{.NetworkSettings.Networks.nat.IPAddress}}' api

for ($i=0; $i -lt 10; $i++) {
  iwr -useb "http://$($ip)/api/values"
}

(iwr -useb "http://$($ip):50505/metrics").Content
```

你可以看到根據名稱和標籤分組的純文字計量數據清單。每一個計量數據同時也包含了 Prometheus 的中繼資料（metadata），如計量的名稱、類型、和簡易說明等等：

```
# HELP process_windows_num_threads Total number of threads
# TYPE process_windows_num_threads GAUGE
process_windows_num_threads 32
# HELP dotnet_totalmemory Total known allocated memory
```

```
# TYPE dotnet_totalmemory GAUGE
dotnet_totalmemory 15225400
...
# HELP ValuesController_Requests Request count
# TYPE ValuesController_Requests COUNTER
ValuesController_Requests{method="GET",url="/"} 10
...
# HELP ValuesController_Responses Response count
# TYPE ValuesController_Responses COUNTER
ValuesController_Responses{code="200",url="/"} 10
```

完整的輸出內容非常多。因此筆者在此只擷取出部分片段,包括從容器裡的效能計數器探知的執行緒總數、以及分配的記憶體總量等。我也把自訂的 HTTP 請求與回覆計數器含括在片段中。

在這個應用程式中,我自訂的計數器顯示了 URL 和回覆代碼累計次數。從本例中我可以看到有 10 個請求進入資料值控制器的根 URL,而且也有 10 個狀態代碼 200 的回覆產生。本章稍後我還會展示如何用 Prometheus 繪製這些統計數字的圖表。

替專案加上 NuGet 套件並運行 MetricServer,對於程式原始碼來說是個很簡單的擴充動作。它讓我可以紀錄任何一種有用的計量數據,但這仍代表應用程式已經做了改變。

在某些狀況下,你也許想替應用程式加上儀器化監控功能、但卻不想變更它。這時就可以改用另一個做法:在應用程式運作時平行執行 **exporter**。這個匯出工具也會從應用程式的程序中取出計量數據,再提供給 Prometheus。

在現有的應用程式以外加上 Prometheus exporter

在 Docker 化的解決方案裡,Prometheus 會定期呼叫容器公佈的計量端點,並儲存計量結果。對於既有的應用程式,你也可以不用修改程式碼來新增計量端點;而是改以與既有應用程式平行運作的方式,運行一支控制台應用程式,然後把計量交給這支控制台應用程式處理。

我已替自己在前一章設立的 Bonobo Git 伺服器加入了 Prometheus 端點,但卻沒有更改任何 Bonobo 的程式碼。在 dockeronwindows/ch11-bonobo-with-metrics 映像檔裡,我利用跟前例一樣的 NuGet 套件和 MetricsServer 類別,製作了一支控制台應用程式做為計量端點。這支控制台應用程式會監視 Bonobo 主機上的 w3wp 程序,因此它也會呈現 Bonobo 的計量數據,但卻不必動到 Bonobo 應用程式。

DotNetExporter 這支控制台應用程式實際上是一個自訂計數蒐集器,它會讀取系統上某個記名程序的效能計數器資料值。它採用 NuGet 套件裡的同一組計數器做為預設蒐集器,但監視的卻是不同的程序,我可以監控同一個容器裡運行的其他程序。

在 Program 類別裡 [4],我利用環境變數來設定應用程式,並替每一個指定的程序啟動一個計數蒐集器:

```
var collectors = new List<IOnDemandCollector>();
foreach (var process in Config.MetricsTargets)
{
  WriteLine($"Adding collectors for process: {process}");
  collectors.Add(new ProcessPerfCounterCollector(process));
}
```

然後我會利用設定好的蒐集器傾聽指定的計量端點,建立和啟動一個 MetricServer 物件:

```
var server = new MetricServer(Config.MetricsPort, collectors);
server.Start();
WriteLine($"Metrics server listening on port: {Config.MetricsPort}");
```

這支控制台應用程式是一個非常小巧的元件。它會持續地執行、但只有在呼叫計量端點時才會消耗運算資源,因此它按照 Prometheus 的排程執行時,影響非常小。要對 Bonobo 進行計量,我得先建立一個把 exporter 應用程式和 Bonobo 封裝在一起的映像檔 Dockerfile。而且採用的就是我在**第 10 章用 *Docker* 來強化持續部署的管線**的 Bonobo 映像檔,並加上了計量 exporter 所需的環境變數:

```
FROM dockeronwindows/ch10-bonobo
EXPOSE 50505
ENV METRICS_TARGETS="w3wp"
```

這樣就會公佈預設的計量用通訊埠 50505,並設定 exporter 要監視 w3wp 這個程序。然後我會把 exporter 控制台應用程式搬進映像檔,並在 Dockerfile 的建置階段將它編譯進去,然後用 PowerShell 的啟動指令稿設定進入點 [5]:

```
WORKDIR C:\prometheus-exporter
COPY --from=builder C:\out\dotnet-exporter .

COPY bootstrap.ps1 /
ENTRYPOINT ["powershell", "C:\\bootstrap.ps1"]
```

譯註 4　Ch11\ch11-bonobo-with-metrics\src\Program.cs

譯註 5　Dockerfile 和 powershell 指令稿都在 Ch11\ch11-bonobo-with-metrics 底下。

在這支啟動指令稿裡，我啟動了 IIS Windows 服務，並送出一個 HTTP 呼叫。這樣就會引出一個 w3wp 的工作程序來處理請求：

```
Start-Service W3SVC
Invoke-WebRequest http://localhost/Bonobo.Git.Server -UseBasicParsing |
Out-Null
```

現在有程序在執行了，我就可以啟動 exporter 這支控制台應用程式，蒐集 w3wp 程序的計量數據：

```
& C:\prometheus-exporter\DotNetExporter.Console.exe
```

當我建置映像檔並據以運行容器時，我還是可以如常地使用 Bonobo，只是靠著額外運行的 exporter 程序來取得計量數據罷了。我會啟動容器，並用 PowerShell 開啟一個瀏覽器：

```
docker container run -d -P --name bonobo `
  dockeronwindows/ch11-bonobo-with-metrics
$ip = docker inspect -f '{{.NetworkSettings.Networks.nat.IPAddress}}'
bonobo

start "http://$($ip)/Bonobo.Git.Server"
```

我可以用瀏覽器操作 Bonobo，而 exporter 會把 Bonobo 工作程序的一舉一動都公佈出來。我在此使用的是和先前一樣的計量端點，因此也會看到 50505 號通訊埠的統計數字：

```
> (iwr -useb "http://$($ip):50505/metrics").Content

# HELP process_pct_processor_time % Processor Time Perf Counter
# TYPE process_pct_processor_time GAUGE
process_pct_processor_time{process="w3wp"} 6.06265497207642
# HELP process_working_set Working Set Perf Counter
# TYPE process_working_set GAUGE
process_working_set{process="w3wp"} 329969664
...
```

在這個案例裡，應用程式中並沒有自訂的計數器，而所有的計量都來自標準的 Windows 和 .NET 效能計數器。應用程式 exporter 會從運行中的 w3wp 程序讀取這些效能計數器資料值，因此，毋須靠著修改應用程式來提供 Prometheus 所需的基本資訊。但要紀錄自訂的計量數據，你還是需要在程式碼中加上儀器化計量功能，然後才能紀錄你有興趣的資料點。

替 Docker 化的應用程式加上儀器化計量，就等於加上了一個可以讓 Prometheus 查詢的計量端點。Prometheus 伺服器本身也是以 Docker 容器運行的，而且運行時也指定了要監控的其他容器名稱。

在 Windows Docker 容器裡運行 Prometheus 伺服器

Prometheus 是一個跨平台的應用程式，使用 Go 撰寫而成，同樣可以在 Nano Server 上運作。Prometheus 的安裝檔有 GZip 壓縮過的 Tar 檔格式，預設在 Windows 是解不開的。我使用了多段式建置把 Prometheus 封裝到 Docker 裡，並在第一階段中下載和解開封裝。

要在 Windows 裡解開 GZip 壓縮過的 TAR 檔，最好的工具莫過於 7-Zip，而且我原本就有一個預裝了 7-Zip 的 Docker 映像檔 dockeronwindows/ch11-7zip。Prometheus 的映像檔 dockeronwindows/ch11-prometheus 建置時參照的 Dockerfile 先引用了上述含有 7-Zip 的映像檔做為 builder，然後執行 PowerShell 指令來下載並解開封裝：

```
RUN Invoke-WebRequest
"https://github.com/prometheus/prometheus/releases/download/v$($env:PROMETH
EUS_VERSION)/prometheus-$($env:PROMETHEUS_VERSION).windows-amd64.tar.gz" `
 -OutFile 'prometheus.tar.gz' -UseBasicParsing; `
 & 'C:\Program Files\7-Zip\7z.exe' x prometheus.tar.gz; `
 & 'C:\Program Files\7-Zip\7z.exe' x prometheus.tar; `
 Rename-Item -Path "C:\prometheus-$($env:PROMETHEUS_VERSION).windows-amd64"
-NewName 'C:\prometheus'
```

Dockerfile 的第 2 個（也是最終的）階段先從一個 Nano Server 開始，然後它把安裝階段解開的檔案搬進來。它們都被搬到特定的位置，這樣容器使用者才能用卷冊掛載覆蓋目錄的內容，以便使用不同的組態運行 Prometheus：

```
FROM microsoft/nanoserver:10.0.14393.1198

COPY --from=installer /prometheus/prometheus.exe /bin/prometheus.exe
COPY --from=installer /prometheus/promtool.exe /bin/promtool.exe
COPY --from=installer /prometheus/prometheus.yml
/etc/prometheus/prometheus.yml
COPY --from=installer /prometheus/console_libraries/ /etc/prometheus/
COPY --from=installer /prometheus/consoles/ /etc/prometheus/
```

Prometheus 有很多地方可以設定，但通常你都是從指定 JSON 組態檔位置開始。我的 Dockerfile 有一個帶有設定預設值的 ENTRYPOINT，還有一個 CMD 讓使用者可以覆蓋組態檔位置：

```
ENTRYPOINT ["C:\\bin\\prometheus.exe", `
 "-storage.local.path=/prometheus", `
 "-web.console.libraries=/etc/prometheus/console_libraries", `
 "-web.console.templates=/etc/prometheus/consoles" ]

CMD ["-config.file=/etc/prometheus/prometheus.yml"]
```

> 身兼 Docker Captain 和 Microsoft MVP 的 Stefan Scherer 另有一個 Dockerfile 可以封裝 Prometheus，它的啟動指令更富彈性。各位可以到 GitHub 的 stefanscherer/dockerfiles-windows 倉庫找到它。

我用容器運行我的儀器化 API 和 Bonobo Git 伺服器兩個映像檔，藉以從端點取出計量數據供 Prometheus 分析。要在 Prometheus 裡監視它們，必須在組態檔裡指定計量的位置。Prometheus 會依照指定的排程輪詢這些端點，這動作稱為 **scraping（採樣）**，我可以在採樣組態裡指定容器名稱和通訊埠：

```
scrape_configs:
  - job_name: 'Api'
    static_configs:
      - targets: ['api:50505']
  - job_name: 'Bonobo'
    static_configs:
      - targets: ['bonobo:50505']
```

每個要監控的應用程式都被設為一個作業，而每個端點都被列為一個標的。Prometheus 會在同一個 Docker 網路上的容器裡運行，因此只用容器名稱我就可以指出目標是誰。現在我可以用容器啟動 Prometheus 伺服器了，同時掛載本地端資料夾以便取得組態檔和資料卷冊，並指定組態檔案位置，指令如下：

```
docker container run -d -P `
  --name prometheus `
  -v "C:\prometheus\data:C:\prometheus" `
  -v "C:\prometheus:C:\config" `
  dockeronwindows/ch11-prometheus '-config.file=/config/prometheus.yml'
```

Prometheus 會輪詢所有設定好的計量端點、並儲存取得的資料。你可以把 Prometheus 當成 Grafana 這類豐富 UI 元件的後台，它會把你所有的執行平台 KPI 組成單一面板。如果只需基本的監視功能，Prometheus 伺服器也提供一個簡單的網頁式介面。

我可以用 Prometheus 伺服器的 IP 位址和 9090 號通訊埠連線，並設定一個圖形檢視，顯示我的網頁 API 的回覆統計，讓我可以觀察每次請求的 URL 和回覆的狀態代碼有何變化：

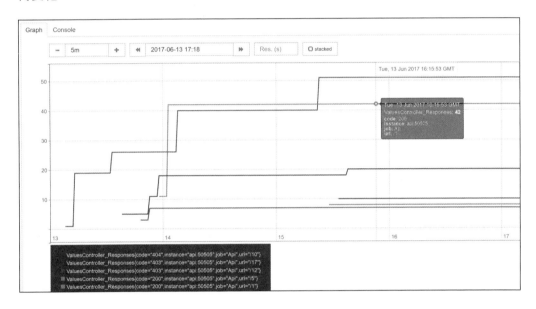

這些計數器都在容器存活期間遞增，因此所有圖表都是往上走的。Prometheus 具備豐富的功能，可以讓你繪製出計量隨時間的變化率、計量數據的總計、並選出資料的推測。

其他來自 Prometheus NuGet 套件的計數器還可以把效能計數器之類的統計數字做成快照。這樣只需觀察工作集，就可以比較 Bonobo 執行個體和 API 的記憶體使用量。

利用這裡的堆疊圖，就可以顯示出 Bonobo 使用的記憶體較多，但卻出現了一次明顯的跌落，這可能是在執行過一次 .NET garbage collector 後發生的：

在**第 8 章管理和監視** *Docker* 化解決方案裡，筆者展示了 **Universal Control Plane**（**UCP**），亦即 **Docker 企業版**（**Docker EE**）裡的 **Containers-as-a-Service**（**CaaS**）平台。用來啟動和管理 Docker 容器的標準 API，讓該工具呈現出一致的管理體驗。Docker 平台的開放特性，讓開放原始碼工具都可以透過同樣的方式得到一致的整合式監控介面。

Prometheus 就是一個絕佳的例子。它的伺服器極為輕巧，因此很適合放到容器裡運行。你要不就是在應用程式中直接加入計量端點、或是在既有應用程式旁平行執行一個計量 exporter，藉此讓 Prometheus 支援你的應用程式。

只需些許的動作，就可以替你所有的應用程式加上儀器化計量，並藉此深入了解你的解決方案內部正在發生的事。更有甚者，你在所有的環境裡都可以運用完全相同的監控設施，因此不論是在開發還是測試環境裡，你都可以看到和正式環境一樣的計量方式。當你需要從其他環境複製問題、並進一步追查問題來源時，這是很有用的特性。

Docker 裡的錯誤修正工作流程

在修正正式環境的缺陷時，最大的難處之一就是要在開發環境中重現問題。這是確認臭蟲確實存在的第一步，也是深入鑽研問題根源的起點。但也是整個問題中最為曠日廢時的一部分。

大型的 .NET 專案通常釋出都較不頻繁，因為釋出的過程相當繁瑣，而且需要經過許多手動測試才能驗證新功能、並確認是否有功能退化現象。一年只出現三到四個版本並不奇怪，而且開發人員時常發覺自己必須在釋出過程的不同階段裡，同時支援好幾個版本的應用程式。

在這種場合裡，你可能在正式環境運行 1.0 版，而 1.1 版則正在接受**使用者驗收測試**（**user acceptance testing**，簡稱 **UAT**），還有 1.2 版在進行系統測試。任一版本都可能有臭蟲出現，開發團隊就必須一一查出問題並進行修正，同一時間可能還正在進行 1.3 版的開發，甚至準備要大幅升級到 2.0 版。

Docker 問世以前的臭蟲修正方式

我置身於這種狀態已經不知多少回了，必須從我正在開發重構的 2.0 程式碼背景環境，切換回到正要釋出的 1.1 版的程式碼。切換背景環境的代價高昂，但是要把我的開發環境設置成能夠重現 1.1 版的 UAT 環境，這個過程的代價會更高。

釋出過程可能會建立一個有版本的 MSI 安裝檔，但通常你不能直接在開發環境執行它。安裝檔內可能封裝了特定環境的的組態資訊。其內容可能是以釋出模式編譯的，而且封裝時也不包含 PDB 檔案，這樣就沒有附掛除錯器的選項可用。此外它可能還需要一些前置條件，是開發環境裡沒有的，例如憑證、加密密鑰或額外的軟體元件等等。

所以相反地，我得重新編譯 1.1 版的原始碼。而且只能希望釋出的過程曾留下足夠的資訊，好讓我找到當初建置釋出版本時、出現版本分歧時、或是複製到本地端時所使用的正確的程式原始碼（也許當初 Git 的提交代碼（commit ID）或是 TFS change set 會被紀錄在建置組件裡也說不定）。然後當我試著要在我的本地端開發環境重現另一個環境時，真正的好戲才剛要上場。

工作流程大致會像這樣，在我的現行設定和 1.1 版環境之間有著大量的差異：

- 在本地端編譯原始碼。我必須用 Visual Studio 重新建置應用程式，但釋出版本當初使用的編譯工具是 MSBuild 的指令稿，它有很多額外項目要搞定。

- 在本地端執行應用程式。我自己使用 Windows 10 裡的 IIS Express，但釋出版卻是透過 MSI 檔部署到 Windows Server 2012 的 IIS 8 上執行的。

- 我的本地端 SQL Server 資料庫使用的是 2.0 版所需的架構。釋出版裡確實有一個可以把 1.0 版升級到 1.1 版的指令稿，但卻沒有可以從 2.0 版降級到 1.1 版的指令稿，所以我只好手動修正本地端的資料庫架構。

- 我有很多相依的分支是無法在本地端執行的，像是第三方的 API 之類。釋出版本使用的則是真正的應用程式元件。

就算我真的找到了 1.1 版的正確原始碼，我的開發環境卻跟 UAT 環境大相逕庭。我能做到的就是盡力還原環境，但也可能耗上好幾個小時。為了縮短這段時間，我只能抄捷徑，也許運用我對應用程式的知識，讓 1.1 版可以搭配 2.0 版的資料庫架構運作，但就算有捷徑，也還是意謂著我的本地端環境依舊和目標環境不甚相同。

當然這時我可以用除錯模式運行應用程式、並試著重現問題了。如果臭蟲是因為資料問題或是環境問題而造成的，那我就會沒法重現它，而且可能會耗上一整天才發現問題何在。如果我懷疑問題是因為 UAT 的設定所導致的，我也沒法在自己的環境裡證明它；我得找 Ops 團隊幫忙看過 UAT 組態設定才能確認。

就算老天保佑，我幸而能依照回報臭蟲的步驟重現了問題。當我找出手動解決的方式後，就可以著手撰寫能夠重現問題的故障測試，然後修改程式碼並經由通過故障測試，確信我已解決問題。但我的環境與 UAT 環境間仍有差異存在，因此我的分析結果很可能還是不正確的，導致在 UAT 環境就無法修復同樣的問題，但我也只能等到下次釋出時才能發現這一點。

修正內容如何釋出到 UAT 環境也是一大問題。從理想上說，1.1 的版本分支已設有完整的 CI 和封裝過程，因此我原應只需把修正內容上傳，就會產出新版的 MSI 安裝檔、可以用來部署才對。但最差的狀況是，CI 只支援主要分支，害我只能替修正的分支重新建立一個作業，並試著儘量把這個作業設定成與先前釋出 1.1 版時的作業方式一樣。

如果從 1.1 版到 2.0 版之間工具鏈曾發生任何異動，那麼以上過程中的每個步驟都會更形複雜，從設定本地端環境、運行應用程式、分析問題到推出修正為止，無一例外。

有了 Docker 以後的臭蟲修正方式

有了 Docker 以後以上過程就簡單多了。要在本地端重現 UAT 環境,我只需使用和 UAT 一樣的映像檔來運行容器即可。一定會有某個描述完整解決方案的 Docker Compose 或堆疊檔案存在、而且是有版本紀錄的,因此只要準確地部署 1.1 版,我就能得到一個和 UAT 一模一樣的環境,不必從頭開始建置。

此時我應該可以重現出問題所在,並確認它是否真的是程式碼造成的問題、或只是資料內容或環境造成的。如果問題是因設定引起的,那我應該會在 UAT 環境看到一模一樣的問題,這樣我就可以用改寫過的 compose 檔案來測試修正內容是否有效。反之如果是程式碼問題,我就得回頭去鑽研程式的原始碼了。

這時我可以從 1.1 版的標籤把原始碼複製出來,並重新以除錯模式建置 Docker 映像檔,但除非很確信這是應用程式內部的問題,不然我不會輕易動手重建。如果我先前使用多段式建置,而且在 Dockerfile 裡替每一個版本都做了記號,那麼在本地端就應該會建置出一個和 UAT 環境完全相同的映像檔,只是裡面多了除錯用的額外元件。

現在我可以著手找出問題、撰寫測試和修正問題了。只要通過了新的整合測試,就代表我的修正內容已在一個跟 UAT 部署內容完全一樣的 Docker 化解決方案上驗證過,因此我可以十分確信問題的確已經解決。

萬一 1.1 版分支沒有設定過 CI,那麼從頭設定一個也很直接,因為只需再執行一次 `docker image build` 或是 `docker-compose build` 指令就可以完成建置作業。如果我希望儘快得知效果,甚至還可以把本地建置好的映像檔上傳到登錄所直接更新 UAT 環境,進而驗證修正的效果,因為 CI 早已經設定好會自動進行部署了。

使用的 Docker 後的工作流程既清楚又迅速,但更重要的是,風險少得多了。當你在本地端重現問題所在時,所使用的應用程式元件和運行平台,都和 UAT 環境是完全一樣的。當你測試修正內容時,你心裡知道它在 UAT 環境也一定可行,因為你部署的新元件也是相同的。

等到你得支援好幾種版本的應用程式時,當初投注在應用程式 Docker 化時所耗的心血,就全都會從節省的時間裡得到回報了。

總結

本章討論了如何替運行在容器裡的應用程式進行故障排除，包括除錯和儀器化計量這兩種手段。Docker 是全新的應用程式平台，但容器裡的應用程式說穿了仍然還是主機上運行的程序之一，因此它們依舊適合被當成遠端除錯和集中式監控的標的。

Visual Studio 所有現行版本都支援 Docker。Visual Studio 2017 的支援最完整，從 Linux 到 Windows 容器一概支援。Visual Studio 2015 和 Visual Studio Code 則使用擴充功能來替 Linux 容器除錯，但你也可以自行替 Windows 容器加入支援。

本章介紹了 Prometheus 這一款輕型的儀器化與監控元件，可以放在 Windows Docker 容器裡運行。Prometheus 會把它從其他容器上運行的應用程式擷取而來的數據儲存起來。由於容器與生俱來的標準化特性，使得這類監控解決方案的設定非常簡單。

下一章是本書的最終章。我會分享一些做法，告訴各位如何在自己的領域裡開始運用 Docker，其中也包括一些筆者在現有專案裡運用 Docker on Windows 的案例研究。

將你所知的事物容器化
— Docker 的實作指南

在本書中，我以陳舊的 .NET 技術所撰寫的應用程式為例，向大家展示了 Docker 是如何支援其運作，而且效果不下於對現代 .NET Core 應用程式的支援。你可以把一支 10 年前的 WebForms 應用程式給 Docker 化，然後就可以像其他運行在容器中、採用**模型—視圖—控制器**（**Model-View-Controller**，簡稱 **MVC**）架構的新鮮 ASP.NET Core 應用程式一樣，享受到容器的好處。

大家已經看過很多容器化應用程式的例子，也學到如何以 Docker 來建置、發行和運行營運級的應用程式。現在你已經準備好要開始把 Docker 運用到自己的專案中了，本章會提供你一些該從何處著手的建議。

筆者會談到一些有助於執行概念驗證（proof-of-concept，簡稱 POC）計劃的技巧和工具，以便把應用程式移往 Docker。筆者會帶領各位一一研讀若干案例研究，告訴大家我是如何把 Docker 引進到既有專案當中的：

- 一個小型的 .NET 2.0 WebForms 應用程式
- 一個在 **Windows Communication Foundation**（**WCF**）應用程式裡與資料庫整合的服務
- 一個運行在 Azure 上的分散式物聯網（IoT）API 應用程式

你會從中面臨到一些典型的問題，以及如何藉著轉移至 Docker 來解決它們。

把你所知的事物 Docker 化

當你轉往一個全新的應用程式平台時，免不了一定要使用一組新元件和新操作流程。如果你原本就使用 Windows 安裝程式來部署，那麼你面對的元件就是 Wix 檔案和 MSI 封裝檔。你的配置過程就是把 MSI 搬到目標伺服器，然後登入並執行安裝程式，如此而已。

一旦移轉到 Docker，你就是以 Dockerfile 和映像檔為部署元件。你把映像檔上傳至登錄所，然後運行容器、或是更新服務以便部署應用程式。在 Docker 裡不論是資源還是動作都簡化許多，最棒的是它們不論到哪個專案裡都是一致的，但當你初入門徑時，還是有一段學習曲線要克服。

將一支你已對其知之甚詳的應用程式給容器化，是打好紮實學習基礎的最佳方式。當你初次以容器運行應用程式時，也許會遇上一些錯誤或是不正確的行為模式，但這些應該都在你的應用程式範圍內。當你一一追查問題時，其實始終面對的都是一個你熟悉的領域，因此就算平台是新的，問題卻還是很容易辨別出來。

選一個容易驗證概念的應用程式

Docker 十分適於分散式應用程式，每個元件都可以運行在一個輕巧的容器之中，因此能經濟地使用最少的硬體。你可以選一個分散式解決方案來做為 Docker 部署的初體驗，但一支較簡單的應用程式轉移起來應該會快得多，也讓你比較容易一試就成功。

一支單一整體的應用程式就是個好選擇。它的程式碼並不一定要短小精悍，但它與其他元件的整合卻較少，也更容易在 Docker 上運行起來。一支將狀態資訊儲存在 SQL Server 裡的 ASP.NET 應用程式就是最直接的選擇。你可以預期在一兩天內就能完成一支簡單應用程式的**概念驗證**（**Proof-of-Concept (PoC)**）。

先從編譯好的應用程式著手，而不要急著先使用原始碼建置，也是一個證明應用程式可以在不修改程式碼的前提下 Docker 化的好辦法。當你要選擇用來 PoC 的應用程式時，記得考慮幾項因素：

- **有狀態**（**Statefulness**）：如果你的應用程式會把狀態儲存在記憶體裡，就沒法用多個容器來擴大驗證的規模。由於每個容器都有自己的狀態資訊，若是請求分別由不同的容器處理，就會得到不一致的行為表現。請考慮無狀態的（stateless）或是可以共享狀態的應用程式，像是以 SQL Server 做為 ASP.NET 的會談狀態供應者之類。

- **組態**（**Configuration**）：.NET 應用程式通常以 XML 做為組態檔案，如 `Web.config` 或 `app.config` 之類。你可以把 PoC 設定成以既有的組態檔為基礎，然後抽換掉不適合容器化環境的任何設定值。雖說最好還是使用 Docker 的環境變數和密語資訊來讀取組態設定，但保持使用原有的組態檔，在 PoC 時會簡單得多。

- **恢復**（**Resilience**）：老式的應用程式經常假設性地認定相依元件的存在——亦即網頁應用程式會預期資料庫永遠都處於等待查詢的狀態，而且完全沒有辦法好好處理無法取用資料庫時的失敗狀況。如果應用程式沒法以重試邏輯（retry logic）來偵測外部連線的存在與否，那麼當容器啟動時只要有一丁點的連線問題，你的 PoC 就會發生錯誤。

- **Windows 認證**（**Windows Authentication**）：容器不會加入網域。如果你在 AD 裡建立了群組管理服務帳號（Group Managed Service Account），就能在容器中取得 **Active Directory**（**AD**）物件，但這樣會讓事情複雜化。在 PoC 時，只需採用簡單的認證方式、例如基本方式認證即可。

以上因素都不會造成嚴重的限制。你應該不用動到程式碼，就可以把既有的應用程式容器化，但要注意容器化後的應用程式功能在 PoC 階段可能並不完備。

用 Image2Docker 產生一個初步的 Dockerfile

Image2Docker 是一種開放原始碼的工具，可以用來替既有的應用程式產生 Dockerfile。它以 PowerShell 模組的形式撰寫而成，因此你可以在本地端機器上執行它，以便轉換遠端的機器；甚至是一台虛擬機器的虛擬磁碟檔案（可以是 Hyper-V 的 VHD 或 VHDX 等磁碟格式）。

這是一種極為簡單的 Docker 入門方式，你甚至不需要在自己的機器上安裝 Docker，就可以先一睹自己的應用程式在 Dockerfile 裡看起來是何模樣。Image2Docker 可以搭配任何類型的應用程式（稱為**元件，artifacts**），但最適合的還是執行在 IIS 上的 ASP.NET 應用程式。

在我的開發用機器裡，我在 **Internet Information Services**（**IIS**）上部署了一個 ASP.NET 應用程式。我可以從 PowerShell gallery 安裝 Image2Docker，以便匯入這個模組並在本地端執行它，藉此把這個應用程式轉移到 Docker 上：

```
Install-Module Image2Docker
Import-Module Image2Docker
```

要使用 Image2Docker，至少要有 PowerShell 5.0 的環境，除此以外沒有其他依存條件要求。

然後我可以執行 ConvertTo-Dockerfile 指令，指定要把 IIS 相關元件建置成一個 Dockerfile 檔案，內含我的機器上所有的 IIS 網站內容：

```
ConvertTo-Dockerfile -Local -Artifact IIS -OutputPath C:\i2d\iis
```

這會建立一個名為 C:\i2d\iis 的目錄，目錄下會有一個 Dockerfile 和每一個相關網站的子目錄。Image2Docker 會從來源把網站內容複製到輸出的位置。Dockerfile 會以最接近的基礎映像檔供應用程式運行，而它找到的映像檔會是 microsoft/iis、microsoft/aspnet 或是 microsoft/aspnet:3.5。

如果來源含有多個網站或是網頁應用程式，Image2Docker 會把它們全都擷取出來，並建置成一個 Dockerfile 檔案，其內容完全複製原始的 IIS 設定，因此 Docker 映像檔裡會存在多個應用程式。但這不是我想要的，因為我只想在 Docker 映像檔裡收容一個應用程式，因此我可以加上一個參數，好把單一網站擷取出來：

```
ConvertTo-Dockerfile -Local -Artifact IIS -ArtifactParam SampleApi -
OutputPath C:\i2d\api
```

過程並無差異，只不過這回 Image2Docker 只從來源擷取了一個應用程式，也就是用 ArtifactParam 參數指定的那一個。Dockerfile 內會含有部署該應用程式所需的一切步驟，然後你就可以用 docker image build 指令建置映像檔、並運行應用程式的容器。

這會是你把應用程式 Docker 化的第一步，然後就可以運行一個容器，並從中觀察應用程式的功能是否如常。也許你會需要自己完成一些 Image2Docker 不會做的額外設定，因此你得在已產生的 Dockerfile 裡動點手腳，但 Image2Docker 這個工具仍是絕佳的起點。

Image2Docker 屬於開放原始碼專案。原始碼可以在 GitHub 找到，網址是 https://github.com/docker/communitytools-image2docker-win。這個倉庫裡還含有額外的文件資訊，可以在問題清單中看出專案發展的脈絡。

召集其他相關人員

一次 PoC 應該在幾天內就能成功完成。其成果會是一個可以在 Docker 裡運行的示範應用程式、以及一組讓 PoC 轉化為正式環境的額外步驟。如果你處於一個 DevOps 的環境，而你的團隊正好負責交付專案，你就可以決定將正式環境轉移至 Docker 上。

但對於大型專案或是團隊，就必須召集其他相關人員，以便讓 PoC 更進一步。你必須視組織架構決定需要討論的內容，但主題一定集中在 Docker 可以帶來的改善內容上：

- 一旦要部署應用程式，營運團隊是最常在與開發團隊交接時發生摩擦的。Docker 的元件、Dockerfiles 和 Docker Compose 檔案，都是開發和營運團隊共同工作的重心。由於升級用的 Docker 映像檔都已經過測試，因此營運團隊不會面臨升級內容沒法部署的險境。

- 大型公司裡的資安團隊經常要驗證出處。他們需要證明正式環境中運行的軟體並未受到竄改、而且就是 SCM 裡所執行的程式碼。這部分通常是以人為程序來控制的，但是透過映像檔簽章和 Docker 內容信任等做法，就能達到驗證的目的。有時資安團隊還需要證明系統只會在通過驗證的硬體上運行，而在 Docker swarm 裡，只要藉由安全標籤和限制條件，這一點很容易做到。

- 產品負責人經常得在積壓如山的待辦事項和冗長的釋出時間表之間掙扎。企業用 .NET 專案通常很難部署，因為升級過程極為緩慢，而且必須手動進行，風險又高。其中會有部署階段和使用者測試階段，在這期間應用程式都會離線無法供一般使用者操作。相較之下，以 Docker 部署就十分快速、自動化、而且安全得多，亦即你可以更頻繁地部署，只要有新功能出現就可以加入，不用等上數個月才能在下一次定期釋出時面世。

- 管理團隊重視的是產品和營運成本。Docker 能更有效率地運用運算資源，因而有助於降低基礎設施成本。此外 Docker 也能讓團隊工作更富效率、消除環境間差異以確保部署成果一致，因而也有助於精簡專案成本。它還能提升產品的品質，因為自動化封裝和更新皆有助於更頻繁地部署，亦即可以更迅速地新增功能和修正缺陷。

在 PoC 階段你可以先從**社群版**（**Community Edition (CE)**）的 Docker 開始嘗試，如 Windows 10 上的 Docker for Windows 就可以。組織內其他相關人員則會想要從中瞭解容器內運行的應用程式所得到的支援。只需採用 Windows Server 2016 授權費用內含的 Docker 企業基本版（Docker **Enterprise Edition（EE）**Basic）Docker，就能取得微軟和 Docker, Inc. 的支援。營運和資安團隊則會感受到企業進階版（Docker EE

Advanced）的顯著威力，因為它提供了**萬用控制面**（**Universal Control Plane (UCP)**）和 **Docker Trusted Registry** （**DTR**）。

PoC 時產生的 Dockerfile 和 Docker 映像檔也可以像其他版本一樣用來運作。因為 Docker 社群版、Docker 企業版和 Docker 企業進階版都共用相同的底層平台。

Docker 實作案例研究

在本書的尾聲，筆者要介紹三個真實案例，分別是我自己將 Docker 引進到現有解決方案中、或是規劃如何把 Docker 導入專案中的親身體驗。這些都是真實的情境，從員工僅數十人小型公司的專案、到用戶上百萬的大型企業專案都有。

案例研究 1 ｜自行開發的 WebForms 應用程式

數年前我曾參與支援一間租車公司的 WebForms 應用程式支援業務。一個大約為數 30 人的團隊會使用該應用程式，其部署規模非常小，他們只使用一部資料庫伺服器和一部網頁應用程式伺服器。儘管規模小，卻是該公司業務的核心應用程式，他們的日常營運與應用程式息息相關。

應用程式的架構非常簡單：只是一支網頁應用程式和一個 SQL Server 資料庫。一開始我花了很多心力改善應用程式的效能和品質。後來它變成一個需要經常照顧的目標，我必須每年釋出兩到三次新版本，加入新功能或是修正老問題。

釋出的過程既艱難又費時。通常包括以下部分：

- 一個內含更新版應用程式的 Web Deploy 套件
- 一組負責更改資料庫架構和資料的 SQL 指令稿
- 一份用來驗證新功能和檢查是否有功能退化現象的手動測試指南

部署都是在下班時間進行的，這樣才能讓我們有餘裕可以處理任何可能發生的問題。我通常會以**遠端桌面**（**Remote Desktop (RDP)**）連到他們的伺服器內，把元件搬進去，然後手動執行 WebDeploy 套件和 SQL 指令稿。通常版本釋出期間會長達數個月，因此我必須靠自己撰寫的文件來提醒自己部署的詳細步驟。然後我必須一一試過測試指南的步驟，以便檢測主要功能。有時候會因為我錯失了一個 SQL 指令稿、或是漏掉一個網頁應用程式的相依元件而造成問題，這時我就得試著找出先前忽視的問題所在。

直到最近，這支應用程式還運行在 Windows Server 2003 上。當該公司要升級 Windows 時，我建議他們換成 Windows Server 2016 Core 和 Docker 的環境。我建議的辦法是，使用 Docker 來運行網頁應用程式，讓 SQL Server 留在自己原生的伺服器上執行，但是也用 Docker 做為分發機制，以它來部署資料庫升級。

移往 Docker 的過程極為簡單。首先我用 Image2Docker 把正式環境伺服器匯出成一個初步的 Dockerfile，然後以此為基礎，逐步加上健康檢查和設定組態用的環境變數。我原本在 Visual Studio 裡就有一份 SQL Server 專案的架構資訊，因此我就用另一個 Dockerfile，把部署資料庫用的 Dacpac 檔案和指令稿都封裝在內。我只花兩天就完成了 Docker 元件的準備，並在測試環境中讓新版本運行。下圖便是 Docker 的架構：

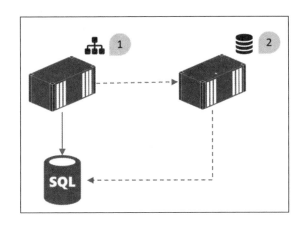

- **1**：網頁應用程式運行在一個 Windows Docker 容器中。在正式環境裡，它會連接到一個分離的 SQL Server 執行個體。在非正式環境裡，它則是連接到一個同樣以容器運行的本地端 SQL Server 執行個體。

- **2**：資料庫係以 SQL Server Express 版為基礎封裝的 Docker 映像檔構成，並以 Dacpac 部署了資料庫架構。在正式環境裡會以一個任務型容器把資料庫架構部署到既有的資料庫當中。在非正式環境則是以一個背景型容器來運行資料庫。

從那之後，部署就變得很簡單了，而且步驟都一樣。我在 Docker Cloud 有一組私人的倉庫，各版本的應用程式和資料庫映像檔都放在那裡。我也把本地端 Docker CLI 設定成可以配合 Docker Cloud 的 Docker 引擎運作，以便進行以下動作：

- 停止網頁應用程式的容器
- 從新版資料庫映像檔運行容器，以便升級 SQL Server
- 使用 Docker Compose 把網頁應用程式升級到新版映像檔

轉移到 Docker 的最大好處，就是能迅速穩當地釋出新版本，而且對基礎設施的要求更少。該公司目前正在尋求用兩部較小的伺服器來更換現有的網頁伺服器，這樣就可以使用 swarm 模式的 Docker，在升級時享有零停機時間。

另一個額外的好處，則是釋出過程大為簡化。由於部署已經通過測試，因此在正式環境中也會使用同一個 Docker 映像檔，這樣就不必讓一個了解應用程式底細的人在場，才能找出問題所在。公司的 IT 支援同仁就可以負責執行部署，而且用不著我幫忙。

案例研究 2 ｜資料庫整合服務

我曾參與過一個複雜的大型網頁應用程式開發，業主是一間金融業公司。程式內容以內部使用者為主，主掌為數龐大的交易。前端使用 ASP.NET MVC 撰寫，但大多數的邏輯都放在服務層，以 Windows Communication Foundation（WCF）寫成。服務層同時也擔任眾多第三方開發應用程式的共用層，在 WCF 層將整合邏輯分隔開來。

大多數的第三方應用程式都由可以改寫的 XML 網頁服務、或是 JSON REST API 構成，但其中之一完全不具備整合選項。它只供參考資料用，因此共用層其實是實作成與資料庫層面界接。WCF 服務是以包裝良好的端點來呈現的，但實作卻是直接連到外部的應用程式資料庫，以便提供資料。

與資料庫的整合是很脆弱的，因為你必須仰賴自有的資料庫架構資訊，而非公開的服務合約，但有時也別無選擇。在本例中，資料庫架構資訊並不常變動，因此我們可以掌握中斷的時間。不幸的是，釋出的過程是由後端往前端進行的。Ops 團隊會先在正式環境釋出新版資料庫，因為應用程式只有在正式環境才有廠商提供的支援。只有當它完全正常運作時，才能把釋出內容複製到開發和測試環境。

一次內含資料庫架構變更的釋出，很可能把整合破壞掉。任何使用來自第三方應用程式參考資料的功能都會沒法動作，我們就得儘快找出解法。解法很直接，但 WCF 應用程式卻是一個龐大的單一整體應用程式，需要很多測試，才能確認這次變更不會影響其他領域。我的任務便是確認 Docker 是否可以妥善地管理資料庫的相依性。

提案也很直接。我不建議把整個應用程式移到 Docker——那已經是長期目標——但只把一個服務移到 Docker 上。資料庫應用程式共用層的 WCF 端點會運行在 Docker 上，以便和應用程式其他部分開。網頁應用程式是該服務唯一的使用者，因此只需更改容器中服務所需的 URL。提案架構大致如下圖所示：

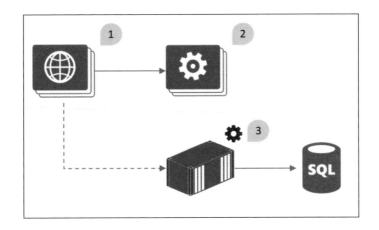

- **1**：網頁應用程式運行在 IIS 上。程式碼未經變動，但卻需要更改組態，以便使用運行在容器中新整合元件的 URL。
- **2**：原本的 WCF 服務仍繼續在 IIS 裡運行，但先前的資料庫整合元件卻已移除。
- **3**：新的整合元件使用和早先一樣的 WCF 合約，但現在它位於容器中，把第三方應用程式資料庫存取隔離開來。

這種方式有許多優點：

- 如果資料庫架構變動了，我們只需更改 Docker 化服務即可
- 只要更新 Docker 映像檔，就算釋出的並非完整的應用程式，也可以達到服務內容更新的效果
- 這是一個沙盤推演用的 Docker 環境，因此開發和營運團隊都可以拿它來進行評估

在本例中，最大的優點是它減少了測試的負擔。對於一支完整的單一整體應用程式來說，釋出一次往往需要為時數週的測試。如果把服務打散成 Docker 容器，就只有已經變更的服務需要測試後釋出。這大幅縮短了所需的時間與精力，也讓釋出的次數更為頻繁，更迅速地為營運業務提供新功能。

案例研究 3 ｜一個 Azure 上的 IoT 應用程式

我曾擔任某專案的 API 架構師，該專案要提出一組供行動應用程式使用的後端服務。主要的 API 有兩個。組態用 API 是唯讀的，所有的行動裝置都會呼叫它，藉以檢查設定和軟體的更新。事件用 API 則僅供寫入，所有的行動裝置都會把有關於使用者行為的不具名事件張貼出來，而產品團隊必須利用這些事件內容來設計新一代的行動裝置。

這組 API 支援超過 150 萬台裝置。組態用 API 需要具備高可用性;它們不但要能迅速地回應裝置呼叫,也要能因應同時每秒數千次的請求。事件用 API 會取得來自裝置的資料,並將事件上傳至訊息佇列。此外也有兩組處理器負責聆聽佇列,第一組會把所有事件儲存在 Hadoop 以便長期分析,第二組則只儲存部分事件,以便製作即時資訊面板用。

所有元件都在 Azure 上運行,我們在專案巔峰時使用多項雲端服務,像是 Event Hubs、SQL Azure 和 HDInsight 等等。架構如下圖所示:

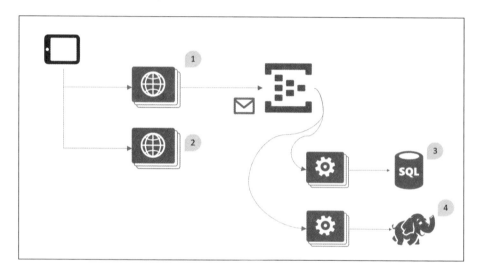

- **1**:事件用 API 採用雲端服務,具有多個執行個體。所有行動裝置都會對這個 API 張貼事件,它會進行若干前置處理,然後分批張貼到一個 Azure 的 Event Hub 上。
- **2**:組態用 API 同樣採用雲端服務,也具有多個執行個體。所有行動裝置都會連接到這個 API,以便檢查有無軟體更新和組態設定。
- **3**:專供部分關鍵效能指標使用的即時分析用資料。儲存在 SQL Azure 中以便迅速取用,因為這部分資料量並不太多。
- **4**:大批分析用資料,把所有裝置張貼的事件都儲存起來。儲存位置是 HDInsight,這是一種 Azure 上的受控 Hadoop 服務,專門用於長期大數據查詢用。

這套系統運行所費不貲,但產品團隊從它得到大量的裝置運用資訊,然後將其運用在新一代裝置的設計程序當中。大家都很滿意,但後來產品開發中止,裝置也不復存在,因此我們得設法樽節營運成本。

我的工作便是把 Azure 的費用從每月 5 萬降到每月 1 千以下。我可以放棄部分報表功能，但事件用 API 和組態用 API 仍須保持高可用性。

這件事發生在 Windows 支援 Docker 之前，因此我的第一版架構是採用 Linux 容器，並運行在 Azure 的 Docker swarm 上。我以 Elasticsearch 和 Kibana 取代了系統的分析功能部分，又以 Nginx 提供的靜態內容以便取代組態用 API。我把運行在雲端服務上的自製 .NET 元件保留下來，好讓事件用 API 繼續用它把裝置資料餵給 Azure Event Hubs，也保留了將資料上傳至 Elasticsearch 的訊息處理器：

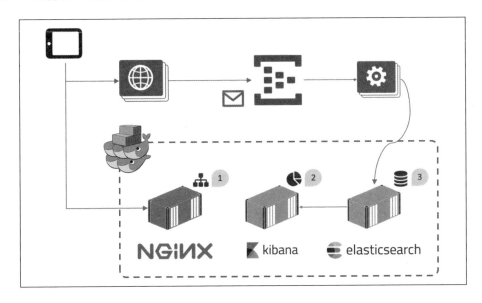

- **1**：組態用 API 現在以 Nginx 靜態網站運作。組態資料以 JSON 酬載的形式提供，以便維持原本的 API 合約。

- **2**：用 Kibana 來進行即時與歷史資料分析。藉由減少資料儲存量，我們大幅降低了資料儲存的需求，代價則是損失較詳細的計量資訊。

- **3**：用 Elasticsearch 來儲存進入的事件資料。繼續沿用一個 .NET 的雲端服務來讀取 Event Hubs，但這一版會把資料存到 Elasticsearch。

第一版提供了我們所需的費用降幅，主要是靠著減少 API 所需的節點數量、以及來自裝置的資料儲存量。不再把一切存到 Hadoop 上，也不再把即時資料放到 SQL Azure，我集中運用 Elasticsearch，並只把少部分資料保存起來。利用 Nginx 擔任組態用 API 的任務，我們失去一些產品團隊原本用來公佈組態更新用的便利功能，但只需少得多的運算資源就能運作。

當我參與第二版時，正值 Windows Server 2016 發表、也支援 Docker on Windows 的時候。我把 Windows 節點加入到 Docker swarm 現有的 Linux 節點中，並把事件用 API 和訊息處理器轉移到 Windows Docker 容器上。此時我還把訊息系統移到運行在 Linux 容器中的 NATS 上：

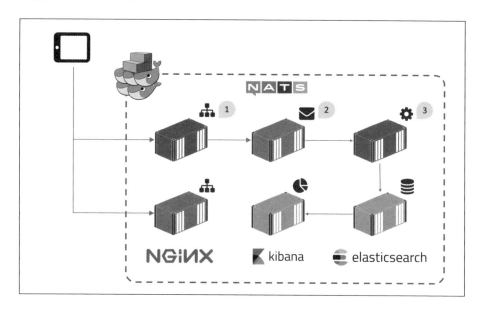

- **1**：事件用 API 現在運行在 Docker 容器中，但程式碼沒變；這依舊是一個 ASP. NET 的網頁 API 專案，只是運行在 Windows 容器裡罷了。
- **2**：訊息元件改用 NATS 而非 Event Hubs。我們失去了儲存和重新處理訊息的能力，但現在訊息佇列擁有和事件用 API 一樣的可用性了。
- **3**：訊息處理器從 nats 讀取事件，然後把資料寫到 Elasticsearch。大部分的程式碼都不變，但現在變成是運行在 Windows 容器中的 .NET 控制台應用程式了。

第二版進一步削減了成本和複雜性：

- 現在每個元件都運行在 Docker 上，因此我可以把整個系統都複製到開發環境中
- 所有的元件都以 Dockerfile 建置，並封裝成 Docker 映像檔，因此一切都使用相同的元件
- 整個解決方案都享有相同的服務等級，在一個 Docker swarm 裡有效地運作

在本例中，專案的目標是精簡，而且要容易藉助於新解決方案來達成。裝置使用的資訊仍會紀錄並顯示在 Kibana 的資訊面板上。因為使用的裝置量減少，服務所需的運

算也會變少，因此我們可以把節點從 swarm 中移除。到最後，專案會以最少的基礎設施運作，也許只剩一個雙節點的 swarm，運行在一個小型的 Azure 虛擬機器上，或是移回公司內的機房也可以。

總結

全球的公司商號不分大小，都正往 Docker on Windows 和 Linux 靠攏中。部分主因不外乎效率、安全性、以及可攜性。許多新型專案都是以容器從頭開始設計的，但還是有很多現有的專案，在轉移至 Docker 時也同樣能從中獲益。

在本章中，筆者告訴大家如何將既有的應用程式轉移到 Docker on Windows 上，同時也建議應該從自己最熟悉的應用程式開始著手。只要能把一支應用程式 Docker 化，一次簡短的概念驗證就能迅速讓大家感受到應用程式在 Docker 上的面貌。概念驗證的結果有助於各位了解下一步該做些什麼、以及應該找哪些人一起把概念驗證轉化為正式運作的環境。

本章以幾種彼此互異的案例研究做為結尾，說明如何將 Docker 導入到既有專案裡。首例主要是利用了 Docker 的封裝能力，這樣就可以直接運行一支單一整體的應用程式，完全不必修改它，就能在未來釋出新版時享受到乾淨升級的威力。其次一例筆者則是從單一整體的應用程式中取出了一個元件，並讓它單獨運行在另一容器中，以便減少釋出新版時的測試負擔。最後一例則是將現有解決方案完全移入 Docker，讓它運行起來更簡便、更易於維護、而且有機會在任何地方都能讓它運作。

希望本章能協助各位好好思考，如何將 Docker 引進到自己的專案裡，也希望先前的內容已經讓大家了解 Docker 可以拿來做什麼、以及它何以成為如此熱門的技術。感謝大家讀完本書，歡迎大家到推特上與我互動，也祝大家有個愉快的 Docker on Windows 學習之旅。

實戰 Docker｜使用 Windows
Server 2016/Windows 10

作　　者：Elton Stoneman
譯　　者：林班侯
企劃編輯：莊吳行世
文字編輯：王雅雯
設計裝幀：張寶莉
發 行 人：廖文良

發 行 所：碁峰資訊股份有限公司
地　　址：台北市南港區三重路 66 號 7 樓之 6
電　　話：(02)2788-2408
傳　　真：(02)8192-4433
網　　站：www.gotop.com.tw
書　　號：ACA024300
版　　次：2018 年 07 月初版
建議售價：NT$480

國家圖書館出版品預行編目資料

實戰 Docker：使用 Windows Server 2016/Windows 10 / Elton
　Stoneman 原著；林班侯譯. -- 初版. -- 臺北市：碁峰資訊，
　2018.07
　　面；　公分
　　譯自：Docker on Windows
　ISBN 978-986-476-791-5(平裝)
　1.作業系統　2.軟體研發
312.54　　　　　　　　　　　　　　　　　107004678

讀者服務

● 感謝您購買碁峰圖書，如果您對本書的內容或表達上有不清楚的地方或其他建議，請至碁峰網站：「聯絡我們」\「圖書問題」留下您所購買之書籍及問題。(請註明購買書籍之書號及書名，以及問題頁數，以便能儘快為您處理)
http://www.gotop.com.tw

● 售後服務僅限書籍本身內容，若是軟、硬體問題，請您直接與軟體廠商聯絡。

● 若於購買書籍後發現有破損、缺頁、裝訂錯誤之問題，請直接將書寄回更換，並註明您的姓名、連絡電話及地址，將有專人與您連絡補寄商品。

● 歡迎至碁峰購物網
http://shopping.gotop.com.tw
選購所需產品。